食品冷冻冷藏技术与设备

主编　吕金虎

华南理工大学出版社
·广州·

内容提要

本书共分七章，总体分为四部分，第一部分叙述食品冷冻冷藏的生物化学基础和食品的热物理性质；第二部分详细叙述食品冷冻冷藏中所用的制冷技术；第三部分主要介绍食品的冻结方法、冷冻冷藏设备、真空冷冻干燥技术和食品高压冷冻技术；第四部分主要介绍食品冷藏运输装置。

本书可用于高等院校制冷专业和食品工程专业的专业教材，也可供从事冷冻冷藏食品与装置研发、生产的工程技术人员和企业管理人员阅读与参考。

图书在版编目(CIP)数据

食品冷冻冷藏技术与设备/吕金虎主编．—广州：华南理工大学出版社，2011.8（2021.8 重印）

ISBN 978－7－5623－3487－3

Ⅰ．①食…　Ⅱ．①吕…　Ⅲ．①食品冷藏　Ⅳ．①TS205.7

中国版本图书馆 CIP 数据核字（2011）第 145408 号

总 发 行：华南理工大学出版社(广州五山华南理工大学 17 号楼，邮编 510640)
营销部电话：020－87113487　87110964　87111048(传真)
E-mail：scutc13@ scut. edu. cn　http://hg.cb.scut.edu.cn

责任编辑：何小敏

印 刷 者：广东虎彩云印刷有限公司

开　　本：787mm×1092mm　1/16　**印张**：12.25　**字数**：268 千

版　　次：2011 年 8 月第 1 版　2021 年 8 月第 2 次印刷

印　　数：2 001～2 500 册

定　　价：38.00 元

前　　言

随着经济的快速发展，人们物质文化生活水平的提高，食品行业得到了长足的发展与进步。速冻食品具有营养价值高、卫生、方便和快捷等特点，从而受到世界各国人民的青睐，因此促进了食品冷冻业的发展。当前冷冻冷藏食品已成为世界上发展最快的食品，在发达国家其销售量已占全部食品的60%～70%。我国现有的大型冷冻食品加工厂超过1000家，已形成几十个著名品牌。冷冻食品在生产、贮藏、运输、销售直至消费前的各个环节中始终要求处于规定的低温环境下，以保证食品质量和减少食品损耗，由此构成了食品的冷藏链。食品冷藏链是以食品冷冻工艺学为基础，以制冷技术为手段，在低温条件下的物流现象，如今许多冷藏食品如预冷果蔬以及熟食、奶制品、半成品配菜等传统食品也已进入冷藏链流通销售。

近年来，食品冷冻业与食品冷藏链的高速发展使得该行业从业人员大大增加。为了满足教学与专业技术人员的需求，我们编写了《食品冷冻冷藏技术与设备》一书。编写本书的主要目的在于从食品和制冷的角度出发，将食品加工工艺与制冷技术相结合，以此详细介绍食品的热物理性质、食品的冷冻冷藏原理、食品的冻结方法与冷冻冷藏设备、真空冷冻干燥技术和食品冷藏运输装置等内容，以便从业人员能熟悉和掌握现代食品冷冻业的冷冻冷藏技术与设备，从而更好地服务于社会。

本书共分七章，第一章为食品冷冻冷藏保鲜原理，第二章为食品的热物理性质，第三章为食品冷冻冷藏的制冷技术，第四章为食品的预冷与冷冻，第五章为食品的冷藏，第六章为真空冷冻干燥技术，第七章为食品冷藏链。

本书由吕金虎担任主编，陈海光担任副主编。第三章、第四章、第六章和第七章由吕金虎编写，第一章和第二章由陈海光编写，第五章中第一、第二节由邓玉艳编写，第五章中第三、第四节由陈嘉澍编写，书中插图主要由李金成绘制。

由于编者水平有限，书中难免有错漏或不妥之处，敬请同行与读者批评指正。

编　　者

2010年12月

目　录

第一章　食品冷冻冷藏保鲜原理………………………………………… 1
第一节　食品的定义与分类………………………………………… 1
第二节　食品材料的主要化学成分………………………………… 1
第三节　影响食品变质的主要因素………………………………… 6
第四节　食品冷冻冷藏保鲜原理…………………………………… 8
第二章　食品的热物理性质 ……………………………………………… 10
第一节　水的特性与相图 ………………………………………… 10
第二节　食品材料中水的特性 …………………………………… 11
第三节　水和冰的热物理性质 …………………………………… 13
第四节　食品热物理参数的估算方法 …………………………… 15
第五节　食品的冻结特性 ………………………………………… 17
第六节　食品的冻结速率 ………………………………………… 19
第七节　食品的冻结时间 ………………………………………… 20
第三章　食品冷冻冷藏的制冷技术 ……………………………………… 28
第一节　概述 ……………………………………………………… 28
第二节　单级蒸汽压缩式制冷循环 ……………………………… 28
第三节　制冷剂 …………………………………………………… 41
第四节　载冷剂 …………………………………………………… 47
第五节　双级压缩制冷循环 ……………………………………… 49
第六节　复叠式制冷循环 ………………………………………… 55
第七节　制冷压缩机 ……………………………………………… 57
第八节　冷凝器 …………………………………………………… 70
第九节　蒸发器 …………………………………………………… 80
第四章　食品的预冷与冷冻 ……………………………………………… 85
第一节　食品的预冷(冷却) ……………………………………… 85
第二节　食品的冻结方法 ………………………………………… 89
第三节　食品冻结装置 …………………………………………… 92
第五章　食品的冷藏……………………………………………………… 104
第一节　概述……………………………………………………… 104
第二节　土建式冷库……………………………………………… 109

第三节　装配式冷库…… 125
第四节　气调库…… 131
第六章　真空冷冻干燥技术…… 141
第一节　真空冷冻干燥的原理…… 141
第二节　真空冷冻干燥设备…… 143
第三节　冷冻干燥设备的主要系统与部件…… 146
第四节　真空冷冻干燥工艺…… 152
第五节　食品高压冷冻冷藏技术…… 155
第七章　食品冷藏链…… 160
第一节　概述…… 160
第二节　食品冷藏运输装置…… 161
第三节　商用冷柜与陈列柜…… 175
参考文献…… 185

第一章　食品冷冻冷藏保鲜原理

第一节　食品的定义与分类

将食物原料经过不同的配制和加工处理，形成形态、风味、营养价值不同及花色品种各异的加工产品，这些经过加工制作的食物称为食品。

我国地大物博，食物资源丰富，种类繁多，而且我国的劳动人民在生活实践中积累了丰富的加工经验，创造了许多传统的优良食品。如北京酱菜、金华火腿、南京板鸭、广东香肠、四川榨菜、蜜饯、果脯、果干、果酱、虾干、鱼干、贝干、皮蛋等，皆驰名中外。由于不同的人群对食品关心的侧面不同，不同地区也有不同的喜好习惯，故食品名称有多种多样，目前尚无统一、规范的分类方法。按常规或习惯对食品的分类有下列几种方法。

（1）按加工工艺分类的有罐藏食品（或罐头食品）、冷冻食品、干制食品、腌渍食品、烟熏食品、辐射食品、发酵食品、焙烤食品、挤压膨化食品等。从这些名称就可知道这类食品所用的加工工艺或保藏方法。一般食品工厂采用这种分类。

（2）按原料来源分类的有肉制品、乳制品、水产制品、谷物制品、果蔬制品、大豆制品、糖果、巧克力等。这些名称反映了食品的原料组成，一般在农产品加工行业或食品工业采用。

（3）按产品特点分类的有健康食品、营养食品、功能食品（保健食品）、方便食品、工程食品（模拟食品）、旅游食品、休闲食品、快餐食品、微波食品、饮料食品等。这些名称迎合了消费者的需求，表现了消费属性，通常在商业上或超市中多见。

（4）按食用对象分类的有老年食品、儿童食品、婴幼儿食品、妇女食品、运动员食品、航空食品、军用食品等。这些名称反映了食品消费人群，常可在营销中见到。

其中冷冻食品是指以新鲜、优质的原料经低温处理或冻结后贮藏、销售的食品。冷冻食品按其贮藏温度又可分为冷藏食品和冻藏食品。冷藏食品不需要冻结，将食品的温度降到接近冻结点，并在此温度下保藏的食品；冻藏食品是将食品冻结后在低于冻结点的温度保藏的食品。

冷藏食品和冻藏食品合称冷冻食品，并可按原料及消费形式分为果蔬类、水产类、肉禽蛋类、调理方便食品类这四大类。

第二节　食品材料的主要化学成分

食品的化学成分是极其复杂的，除其水分及挥发性成分外，固形物成分可分为有机物和无机物两类。有机物中最主要的有蛋白质、糖类、脂类、维生素及酶等，无机物则有无机盐类和其他无机物。在食品加工和贮藏过程中，食品的化学成分会发生变化，因而影响食品的食用价值和营养价值，如在果蔬冷加工过程中维生素含量的损失、蛋白质的冻结变性和细胞组织解冻过程中的液汁损失等都会影响原料的品质。因此，研究食品的化学成分及其变化是极为重要的。各种常见食品的化学成分如下。

一、蛋白质

1. 蛋白质的分子结构

蛋白质是一类复杂的高分子含氮化合物，它是一切生命活动的基础，是构成生物体细胞的主要原料。蛋白质的种类繁多，结构复杂，但不管其来源和种类如何，它们的化学元素组成均相似。主要由六种元素组成：碳、氢、氧、氮、硫、磷，少数还含有铁、铜、锌等元素。一般情况下蛋白质中氮的比例为16%左右。

蛋白质分子是一个分子氨基酸的羧基和另一个分子氨基酸的氨基相互缩合形成肽键，肽键把许多氨基酸连接形成较长的多肽链。然后通过氢键而成螺旋状多肽链，再通过副键（如盐键等）将几条螺旋状的多肽链折叠盘曲保持着不同形状的立体结构。

2. 蛋白质的性质

（1）蛋白质的等电点。蛋白质分子与氨基酸分子一样，分子中有游离的氨基和羧基，属于两性化合物。在酸性溶液中碱性基团的解离增大使蛋白质带正电荷；在碱性溶液中酸性基团的解离增大蛋白质带负电荷；而当溶液到达某一 pH 值时，蛋白质分子可因内部酸性基团和碱性基团的解离度相等而呈等电状态，这时溶液的 pH 值叫做蛋白质的等电点，如下所示。

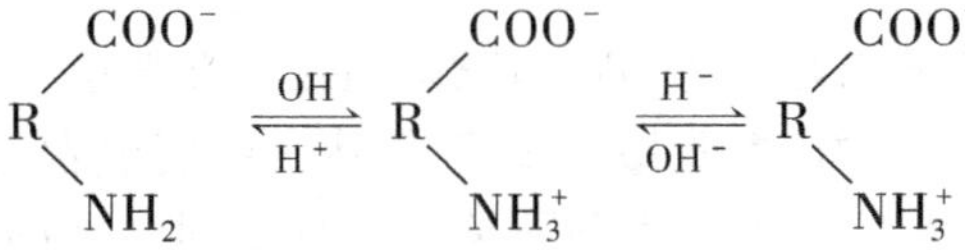

不同的蛋白质有不同的等电点。在等电点时蛋白质的溶解度、黏性、渗透压、膨胀性、稳定性等达到最低限度。食品加工和贮藏中都要利用或防止蛋白质因等电点而引起各种性质的变化。

（2）蛋白质的胶体性质。蛋白质的分子都很大，其相对分子质量小者数千，大者数千万，能在水中形成胶体溶液，大部分蛋白质的分子表面有许多亲水基（如—SH，—CO）吸引水分子在蛋白质颗粒周围形成一层水化层，这样就使各个蛋白质颗粒不易互相碰撞，从而阻碍了它们的沉淀，这是使蛋白质（亲水胶体溶液）稳定的一种因素。另一使蛋白质溶液稳定的因素是蛋白质胶粒带有电荷。因此，只有消除这两个因素之后，方能使蛋白质沉淀。

（3）蛋白质的变性。蛋白质的变性是指蛋白质的立体结构发生变化，而引起蛋白质性质的改变。当蛋白质受到外界因素（如冷冻、加热、振荡等）的影响，破坏了保持蛋白质立体结构的副键，副键的破坏使螺旋盘曲的多肽链伸展，原来处于分子内部的疏水基趋向表面，降低了表面的电荷和水化作用，使其溶解度、黏度、膨胀性、渗透性、稳定性发生明显的变化。

二、糖类

1. 糖类的组成

糖类是由碳、氢、氧三种元素组成的多羟基醛或多羟基酮，绝大多数的糖类含氢和氧的比例与水中氢和氧的比例一样，因此糖类又称为碳水化合物。

糖类是供给人体热量最主要和最经济的原料，在人体内除少量的粗纤维不能被消化吸收外，大部分糖类都能被人体利用。

2. 糖类的分类

（1）单糖。单糖是不能水解的多羟基醛、酮。如葡萄糖、果糖、半乳糖等。果实中存在大量葡萄糖和果糖。

单糖在鲜果、鲜菜中，在呼吸酶的催化下能发生呼吸作用，产生以下的反应

$$C_6H_{12}O_6 + 6O_2 \longrightarrow 6H_2O + 6CO_2 + 674\ kJ$$①

呼吸作用的结果，不仅消耗了糖类，而且产生的热量还能促进果蔬的其他生化变化，并为微生物的繁殖创造了适宜的条件。所以针对果蔬的这种特点，可以采用冷却贮藏或气调贮藏的方法来控制它们的呼吸作用，从而延长它们的贮藏期。

（2）低聚糖。低聚糖是指聚合度小于或等于10的糖类，即把由2～10个单糖所组成的糖类称为低聚糖，其中以二糖最为重要，如蔗糖和麦芽糖等。

低聚糖的通式，以六碳低聚糖为例，可表示如下

$$n(C_6H_{12}O_6) — (n-1)\ H_2O\ ,\ n=2,\ 3,\ 4,\ \cdots$$

低聚糖又可分为均低聚糖和杂低聚糖，前者是以同一种单糖聚合而成的，如麦芽糖、异麦芽糖、海藻糖均由二分子葡萄糖组成，而低聚果糖、低聚木糖以及聚合度小于10的糊精等均属均低聚糖；后者由不同种单糖聚合而成，如蔗糖由葡萄糖和果糖组成，乳糖或蜜二糖均由葡萄糖和半乳糖组成，棉籽糖由葡萄糖、果糖和半乳糖组成，水苏糖由葡萄糖、果糖和半乳糖组成等。还可根据还原性质将低聚糖分为还原性低聚糖和非还原性低聚糖。

（3）多糖。多糖一般不溶于水，无甜味，在酸或酶的作用下可水解为数百至数千个单糖。多糖包括淀粉、纤维素、果胶和糖原等。目前自然界存在的、每年产生最多的有机物就是多糖，多糖中数量最大的是纤维素，其次是甲壳素，再次是淀粉。估计每年生物合成的甲壳素将近100亿吨。

① 淀粉。淀粉在谷物和薯类中含量最多，是人类的主要食物。淀粉呈颗粒状，在一定的温度下，吸水后体积膨胀50～100倍，由淀粉大颗粒分解为细小淀粉分子而形成胶体溶液，此过程称为淀粉糊化。糊化后的淀粉称为α-淀粉。

② 纤维素。纤维素是植物细胞壁的主要结构物质，它不溶于水，而且水解也比淀

① cal：为非法定热量单位，1 cal = 1 J

粉困难得多，它不能被人体消化吸收，但是可以帮助刺激胃肠道的蠕动和消化腺的分泌。

③ 果胶。果胶主要存在于细胞壁和细胞壁之间，起细胞间的连接作用。果胶一般有三种状态，即原果胶、果胶和果胶酸。未成熟的果实中主要是原果胶，其组织坚硬，随着果实的成熟，由原果胶变为果胶，最终转化为果胶酸，使果实组织柔软。果胶物质只有部分能被人体吸收。

三、脂类

凡是可用低极性溶剂提取的任何生物材料都叫脂类。脂类可分为两大类：真脂和类脂。真脂是各种高级脂肪酸的甘油酯即油脂；类脂包括磷脂、固醇脂、蜡等。

食品中所含的油脂以细胞原生质的组成部分和积存于脂肪组织中储藏脂肪的形式而存在。由动植物获得的油脂，虽然在常温下有的呈固体、半固体（如牛油、猪油、椰子油），有的呈液体（如花生油、鱼肝油），但它们的化学成分与结构是相似的，主要成分都是由各种脂肪酸与甘油所组成的酯类混合物。

组成甘油酯的高级脂肪酸的种类比较复杂，这些高级脂肪酸，多数含有偶数碳原子，并且不带侧链，有饱和的和不饱和的，其中最重要的有软脂酸、硬脂酸和油酸等几种。

大多数植物油含油酸等不饱和的高级脂肪酸的甘油酯较多，因此在常温下是液体（一般称为油）。而牛油等动物的油脂含硬脂酸和软脂酸等饱和高级脂肪酸甘油酯较多，因此在常温下是固体（一般称为脂肪）。

脂肪在动物性食品中和植物的种子中的含量较多，如肥猪肉有 29.2%，鸡蛋有 11.6%，牛奶有 3.5%，花生仁有 39.2%，而在一般果、蔬中含量较少。

油脂在长期运输和储藏期间，特别是含有共轭双键较多不饱和脂肪酸的油脂很容易和空气中的氧气发生反应，生成过氧化物，并进一步断裂分解，产生具有臭味的醛或碳链较短的羧酸，另外在微生物和酯酶的作用下，油脂也可以水解脂肪酸，并继续氧化分解，最后生成有臭味的低级醛、酮和羧酸的现象称为油脂的酸败。

四、维生素

维生素是维持生物正常生命过程所必需的一类有机化合物。生物体对维生素需要量很少，但维生素在生命的新陈代谢中却起着极其重要的作用。如果生物体缺乏维生素，则会引起各种疾病。人体需要的维生素主要从动物性食品和植物性食品中摄取。

根据维生素的溶解性可将其分为两大类：脂溶性维生素和水溶性维生素。脂溶性维生素有维生素 A、维生素 D、维生素 E、维生素 K 各小类，它们不溶于水而溶于脂肪和脂肪溶剂（如苯、乙醚、氯仿等）；水溶性维生素分维生素 B、维生素 C 各小类，有的小类或族中又包含几种维生素如维生素 B_1、维生素 B_2、维生素 B_{12}等。

五、酶

酶是活细胞产生的一种特殊的具有催化作用的蛋白质，故称为生物催化剂。它脱离活细胞后仍然具有活性。根据酶的这种特性，已经研制出多种酶制剂制成产品。

酶的分子和蛋白质的分子相似，具有胶体性质，它也是两性物质，能以阳离子、阴离子或两性离子的形式存在。冷冻、振荡、加热等都能引起蛋白质变性，同样也能使酶丧失活性。影响酶作用的因素有以下几个。

（1）温度。酶对热非常敏感，在某一温度下，某一个酶的活性最大，这个温度称为酶的最适宜温度。大多数酶的最适宜温度在 40 ～ 50 ℃之间，温度继续升高，酶的活性反而减弱，在 70 ～ 100 ℃酶完全丧失其催化能力，当温度下降低于 0 ℃时，酶的催化作用缓慢，一旦温度回升后酶的催化活性又恢复。食品的冷藏或冻藏就是利用低温迫使酶减缓其催化作用或使之完全失去活性，从而延长食品保藏期的。

（2）pH 值。酶对环境的酸碱度也极为敏感。一种酶有其最适的 pH 值，稍高或稍低都会使其活性下降，以至于无作用。大多数酶在中性、弱酸性或弱碱性环境中活性最大。

除上述因素之外，化合物对酶的活性也有影响。能提高酶活性的化合物，称为激动剂；相反，能抑制酶的活性的化合物称为抑制剂。这些物质也具有特异性，表现在它们对某一种酶有激动剂的作用，对另一种酶却可能是抑制剂。

六、矿物质

各种食品中都含有少量矿物质，一般占其总质量的 0.3%～1.5%。其数量虽少，但却是维持动植物正常生理机能绝不可缺少的物质。

动物性食品各部分的无机盐成分差异甚大，如骨骼中的矿物质含量为83%，其主要成分是以钙和镁的磷酸盐及碳酸盐的形式存在，血清中主要是氯化钠（占总灰分的60%～70%），红血球含有铁，肝脏含有碱金属与碱土金属的磷酸盐和氯化物，也含有铁。结缔组织含有钙和镁的磷酸盐。筋肉主要是钾的磷酸盐，其次是钠和镁。

植物性食品的矿物质成分主要是钾、钠、钙、镁、铁等的磷酸盐、硫酸盐、硅酸盐与氯化物。植物的储藏养料的部分（种子、块茎、块根等）含钾、磷、镁较多，而支撑部分则含钙较多，叶子则含镁较多。

矿物质和蛋白质共存，维持各组织的渗透压力，同时和蛋白质一起组成一个缓冲体系，来维持酸碱平衡。在食品中有矿物质的存在，能使食品汁液的冻结点比纯水冻结点低。

七、水

水是一切食品的主要组成成分之一，各种食品的含水量是不同的，如水果的含水量一般在73%～90%，蔬菜含水量为65%～96%，鱼含水量为70%～80%，肉含水量为50%等。有的食品含水量较少，如乳粉含水量为3%～4%，食糖含水量为1.5%～3%。

食品中的水分是以自由水和结合水两种主要形式存在的。食品的汁液和细胞液中含有自由水，而结合水是构成胶粒周围水膜的水，结合水的冻结点较自由水低。食品冻结后，在解冻过程中，自由水易被食品组织重新吸收，但结合水则不能完全被组织吸收。

水是溶剂，维持各种电解质在水中离解，维持生物体各部分的渗透压，它直接参加生物生理反应。食品经消化后所有养料靠它输送到生物体各部分；代谢的废物也靠它溶解后排出体外。由此可见，水分和生命有着密切关系。

食品中的水分为微生物繁殖创造条件，所以为了达到降低食品水分以防止微生物的繁殖，必须把食品中的水分去掉或冻结。

第三节 影响食品变质的主要因素

食品的变质，是指食品在一定的环境因素影响下，由微生物为主的多种因素作用下所发生的有害的变化，即造成其原有化学性质或物理性质和感官性状发生变化，降低或失去其营养价值和商品价值的过程。

一、由微生物作用引起的变质

食品中的营养物质非常丰富，是微生物的良好的培养基。在储藏过程中，微生物能在食品中迅速生长繁殖，促使食品营养成分迅速分解，使食品质量下降，进而发生变质和腐败。因此在食品变质的原因中，微生物往往是最主要的。引起食品腐败的微生物有细菌、酵母和霉菌，其中以细菌引起的变质尤为显著。

微生物对食品的破坏作用，与食品的种类、成分以及贮藏环境有关。与微生物生长和繁殖的相关条件有以下几个。

1. 水分

水分是微生物生命活动所必需的，是组成原生质的基本成分。微生物必须依赖水来进行新陈代谢。食品中的水分越多，细菌越容易生长繁殖。一般认为食品含水分50%以上时，细菌才能生长繁殖；食品水分在30%以下时，细菌繁殖开始受到抑制；当食品中水分在12%以下时，细菌则繁殖困难。

如果微生物处于低水分环境里，或者在高浓度的糖或盐的溶液中，则因原生质失去水分而使微生物难于摄取养料和排除体内代谢物，原生质随即收缩而与外面的细胞壁相分离，甚至还会产生蛋白质变性等现象，微生物的生命活动受到抑制，或被杀死。用低温方法保藏食品，使食品内部的水分结成冰晶，能降低微生物生命活动和实现生化反应所必需的液态水的含量，从而抑制微生物在食品中的生长繁殖。

2. 温度

温度是微生物生长和繁殖的重要条件之一，各种微生物各有其生长所需的温度，超过其所需温度范围，就会停止生长，甚至死亡。此温度范围对某种微生物而言，又可分为最低温度、最适温度和最高温度。微生物在最适温度生长速度最快，由于微生物种类的不同，其最适温度的界限也不同。根据其最适温度的界限，可将微生物分为嗜冷性微生物、嗜温性微生物、嗜热性微生物三种，大部分腐败细菌属于嗜温性微生物。表1－1是不同微生物对温度的适应范围。

表1－1 微生物对温度的适应性

类别	最低温度/℃	最适温度/℃	最高温度/℃	种类
嗜冷性微生物	0	10～20	25～30	霉菌、水中细菌
嗜温性微生物	0～7	20～40	40～45	腐败菌、病原菌
嗜热性微生物	25～45	50～60	70～80	温泉、堆肥中的细菌

低温并不能杀死全部微生物，但能阻止存活微生物的繁殖，一旦温度升高，微生物的繁殖又逐渐旺盛起来。因此要防止由微生物引起的变质和腐败，必须将食品保存在稳定的低温环境中。

一般来说，细菌对低温耐力较差，在培养基冻结后，部分细菌即死亡，但很少见到全部细菌死亡的情况。嗜冷性微生物如霉菌或酵母菌最能忍受低温，即使在－8℃的低温下，仍然发现有孢子出芽的情况发生。大部分的水中细菌也都是嗜冷性微生物，它们在0℃以下仍能继续繁殖。个别的病菌更能忍受极低的温度，甚至在－44.8℃～－20℃下，也仅仅是受到抑制，只有少数死亡。

3. 营养物

微生物和其他生物一样，也要进行新陈代谢。营养物质如乳糖、葡萄糖与盐类等简单物质，可直接渗透过微生物的细胞膜进入细胞内；而淀粉、蛋白质、维生素等有机物质，首先分解成简单物质，然后渗透到微生物细胞内。每种微生物对营养物质的吸收均有选择性，如酵母菌喜欢糖类营养物，不喜欢脂肪；而一些腐败菌则需要蛋白质营养物。

4. pH值

微生物对介质的pH值的反应是很灵敏的，微生物在最适的pH值中能正常生长和繁殖。大多数细菌在中性或弱碱性的环境中生长较适宜，霉菌和酵母则在弱酸的环境中较适宜。若培养基过酸或过碱，都能影响微生物对于营养物质的摄取。

二、由酶引起的变质

食物原料的生命体中存在很多的酶系，如苹果、梨、杏、香蕉、葡萄、樱桃、草莓等仁果、核果和一些蔬菜中的多酚氧化酶，诱发酶促褐变，对加工中产品色泽的影响很大。又如动物死后，动物体内的氧化酶产生大量酸性物质，使肌肉发生显著的僵直现象。如果蔬菜中产生氧化酶，则会加强呼吸作用使其发芽以及生理过熟引起变质。自溶就是酶活动下出现的组织或细胞解体的一种现象。食品原料中还可能含有脂肪酶、蛋白酶、氧化还原酶等，这些酶的活动也能引起食物或食品变质。

三、由非酶引起的变质

引起食品变质的化学反应大部分是由于酶的作用，但也有一部分不与酶直接有关，如油脂的酸败。油脂与空气直接接触，发生氧化反应，生成醛、酮、酸、内酯、醚等化学物质，并且油脂本身的粘度增加，相对密度增加，出现令人不愉快的“哈喇”味，这称为油脂的酸败。除油脂以外，维生素 C 很容易被氧化成脱氢维生素，若脱氢维生素 C 继续分解，生成二酮古洛糖酸，则失去维生素 C 的生理作用。番茄色素是由八个异戊二烯结合而成，由于其中有较多的共轭双键，故易被空气中的氧所氧化（胡萝卜色素也有此性质）。

无论是细菌、霉菌、酵母等微生物引起的食品变质，或者由酶引起的变质，以及非酶引起的变质，在低温环境下，均可以被延缓、减弱。但低温并不能完全抑制微生物的作用，即使在冻结点以下的低温时，食品进行长期贮藏，其质量仍然有所下降。

第四节　食品冷冻冷藏保鲜原理

一、低温对反应速度的影响

温度因提供物质能量可使分子或原子运动加快、反应时增加碰撞几率而使反应速度提高。根据 Arrhenius 方程，温度与反应速度常数呈指数关系。食品中物质的变质反应通常符合一级反应动力学，因而，反应速率随温度的变化可用温度系数 Q_{10} 表示。

$$Q_{10} = \frac{k_{\theta+10}}{k_{\theta}} \tag{1-1}$$

利用 Arrhenius 方程可得出：

$$\lg Q_{10} = \frac{2.18E}{\theta(\theta+10)} \tag{1-2}$$

式中，k_{θ} 是温度 θ 时的反应速度，$k_{\theta+10}$ 是温度为（θ + 10 ℃）时的反应速度，E 为活化能。因此，温度系数 Q_{10} 表示温度每升高 10 ℃时反应速度所增加的倍数。换言之，温度系数表示温度每下降 10 ℃反应速度所减缓的倍数。低温或冷冻的作用就是抑制反应速度，所以温度系数越高，低温保藏的效果就越显著。

二、低温对微生物的影响

随着温度降低，微生物细胞内的酶的活性随之下降，使得物质代谢过程中各种生化反应速度减慢，因而微生物的繁殖速度也随之减慢。在正常情况下，微生物细胞内的各种生化反应总是相互协调一致的。但在降温时，各种生化反应按照其各自的温度系数 Q_{10} 减慢，破坏了各种生化反应的协调一致性，从而破坏了微生物细胞内的新陈代谢，使微生物细胞内的原生质黏度增加，胶体吸水性下降，蛋白质分散度改变，并最终导致可逆的蛋白质凝固，破坏其物质代谢的正常运行，对细胞造成严重的损害。

当食品冻结时，冰晶体的形成会使得微生物细胞内的原生质或胶体脱水，细胞内溶度的增加常会促使蛋白质变性。同时，冰晶体的形成还会使微生物受到机械性的破因此，冻藏可抑制食品中所有微生物的生长，延长食品的储藏期。

影响微生物低温致死的因素有以下几点。

）温度。储藏温度在冰点或冰点以上时，部分能适应低温的微生物会逐渐生长由于各种微生物生物学特性的差异，温度对于各种微生物生长的影响程度是不同

的。冻结温度对微生物的杀伤性很大，尤其是 –5 ～ –2 ℃的温度范围对微生物的杀伤性最大。但是当温度下降到 –25 ～ –20 ℃时，微生物的死亡速率反而缓慢得多，因为在此温度范围，微生物细胞内的生化反应几乎完全停止。

（2）冷却速度。在冻结温度以上时，冷却速度越快，微生物的死亡速率也越大。这是因为在冷却过程中，微生物细胞内新陈代谢所需要的各种生化反应的协调一致性被迅速破坏。食品冻结以后的情况恰恰相反，缓冻会导致大量的微生物死亡，而速冻则相反。因为缓冻时形成了量少粒大的冰晶体，不仅对微生物细胞产生机械破坏作用，还能促进蛋白质变性。

（3）结合水分和过冷状态。细菌和霉菌的芽孢中的水分含量较低，其中结合水分的含量较高，在冷却时较易进入过冷状态，而不形成冰晶体，这就有利于保持细胞内胶质体的稳定性，菌体不易死亡。

（4）介质。高水分和低 pH 值的介质会加速微生物的死亡，而食品中所含的糖、盐、蛋白质、脂肪等物质对微生物有一定的保护作用。

三、低温对酶活性的影响

大多数酶的适应性活动温度为 30 ～ 40 ℃，高温可使酶蛋白变性、酶钝化，低温可抑制酶的活性，但不能使其钝化。大多数酶化学反应的 Q_{10} 值为 2 ～ 3。也就是说温度每下降 10 ℃，酶活性就削减 1/3 ～ 1/2。低温对酶并不起完全的抑制作用，酶仍然能保持部分活性，因而催化作用实际上也未停止，只是进行得非常缓慢而已。大量的酶类即使在冻结的基质中仍然继续活动。

由于冷冻或冷藏不能破坏酶的活性，冻制品解冻后酶将重新活跃，使食品变质。有些速冻制品为了将冷冻、冷藏和解冻过程中食品内的不良变化降低到最低限度，会采用先预煮的方法破坏酶活性，然后再冻制。

综上所述，降低食品温度，将食品进行冷藏或冻藏，都能在一定程度上降低引起食品腐败变质的生化反应速度，抑制微生物的生长繁殖，降低酶的活性，对于保持食品的良好品质是非常有利的。所以，食品的冷藏或冻藏是一种保藏食品的有效方法。

第二章　食品的热物理性质

第一节　水的特性与相图

一、水的相图

水的相图如图 2－1 所示，在 1 atm（1 atm = 101 325 Pa）下，水的冰点为 0 ℃。图上有三个单相区，在气、液、固三个单相区内，温度和压力独立的有限度的变化不会引起相的改变。三条两相平衡线 $F=2$，$f=1$，压力与温度只能改变一个，指定了压力，则温度由体系自定。图中，OA 是气-液两相平衡线，即水的蒸气压曲线。它不能任意延长，终止于临界点。临界点 $T=647$ K，$p=2.2\times10^{7}$ Pa，这时气-液界面消失。高于临界温度，不能用加压的方法使气体液化。OB 是气-固两相平衡线，即冰的升华曲线，理论上可延长至 0K 附近。OC 是液-固两相平衡线，当 C 点延长至压力大于 2×10^{8} Pa 时，相图变得复杂，有不同结构的冰生成。OD 是 AO 的延长线，是过冷水和水蒸气的介稳平衡线。因为在相同温度下，过冷水的蒸气压大于冰的蒸气压，所以 OD 线在 OB 线之上。过冷水处于不稳定状态，一旦有凝聚中心出现，就立即全部变成冰。O 点是三相点，气-液-固三相共存，$F=3$，$f=0$。三相点的温度和压力皆由体系自定。

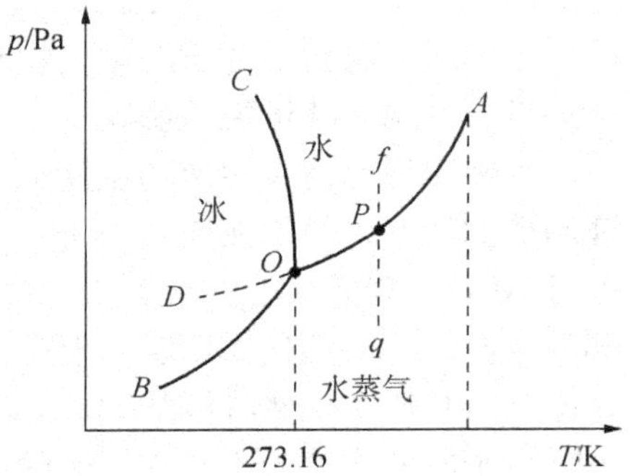

图 2－1　水的相图

二、降温曲线

将一个内盛纯水的样品置于降温槽内。当槽内温度以等速下降时，槽温和样品温度的变化情况如图 2－2 所示。

图中的斜长虚线表示槽内温度，实线表示水温。纯水在一个大气压下的冰点是 273.1 K（即 0 ℃），但在一般情况下，纯水只有被冷却到低于 0 ℃的某一温度时才开始冻结。这种现象就是过冷现象。开始出现冰晶的温度与相平衡冻结温度之差，称为过冷度。在过程 abc 中，水以释放显热的方式降温；当过冷到点 c 时，由于冰晶开始形成，释放的相变潜热使样品的温度迅速地回升到 0 ℃，

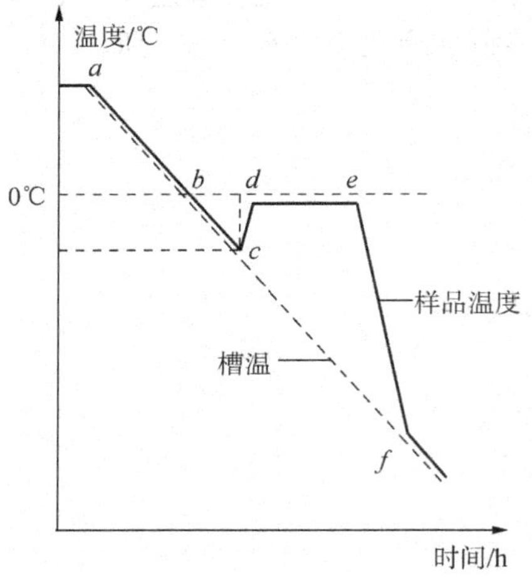

图 2－2　纯水的降温曲线

即过程 cd；在过程 de 中，水在平衡的条件下，继续析出冰晶，不断释放大量的固化潜热。在此阶段中，样品温度保持恒定的平衡冻结温度 0 ℃；当全部水被冻结后，固化的样品以较快速率降温。ef 段的降温速率可能远大于槽温的下降速率。

三、过冷和成核

冰晶的成核过程主要由热力学条件决定，而冰晶的生长过程主要由动力学条件决定。当水处于过冷态（亚稳态）时，可能以两种形式形成冰晶核心（晶核），即均匀成核和非均匀成核。均匀成核是指在一个体系内各处的成核概率均相等；由于热起伏（或热涨落）可能使原子或分子一时聚集成为新相的集团（又称为新相的胚芽），若胚芽大于临界尺寸时就成为晶核。对于均匀成核，要求有较大的过冷度。例如，对很纯的微小水滴，已发现到 -40 ℃或更低的温度还未结冰。

非均匀成核，又称异相成核，是指水在尘埃、容器表面及其他异相表面等处形成晶核。对于非均匀成核，所要求的过冷度比均匀成核要小得多。对于体积较大的水，一般均具有异相成核的条件，因此只要温度比 0 ℃稍低几度就能形成冰晶核。

第二节　食品材料中水的特性

一、食品中水分存在的形式

食品中含有大量的水，按其和食品材料的结合情况，水大致可分为两类：一类是束缚水，它以强氢链的形式和食品材料结合，很难分离；一类是自由水。

1. 结合水或束缚水

结合水是指不易流动、不易结冰的（即使在 -40 ℃下），不能作为外加溶质的溶剂，其性质显著地不同于纯水的性质，这部分水被化学或物理的结合力所固定。

化学结合水是经过化学反应后，按严格的数量比例，牢固地同固体间结合的水分，只有在化学作用或特别强烈的热处理下（如煅烧）才能除去，除去它的同时会造成物料物理性质和化学性质的变化，即品质的变化。

2. 自由水或游离水

食品或原料组织细胞中易流动、容易结冰也能溶解溶质的这部分水，称为体相水，可以把这部分水与食品非水组分的结合力视为零。

这些水在食品组织中通常被一些物理力所截留，当组织化食品被切割或剁碎时仍然不会流出，整体流动被严格地限制。这些水分主要有食品湿物料内的毛细管（或孔隙）中保留和吸附着的水分以及物料外表面附着的湿润水分。这些水分依靠表面附着力、毛细管力和水分粘着力而存在于湿物料中，这些水分上方的饱和蒸汽压与纯水上方的饱和蒸汽压几乎没有太大的区别，在干燥过程中既能以液体形式又能以蒸汽的形式移动，这部分水在食品加工时所表现出的性质几乎与纯水相同。

二、食品中水的活度

衡量水结合力的大小或区分自由水和结合水，可用水分子的逃逸趋势（逸度）来反映，将食品中水的逸度与纯水的逸度之比称为水分活度 A_w。

$$A_w = \frac{f}{f_0} \tag{2-1}$$

式中 f——食品中水的逸度；

f_0——纯水的逸度。

在低压或室温时，水分子逃逸的趋势通常可以近似地用水的蒸汽压（p）来表示，$\frac{f}{f_0}$ 和 $\frac{p}{p_0}$ 之数值差别小于1%，故可以用 $\frac{p}{p_0}$ 来定义 A_w。

在食品加工中，水分活度通常定义为食品表面测定的水蒸气压（p）与相同温度下纯水的饱和蒸汽压（p_0）之比，但这个定义仅适合于理想溶液和热力学平衡体系。由于大多数食品不符合这些假设，因而依据蒸汽压的水分活度仅是一个近似值。

$$A_w = \frac{p}{p_0} \tag{2-2}$$

由于蒸汽压与相对湿度有关，因而一种食品的 A_w 与该产品环境的平衡相对湿度（ERH）相关。也就是说，A_w 可以用 ERH 来表示。

$$A_w = \frac{p}{p_0} = \mathrm{ERH} \tag{2-3}$$

数值上，A_w 与百分率表示的平衡相对湿度值相等。但两者的含义不同，A_w 是食品的固有性质，反映了食品中水分的结合状态；ERH 则反映了与食品相平衡时周围的空气状态或大气性质。

温度对 A_w 的影响可根据 Clausiuss – clapeyron 方程式（2–4）估计这个关系。如以 $\ln A_w$ 对 $1/T$（在恒定的水分含量下）则是一条直线。

$$\mathrm{dln}\frac{A_w}{\mathrm{d}\left(\frac{1}{T}\right)} = -\Delta\frac{H}{R} \tag{2-4}$$

式中 T——热力学温度；

R——气体常数；

ΔH——在试样水分含量时的等量吸附热。

应当注意的是，当温度范围扩大时，温度对水分活度的影响是不同的，在冰点以下远大于冰点以上。不能根据冰点以下温度时的 A_w 来预测冰点以上温度时的 A_w。

食品材料中水分活度对食品保存有着重要的影响。表 2–1 反映出水分活度范围与食品变性的关系。

表2-1　水分活度与食品变性反应

A_w	主要变性反应类型	可能引起的变性反应类型
1～0.8	微生物生长	酶的反应
0.91	细菌生长	
0.88	酵母生长	
0.80	霉菌生长	
0.80～0.65	酶的反应	非酶褐变（微生物生长）
0.75	（脂肪分解及褐变反应）	嗜盐细菌生长
0.70		耐渗透酵母
0.65		耐旱霉菌
0.65～0.30	非酶褐变	酶的反应、自动氧化
0.3～0	自动氧化、物理氧化	非酶褐变与酶的反应

第三节　水和冰的热物理性质

由于水在食品中占的比例较大，是食品冻结过程的主要影响因素，因此在讨论食品的热物理性质之前，先讨论水的热物理性质是必要的。

一、水和冰的密度 ρ

水和冰的密度见表2-2、表2-3。

表2-2　水的密度 ρ

T/℃	0	3.98	5	10	20
ρ/（10^3kg·m^{-3}）	0.99987	1.00000	0.99999	0.99973	0.99823

表2-3　冰的密度 ρ

T/℃	0	-25	-50	-75	-100
ρ/（10^3kg·m^{-3}）	0.917	0.921	0.924	0.927	0.930

由上述数据可以看出，水的密度 ρ 在3.98℃时最大值为 $1.00000\times10^3\ kg/m^3$。而在0℃时的密度为 $\rho=0.99987\times10^3\ kg/m^3$，即0℃的冰的体积比水要增大约9%。

二、水和冰的体膨胀系数 β

水和冰的体膨胀系数见表2-4、表2-5。

表 2-4　水的体膨胀系数 β

T/℃	0	2	4	6	8
β/ $(10^{-6}K^{-1})$	-68.1	-32.7	0.27	31.24	60.41

表 2-5　冰的体膨胀系数 β

T/℃	0	-25	-50	-75	-100	-125	-150	-175
β/ $(10^{-6}K^{-1})$	57	50	43	38	31	24	17	12

从上表可知，在 0 ℃时冰的 $\beta = 57 \times 10^{-6}/K^{-1}$，水的 $\beta = 68.1 \times 10^{-6}/K^{-1}$。这说明温度下降时，冰的体积将收缩（$\beta > 0$），但其收缩率为 10^{-5}～10^{-6}，远远低于水结冰产生的体积膨胀。

三、水和冰的比热容 c_p

水和冰的比热容见表 2-6、表 2-7

表 2-6　水的比热容 c_p

T/℃	0	10	20	30
c_p / [kJ·(kg·K)$^{-1}$]	4.2177	4.1922	4.1819	4.1785

表 2-7　冰的比热容 c_p

T/℃	0	-10	-20	-30	-40	-50
c_p / [kJ·(kg·K)$^{-1}$]	2.12	2.04	1.96	1.88	1.80	1.73
T/℃	-60	-70	-80	-100	-120	-140
c_p / [kJ·(kg·K)$^{-1}$]	1.65	1.57	1.49	1.34	1.18	1.03

从上表可知，在 0 ℃时冰的比热容仅为水的一半。

四、水和冰的热导率 λ

水和冰的热导率见表 2-8、表 2-9。

表 2-8　水的热导率 λ

T/℃	0	5	10	15	20	25	30
λ / [W·(m·K)$^{-1}$]	0.561	0.570	0.579	0.588	0.597	0.606	0.613

表 2-9　冰的热导率 λ

T/℃	0	-20	-40	-60	-80	-100	-120
λ / [W·(m·K)$^{-1}$]	2.24	2.43	2.66	2.91	3.18	3.47	3.81

五、水和冰的热扩散率 α

水和冰的热扩散率见表 2－10、表 2－11。

表 2－10　水的热扩散率 α

T/℃	0	10	20	30	40
α/[(10^{-6} m^2·s^{-1})]	0.133	0.138	0.143	0.147	0.150

表 2－11　冰的热扩散率 α

T/℃	0	－25	－50	－75	－100
α/[(10^{-6} m^2·s^{-1})]	1.15	1.41	1.75	2.21	2.81

六、冰的融化热

冰在 0 ℃的融化热为 333.2 kJ/kg 或 6.03 kJ/mol。

第四节　食品热物理参数的估算方法

食品材料热物理参数是根据食品的组分、各组分的热物理性质来进行估算。这种方法对某些食品仍有较大偏差，这是因为热物理性质不仅与其含水量、组分、温度有关，而且与食品的结构、水和组分的结合情况等有关。

一、密度

Hsiek（1972 年）提出用下式计算食品材料的密度：

$$\frac{1}{\rho} = w_v\left(\frac{1}{\rho_v}\right) + w_s\left(\frac{1}{\rho_s}\right) + w_i\left(\frac{1}{\rho_i}\right) = \sum_i \frac{w_i}{\rho_i} \tag{2-5}$$

式中　ρ_v、ρ_s、ρ_i——未冻水、固体成分和冰的密度；

w_v、w_s、w_i——未冻水、固体成分和冰的质量分数。

如食品中有明显的空隙度 ε，Mannapanpperuma 和 Singh（1990）建议用下式计算密度：

$$\frac{1}{\rho} = \frac{1}{1-\varepsilon}\sum_i \frac{w_i}{\rho_i} \tag{2-6}$$

二、比热容

1. 食品开始冻结前的比热容

当食品温度还处于初始冻结点之上时，可用下面公式计算其比热容。

Heldman 和 Singh（1981 年）提出

$$c_\rho = 4.18w_w + 1.549w_p + 1.424w_c + 1.675w_f + 0.837w_a \tag{2-7}$$

Choi 和 Okos（1983 年）提出

$$c_\rho = 4.18w_w + 1.711w_p + 1.574w_c + 1.928w_f + 0.908w_a \tag{2-8}$$

式中 w_w、w_p、w_c、w_f、w_a——食品中水分、蛋白质、碳水化合物、脂肪和灰分含量的质量分数。

2. 食品冻结后的比热容

如食品中的水分已被全部冻结，则可用 Seibel 建议的公式

$$c_p = 0.837 + 1.256w \quad (2-9)$$

三、热导率

1. 食品开始冻结前的热导率

Choi 和 Okos（1983 年）提出

$$\lambda \approx 0.61w_w + 0.2w_p + 0.205w_c + 0.175w_f + 0.135w_a \quad (2-10)$$

Sweat（1995 年）提出

$$\lambda \approx 0.58w_w + 0.155w_p + 0.25w_c + 0.16w_f + 0.135w_a \quad (2-11)$$

式中 w_w、w_p、w_f、w_a——食品中水分、蛋白质、碳水化合物、脂肪和灰分含量的质量分数。

如果不清楚食品材料的详细组分，只知道水的质量分数，也可以使用以下公式：

$$\lambda = 0.26 + 0.34w \text{ (Backstrom, 1965 年)} \quad (2-12)$$

$$\lambda = 0.056 + 0.567w \text{ (Bowman, 1970 年)} \quad (2-13)$$

$$\lambda = 0.26 + 0.33w \text{ (Comini, 1974 年)} \quad (2-14)$$

$$\lambda = 0.148 + 0.496w \text{ (Sweat, 1974 年)} \quad (2-15)$$

上述关系并不适用于多孔的疏松的食品，因为多孔性食品的热导率和空隙度有很大关系，其影响比含水量的影响还大。

2. 食品冻结后的热导率

0 ℃冰的热导率为 2.24 W/（m·K），远大于 0 ℃水的热导率 0.567 W/（m·K），所以冻结食品的热导率也远高于未冻食品。

冻结食品的热导率不仅与纤维方向有关，而且与冻结过程中食品的密度、空隙度等方面的变化有关，所以要计算冻结食品的热导率是非常困难的。

Choi 和 Okos（1984 年）提出根据各组分的体积分数和热导率计算食品材料热导率的方法。

$$\lambda = \rho \sum_i \lambda_i \frac{\varphi_i}{\rho_i} \quad (2-16)$$

式中 φ_i、ρ_i、λ_i——各组分的体积分数、密度和热导率；在计算过程中未冻水和已冻冰作为两个组分处理。

图 2-3 给出了几种食品的热导率的计算值与实验值的比较。

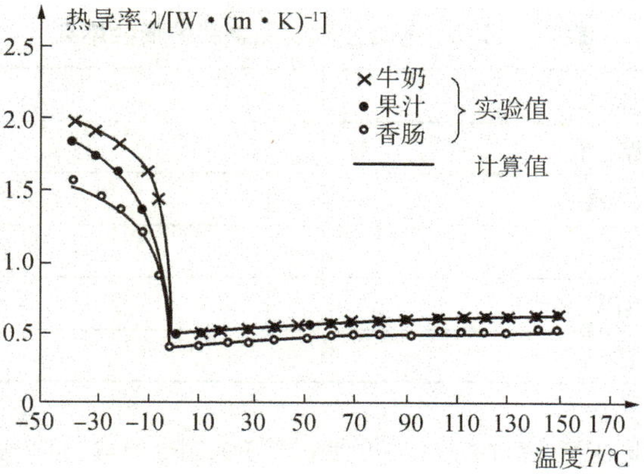

图2－3　牛奶、果汁、香肠热导率计算值和实验值的比较

第五节　食品的冻结特性

一、食品的冻结点

食品的冻结点，即食品的初始冻结温度。水的冰点是0℃，而水中溶入糖、盐这一类非挥发性物质时，冰点就会下降。食品一般都是由动植物来源的原料制成，动植物原料则是由大量细胞构成，在细胞中含有大量有机物质和无机物质，包括水、盐、糖及复杂的蛋白质、核糖核酸等，有些还溶有气体。不仅原料如此，在加工过程中，大部分食品，特别是预制食品，还要添加盐类、糖类、油脂等辅料，使食品体系更为复杂，因此，食品的冻结点低于纯水的冰点。由于水分和溶有固形物的种类及其数量各有差异，食品的冻结点也不一样。表2－12给出了一些食品材料的初始冻结温度。

表2－12　一些水果、蔬菜和果汁的初始冻结温度

食品材料	水的质量分数/%	初始冻结温度/℃	食品材料	水的质量分数/%	初始冻结温度/℃
苹果汁	87.2	－1.44	草莓	89.3	－0.89
浓缩苹果汁	49.8	－11.33	草莓汁	91.7	－0.89
胡萝卜	87.5	－1.11	甜樱桃	77.0	－2.61
橘汁	89.0	－1.17	苹果酱	92.9	－0.72
菠菜	90.2	－0.56			

食品物料冻结时在初始冻结点开始冻结，随着冻结过程的进行，水分不断地转化成冰结晶，冻结点也随之降低，这样直至所有的水分都冻结，此时溶液中的溶质、水（溶剂）达到共同固化，这一状态点被称为低共熔点或冰盐冻结点。表2－13是一些溶液和食品物料的低共熔点。

表 2-13　一些溶液和食品物料的低共熔点

种类	低共熔点/℃
葡萄糖溶液	-5
蔗糖溶液	-9.5
牛肉	-52
冰淇淋	-55
蛋清	-77

食品冻结点的温度在冻结过程中并不是恒定的，随着食品浓度的增加，其冻结温度会逐渐下降。在低浓度条件下，冻结点的下降可以通过下式来求解。

$$\theta_f = -\Delta\theta = -K_f m \tag{2-17}$$

式中，K_f 是常数，对冰而言，K_f = 1.86 ℃/（mol/kg 水）；m 是溶质的质量摩尔浓度（mol/kg 水）。

该式对于高浓度的物料场合可能不适用，因为在高浓度条件下，冻结点温度下降幅度比较大。

二、食品的冻结规律

食品中由于含有可溶性物质，冻结规律比纯水要复杂。图 2-4 为食品冻结过程中比较典型的温度与时间函数曲线。在过程 *AS* 中，食品温度一直降低到冻结点 θ_f 以下，θ_f 一般低于 0 ℃，这种现象就是过冷现象。当过冷到 *S* 点时，由于冰晶体开始形成，释放的相变潜热使温度迅速回升到冻结点，即过程 *SB*。过程 *BC* 表示，随着水分冻结量的增加（即未冻结液体中溶质浓度不断增加），食品冻结点温度不断下降。在过程 *CD* 中，温度上升到该溶质的低共熔点，是由于其中的一种溶质出现过饱和并析出，结晶显热被释放。在 *DE* 过程中，水合溶质不断结晶。最后进入 *EF* 过程，冰水混合物的温度一直下降到冻结点的温度。在该温度下的未冻结水分含量取决于食品的组成和冻藏温度。

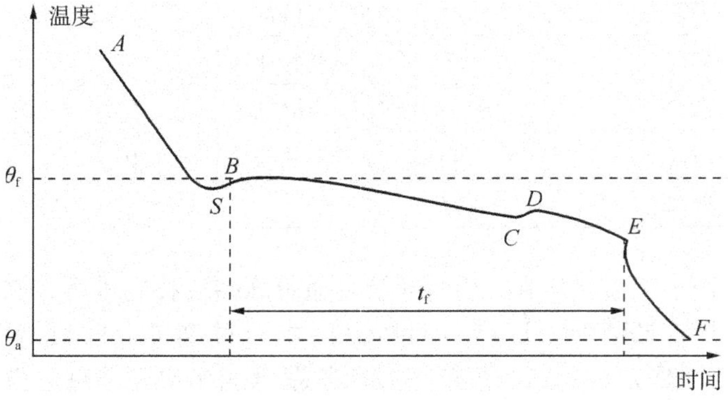

图 2-4　食品冻结过程中比较典型的温度与时间函数曲线

三、食品水分冻结率的计算方法

食品处于低于其冰点的某一温度时，食品中结成冰的水分量与食品中全部水分（包括已结冰及尚未结冰的水分）的比值称为食品水分冻结率，通常用百分数表示。食品水分冻结率可用拉乌尔—奇若夫公式计算：

$$m = (1 - \frac{\theta_B}{\theta}) \times 100\% \tag{2-18}$$

式中　θ_B——食品的冰点，℃；

θ——食品的实际温度，℃。

要得到更准确的结果可利用以下公式

$$m = \frac{1.105}{\left\{1 + \frac{0.31}{\lg[\theta + (1 - \theta_B)]}\right\} \times 100\%} \tag{2-19}$$

计算时，θ_B 和 θ 均取绝对值（摄氏温度），不考虑负号。

五、最大冰结晶生成带

对许多食品来说，当其温度为 -5 ℃时，冻结率已经达到 80%，亦即食品中绝大部分水分已经变成冰。从感官上看，-5 ℃的食品已经处于冻结状态，具有很高的硬度。从 -5 ℃继续降温，即使降低到使全部水分冻结的极低温，结冰量也只占食品全部水分的 20% 左右。因此，食品冻结时绝大部分的冰是在 -5 ～ -1 ℃这一温度带中形成的，习惯上称它为最大冰结晶生成带。

在最大冰结晶生成带，单位时间内的结冰量最多，热负荷最大，在选择食品冷冻装置时要考虑到最大冰结晶生成带的热负荷。

第六节　食品的冻结速率

冻结速率（freezing velocity）是指食品物料内某点的温度下降速率或冰峰的前进速率。以食品冻结速率的快慢来划分，食品的冻结过程可分为缓慢冻结、快速冻结和超快速冻结等。目前用于表示冻结速率的方法有以下几种。

（1）时间—温度法。一般以降温过程中食品物料内部温度最高点，即热中心的温度表示食品物料的温度。选择的温度范围一般是最大冰结晶生成带，常用热中心温度从 -1 ℃降低到 -5 ℃这一温度范围的时间来表示。若通过此温度区间的时间少于 30min，称为快速冻结；大于 30min，称为缓慢冻结。

这种表示方法使用起来较为方便，多应用于肉类冻结。但这种方法也有不足：一是对于某些食品物料而言，其最大冰结晶生成带的温度区间较宽（甚至可以延伸至 -15 ～ -10 ℃）；二是此法不能反映食品物料的形态、几何尺寸和包装情况等，为此在用此方法时一般还应标样品的大小等。

（2）冰峰前进速率。冰峰前进速率是指单位时间内 -5 ℃的冻结层从食品表面伸向内部的距离，单位为 cm/h，常称线性平均冻结速率。这种方法最早由德国学者普朗克提出，他以 -5 ℃作为冻结层的冰峰面，将冻结速率分为 3 级：快速冻结 5 ～ 20 cm/h；中速冻结 1 ～ 5 cm/h；慢速冻结 0.1 ～ 1 cm/h。

该方法的不足之处是在实际应用中难于测量，而且不能应用于冻结速率很慢以至于产生连续冻结界面的情况。

（3）国际冷冻协会定义。冻结速率（v）是指食品表面与中心温度点间的最短距离（δ_0）与食品表面达到 0 ℃后食品中心温度降至比食品冻结温度低 10 ℃所需时间（t_0）之比，单位 cm/h。如食品中心与表面的最短距离（δ_0）为 5 cm，食品冰点 -5 ℃，中心降至比冰点低 10 ℃，即 -15 ℃，所需时间为 10 h，其冻结速率为：

$$v = \delta_0/t_0 = 5/10 = 0.5 \text{ cm/h} \quad (2-20)$$

该划分规则考虑到因食品外观差异、成分不同而使其冰点不同，故其中心温度计算值随不同食品的冰点而变，比上法 -5 ℃为下限温度低得多，对速冻条件要求更为严格。

（4）其他方法。冻结食品物料的外观形态，包括冻结界面（连续或不连续）、冰结晶的大小尺寸和冰结晶的位置等也可以反映冻结速率。快速冻结的冻结界面不连续、冻结过程中食品物料内部的水分转移少，形成的冰结晶细小而且分布均匀；缓慢冻结可能产生连续的冻结界面，冻结过程中食品物料内部有明显的水分转移，形成的冰结晶粗大且分布不均匀。图 2-5 显示了不同冻结速率冻结的鳕鱼中的冰结晶情况。这种方法直观，但不能反映冻结速率上的细小变化，而且易受冻结速率之外其他因素的影响。

通过热力学的方法也可以相当准确地测定单位时间、单位食品物料内冰结晶的生成量，以此表示冻结速率。

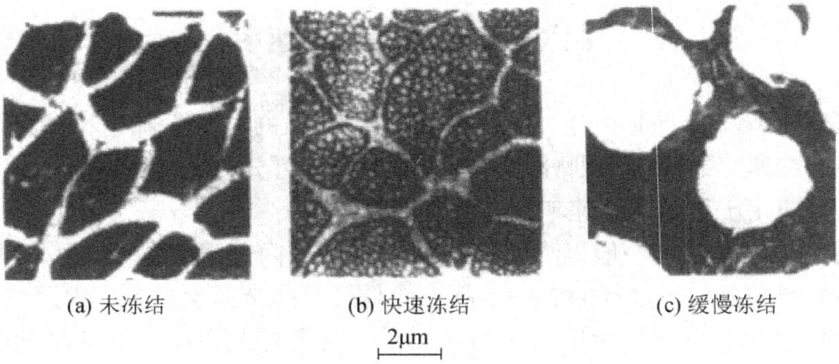

图 2-5　不同冻结速率冻结的鳕鱼肉中冰结晶的情况

第七节　食品的冻结时间

冻结时间是指食品从初始温度（通常高于食品的冰点）冻结到规定温度所需要的

时间。冻结时间和冻结速率密切相关，准确计算和预测冻结时间和冻结速度对速冻设备的设计和速冻加工过程的控制均有重要的意义。

一、基本概念

1968 年 Holdsworth 将食品冻结过程分为预冷、结冰和深冷 3 个阶段。为了统一分析和计算，1972 年国际冷冻协会定义了标准冻结时间和有效冻结时间。标准冻结时间是指以食品各处的温度均以 0 ℃为起始温度，将食品中心温度下降到比起始温度低 10 ℃时所需的时间。有效冻结温度是指食品从初温下降到给定的温度所需时间。在实际应用中广泛采用有效冻结时间。

二、冻结时间的计算方法

食品冻结时间的计算方法主要有 3 种：实验法、理论分析计算法和简化计算法。

1. 实验法

实验法是指通过实验测定的方法确定食品的冻结时间。这种方法最为原始、精确和可靠，在实际中应用较多，但是需要的试验工作量大。

2. 理论分析计算法

理论分析计算法是以热传导微分方程为基础，在一些理想的数学假设前提下，通过在给定的边界条件下对微分方程进行积分，获得解析解。为了获得解析解，人为地建立了一些模型，如 Plank 模型、Mellor 模型、Cleland 模型和 Phan 模型等，并主要针对一些简单形状如无限大平板、无限长圆柱和球状食品进行计算。由于是理想的状况，因而所得结果并不能直接用于生产，仅能作为食品冷冻时间计算和预测的理论参考。

随着计算机的发展与计算软件的应用，数值模拟在食品冻结时间的计算上得到广泛应用。这种求解方法是在对食品传热过程和机理研究分析的基础上，建立数学模型，设定边界条件，继而用计算机求解。此方法对绝大多数食品模型和环境都适用，能较准确地预测食品的冷冻时间。

在数值模拟中常用的数学模型是焓模式数学模型和比热容数学模型。所用的计算方法主要是有限差分法和有限单元法。

3. 简化计算法

简化计算法又可称为半经验－半理论法。它综合了实验和理论两种方法，对实验数据进行处理，再对理论公式引入各种修正系数，从而形成简化的计算公式。

三、食品冻结时间的计算

多年来，科研人员对于食品冻结时间的计算进行了大量的研究，得出了许多有益的结果，鉴于篇幅的限制，在此仅对简化计算公式作介绍。

1941 年 Plank 对无限大平板状食品模型的冻结时间进行了理论分析，为了便于计算，提出了如下假设。

①食品冻结前初始温度均匀一致并等于其初始冻结温度；

②冻结过程中，食品的初始冻结温度保持不变；

③食品的热导率等于冻结时的热导率；

④只计算水的相变潜热量，忽略冻结前后放出的显热量；

⑤冻结过程为稳定的传热过程，冷却介质与食品表面的对流换热系数不变。

根据上述假设，图2－6给出了厚度为δ（单位为m）的无限大平板状食品，置于温度为θ_∞的冷却介质中冻结的过程分析。

经过一定时间后，每侧冻结层厚度均达到x（单位为m）。由于对称关系，下面仅考虑一侧的冻结问题。

在dt时间内，冻结面推进dx距离，其放出的潜热量（单位为J）为：

$$dQ = h\rho A dx \tag{2-21}$$

$$h = 335 \times 10^3 \times w \tag{2-22}$$

式中 h——每千克食品的冻结潜热，等于纯水的冻结潜热与食品含水率的乘积，单位为J/kg；

w——食品含水率即水的质量分数，用百分数表示；

ρ——食品的密度，单位为kg/m^3；

A——食品一侧的表面积，单位为m^2。

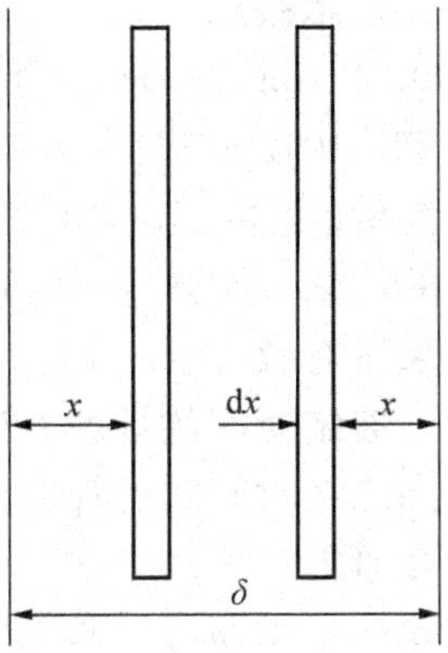

图2－6 大平板状食品冻结简图

该热量先通过x m厚的冻结层，再于表面处以对流换热的方式传给冷却介质，该热量可表示为：

$$dQ = \frac{\theta_i - \theta_\infty}{\frac{1}{\alpha A} + \frac{x}{\lambda A}} dt \tag{2-23}$$

式中 α——食品对流表面传热系数，W/（$m^2 \cdot K$）；

λ——冻结层的热导率，W/（m·K）；

θ_i——食品的初始冻结温度，℃；

θ_∞——冷却介质的温度，℃。

合并式（2－21）和式（2－23）并在$0 \sim \frac{1}{2}\delta$区间积分，得无限大平板状食品的冻结时间t为：

$$t = \frac{h\rho}{2(\theta_i - \theta_\infty)}\left(\frac{\delta}{\alpha} + \frac{\delta^2}{4\lambda}\right) \tag{2-24}$$

对于简单形状的食品，如长圆柱状食品和球状食品等可用类似的方法分别获得冻结时间，其统一表达式可写为：

$$t = \frac{h\rho}{(\theta_i - \theta_\infty)}\left(\frac{PL}{\alpha} + \frac{RL^2}{\lambda}\right) \tag{2-25}$$

式中　L——食品的特征尺寸，m。$L=\frac{V}{A}$，V为食品的体积，m^3；A为食品的表面积，m^2。对大平板状食品取$L=\delta$（厚度）；对长圆柱状食品和球状食品取$L=D$（直径）。

P、R——食品的形状系数。对于大平板状食品，如猪、牛、羊等半胴体：$P=0.5$，$R=0.125$；对于长圆柱状食品，如对虾、金枪鱼等：$P=0.25$，$R=0.0625$；对于球状食品，如苹果、草莓等：$P=0.167$，$R=0.417$。

Plank公式没有考虑食品的预冷和深冷两个阶段。然而在Plank研究的基础上，人们通过大量的理论分析和试验研究，不断地对该式进行改进。其中，Cleland和Earle对各种几何形状和各种冻结条件下的食品冻结时间进行了深入的理论与实验研究，在1979年提出了Plank无量纲关联式：

$$F_0=P\left(\frac{1}{B_i\mathrm{Ste}}\right)+R\left(\frac{1}{\mathrm{Ste}}\right) \tag{2-26}$$

式中

$$\left.\begin{aligned}F_0&=\frac{at}{L^2}\\B_i&=\frac{\alpha L}{\lambda}\\\mathrm{Ste}&=\frac{c_i(\theta_i-\theta_\infty)}{h}\end{aligned}\right\} \tag{2-27}$$

F_0——Fourier数；

B_i——Biot数；

Ste——Stefan数；

a——食品冻结后的热扩散系数，m^2/s；

α——食品对流换热系数，W/（m^2·K）；

λ——冻结层的热导率，W/（m·K）；

c_i——食品冻结后的比热容，J/（kg·K）；

h——食品的冻结潜热，J/kg；

θ_i——食品的初始冻结温度，℃；

θ_∞——冷却介质的温度，℃。

式（2-26）中的形状系数P和R的无量纲表达式分别为：

对于大平板状食品：

$$P=0.5072+0.2018\mathrm{Pk}+\mathrm{Ste}\left(0.3224\mathrm{Pk}+\frac{0.0105}{B_i}+0.0681\right) \tag{2-28}$$

$$R=0.1684+\mathrm{Ste}\,(0.274\mathrm{Pk}+0.0135) \tag{2-29}$$

对于长圆柱状食品：

$$P = 0.3751 + 0.0999\text{Pk} + \text{Ste}\left(0.4008\text{Pk} + \frac{0.071}{B_i} - 0.5865\right) \quad (2-30)$$

$$R = 0.0133 + \text{Ste}(0.0415\text{Pk} + 0.3957) \quad (2-31)$$

对于球状食品：

$$P = 0.1084 + 0.0924\text{Pk} + \text{Ste}\left(0.231\text{Pk} - \frac{0.3114}{B_i} + 0.6739\right) \quad (2-32)$$

$$R = 0.0784 + \text{Ste}(0.0386\text{Pk} - 0.1694) \quad (2-33)$$

在式（2－28）～式（2－33）中：

$$\text{Pk} = \frac{c(\theta_0 - \theta_i)}{h} \quad (2-34)$$

式中　Pk——普朗克数，反映初始冻结温度以上显热量对冻结时间的影响；

c——食品未冻结时的比热容，J/（kg·K）；

θ_0——食品初始温度，℃；

θ_i——食品初始冻结温度，℃。

在使用无量纲修正式时，公式（2－28）～（2－33）的适用条件是：初始温度小于40℃；冷却介质温度在－45～－15℃之间；食品厚度小于0.12 m；对流表面传热系数在10～500 W/（m^2·K）范围内；$0.155 < \text{Ste} < 0.345$；$0.5 < B_i < 4.5$；$0 < \text{Pk} < 0.55$。

采用上述公式进行计算，其理论计算与实验测定的冻结时间的误差为：对于平板状食品在±3%之间；长圆柱状食品为±5.2%；球状食品为±3.8%。计算精度能满足工程的实际需要。

为了便于计算，表2－14给出了一些食品的冻结物性参数。

表2－14　一些食品材料的含水量（指质量分数）、冻前比热容、冻后比热容和融化热数据

		水的质量分数/%	初始冻结温度/℃	冻前比热容/[kJ·(kg·K)$^{-1}$]	冻后比热容/[kJ·(kg·K)$^{-1}$]	融化热/[kJ·kg^{-1}]
蔬菜	芦笋	93	－0.6	4.00	2.01	312
	干菜豆	41	—	1.95	0.98	37
	甜菜根	88	－1.1	3.88	1.95	295
	胡萝卜	88	－1.4	3.88	1.95	295
	花椰菜	92	－0.8	3.98	2.00	308
	芹菜	94	－0.5	4.03	2.02	315
	甜玉米	74	－0.6	3.53	1.77	248
	黄瓜	96	－0.5	4.08	2.05	322
	茄子	93	－0.8	4.00	2.01	312

续表 2－14

		水的质量分数/%	初始冻结温度/℃	冻前比热容/[kJ·(kg·K)$^{-1}$]	冻后比热容/[kJ·(kg·K)$^{-1}$]	融化热/[kJ·kg^{-1}]
蔬菜	大蒜	61	－0.8	3.20	1.61	204
	姜	87	—	3.85	1.94	291
	韭菜	85	－0.7	3.80	1.91	285
	莴苣	95	－0.2	1.06	2.04	318
	蘑菇	91	－0.9	3.95	1.99	305
	青葱	89	－0.9	3.90	1.96	298
	干洋葱	88	－0.8	3.88	1.95	295
	青豌豆	74	－0.6	3.53	1.77	248
	四季萝卜	95	－0.7	4.06	2.04	318
	菠菜	93	－0.3	4.00	2.01	312
	西红柿	94	－0.5	4.03	2.02	315
	青萝卜	90	－0.2	3.93	1.97	302
	萝卜	92	－1.1	3.98	2.00	308
	水芹菜	93	－0.3	4.00	2.01	312
水果	鲜苹果	84	－1.1	3.78	1.90	281
	杏	85	－1.1	3.80	1.91	285
	香蕉	75	－0.8	3.55	1.79	251
	樱桃（酸）	84	－1.7	3.78	1.90	281
	樱桃（甜）	80	－1.8	3.68	1.85	268
	葡萄柚	89	－1.1	3.90	1.96	298
	柠檬	89	－1.4	3.90	1.96	298
	西瓜	93	－0.4	4.00	2.01	312
	橙	87	－0.8	3.85	1.94	292
	梨	83	－1.6	3.75	1.89	278
	菠萝	85	－1.0	3.80	1.91	285
	草莓	90	－0.8	3.93	1.97	302
鱼	大马哈鱼	64	－2.2	3.28	1.65	214
	金枪鱼	70	－2.2	3.43	1.72	235
	青鱼片	57	－2.2	3.10	1.56	191

续表 2-14

		水的质量分数/%	初始冻结温度/℃	冻前比热容/[kJ·(kg·K)$^{-1}$]	冻后比热容/[kJ·(kg·K)$^{-1}$]	融化热/[kJ·kg^{-1}]
贝类	扇贝肉	80	-2.2	3.68	1.85	268
	小虾	83	-2.2	3.75	1.89	278
	美洲大龙虾	79	-2.2	3.65	1.84	265
牛肉	胴体（60%瘦肉）	49	-1.7	2.90	1.46	164
	胴体（54%瘦肉）	45	-2.2	2.80	1.41	151
	大腿肉	67		3.35	1.68	224
	小牛胴体（81%瘦肉）	66	—	3.33	1.67	221
猪肉	腌熏肉	19	—	2.15	1.08	64
	胴体（47%瘦肉）	37	—	2.60	1.31	124
	胴体（33%瘦肉）	30	—	2.42	1.22	101
	后腿（轻度腌制）	57	—	3.10	1.56	191
	后腿（74%瘦肉）	56	-1.7	3.08	1.55	188
羊羔肉	腿肉（83%瘦肉）	65	—	3.30	1.66	218
乳制品	奶油	16	—	2.07	1.04	54
	干酪（瑞士）	39	-10.0	2.65	1.33	131
	冰淇淋（10%脂肪）	63	-5.6	3.25	1.63	211
	罐装炼乳（加糖）	27	-15.0	2.35	1.18	90

续表 2－14

		水的质量分数/%	初始冻结温度/℃	冻前比热容/[kJ·(kg·K)$^{-1}$]	冻后比热容/[kJ·(kg·K)$^{-1}$]	融化热/[kJ·kg^{-1}]
乳制品	浓缩乳（不加糖）	74	－1.4	3.53	1.77	248
	全脂乳粉	2	—	1.72	0.87	7
	脱脂乳粉	3	—	1.75	0.88	10
	鲜乳（3.7%脂肪）	87	－0.6	3.85	1.94	291
	脱脂鲜乳	91	—	3.95	1.99	305
禽肉制品	鲜蛋	74	－0.6	3.53	1.77	247
	蛋白	88	－0.6	3.88	1.95	295
	蛋黄	51	－0.6	2.95	1.48	171
	加糖蛋黄	51	－3.9	2.95	1.48	171
	全蛋粉	4	—	1.77	0.89	13
	蛋白粉	9	—	1.90	0.95	30
	火鸡	54	—	3.28	1.65	214
	鸭	69	—	3.40	1.71	231
杂项	蜂蜜	17	—	2.10	1.68	67
	奶油巧克力	1	—	1.70	0.85	3
	花生酥	2	—	1.72	0.87	7
	带皮花生	6	—	1.82	0.92	20
	带皮花生（烤熟）	2	—	1.72	0.87	7
	杏仁	5	—	1.80	0.9	17

第三章　食品冷冻冷藏的制冷技术

第一节　概　述

食品按其来源可分为动物性食品和植物性食品两大类。动物性食品主要包含肉、禽、蛋、乳、水产品等。植物性食品主要有粮食、水果与蔬菜等。习惯上将牲畜（包括禽、鱼等）经屠宰和加工后的整个肉体称为肉类食品。对于肉类食品需冷冻冷藏；对于水果与蔬菜等食品需冷藏。

一、食品的冷冻技术

食品的冷冻可采用蒸汽压缩式制冷机技术和低温液体制冷技术。

1. 蒸汽压缩式制冷机技术

蒸汽压缩式制冷机是目前在食品冷冻行业应用最广泛的一种制冷机，它是由压缩机、冷凝器、蒸发器和节流机构等组成，可制成大、中、小型机器，以适应不同冷藏量的需要。由于冷冻食品的加工要求在 -35 ℃～ -40 ℃的环境温度下，将食品迅速冷却，使其中心温度达到 -18 ℃，因而蒸汽压缩式制冷机常采用两级压缩系统，所用制冷剂主要是氨和氟利昂 R22。采用氨的蒸汽压缩式制冷机主要用于大型冷库和肉联厂，也用于食品的速冻装置中。

对于使用蒸汽压缩式制冷机的食品冷冻加工，按食品冷却的方式可分为强制通风型冷冻装置、接触型冷冻装置和浸液型冷冻装置。

2. 低温液体制冷技术

低温液体制冷技术是指利用液氮或液体二氧化碳等常压下液态低温物质向被冷冻的食品喷淋，或者将食品在低温液体中浸渍，使其温度迅速降低。在食品冷冻加工中主要采用液氮喷淋式冷冻装置和液氮浸渍式冷冻装置。

二、食品的冷藏方法

目前用于食品冷藏的库有冷库、装配式冷库和气调库，其中气调库主要用于水果的冷藏。各种冷库所用的制冷系统均为蒸汽压缩式制冷系统。

第二节　单级蒸汽压缩式制冷循环

一、单级蒸汽压缩式制冷的理论循环

1. 单级蒸汽压缩式的制冷系统与循环

单级蒸汽压缩式制冷系统如图 3 - 1 所示。它是由压缩机、冷凝器、膨胀阀和蒸发

器组成。压缩机的作用是将蒸发压力为 p_0 的低温蒸汽压缩为冷凝压力为 p_k 下的高温蒸汽；冷凝器的作用是通过冷却介质在冷凝压力为 p_k 下将高温蒸汽冷却并冷凝为液体，冷却介质通常为水或空气；膨胀阀又称为节流阀，膨胀阀的作用是将压力为 p_k 的液体制冷剂降压为蒸发压力 p_0 ，在此过程中，部分液体汽化使得剩余的液体温度降为蒸发温度 θ_0 ；蒸发器的作用是通过从被冷却物体中吸取热量使得蒸发器内的制冷剂蒸发成为汽体。因此系统的循环是压缩机从蒸发器吸取压力为 p_0 的蒸汽并压缩成为压力为 p_k 的高温蒸汽，然后送入冷凝器，冷凝器在等压 p_k 下将高温蒸汽冷凝为液体，液体进入膨胀阀被降到压力为 p_0 温度为 θ_0 下的汽液两相混合物，随之进入蒸发器，在蒸发器中制冷剂吸取热量并汽化成为蒸汽，随后进入压缩机，如此循环往复。

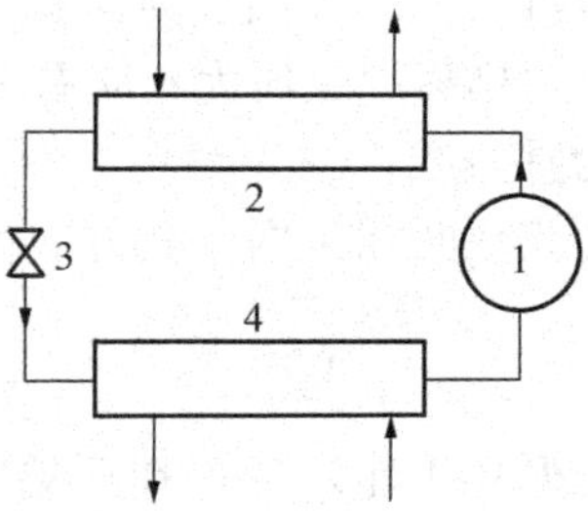

图 3－1　蒸汽压缩式制冷系统原理图

1—压缩机；2—冷凝器；3—节流阀；4—蒸发器

2. 压焓图

制冷剂的压焓图反映制冷剂的压力、温度、焓、比容、熵等物性参数的关系，如图 3－2 所示。以压力为纵坐标，焓值为横坐标。

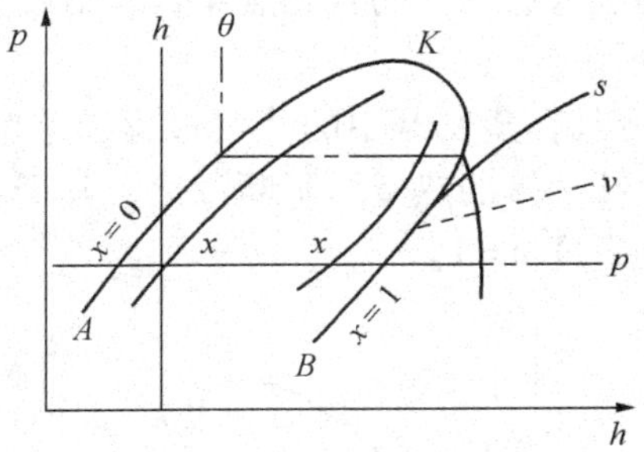

图 3－2　压焓图

图中 K 为临界点，AK 为饱和液体线，在线上任何一点表示一个饱和液体状态，其干度 $x=0$。KB 线是饱和蒸汽线，线上任何一点表示一个饱和蒸汽状态，其干度 $x=1$。AK 线与 KB 线将图分为三个区域，饱和液体线 AK 的左边是过冷液体区，该区域的液体称为过冷液体，过冷液体的温度低于相同压力下饱和液体的温度；饱和蒸汽线 KB 的右边是过热蒸汽区，该区域的蒸汽称为过热蒸汽，过热蒸汽的温度高于相同压力下饱和蒸汽的温度；*AK* 线与 *KB* 线之间的区域称为两相区。在两相区内等温线与等压线重合，反映了在两相区内制冷剂的压力不变，制冷剂的温度不变，且饱和液体温度等于饱和蒸汽温度。

在压焓图上有六种等参数线，即等温线、等熵线、等焓线、等压线、等容线和等干度线。这些等参数线可用于制冷循环状态点的参数值的确定。

① s 表示等熵线，等熵线为在过热区向右上方倾斜的实线；

② p 表示等压线，等压线为水平线；

③ θ 表示等温线，在液体区内，等温线几乎为垂直线；在两相区内，等温线与等压线重合，为一水平线；在过热蒸汽区内，等温线为向右下方弯曲的斜线；

④ v 表示等容线，等容线在过热蒸汽区内为一向右上方倾斜的虚线；

⑤ h 表示等焓线，等焓线为垂直线；

⑥ x 表示等干度线，等干度线在两相区内，其方向大致与饱和液体线和饱和蒸汽线相近。

3. 热力计算

单级蒸汽压缩式制冷的理论循环工作过程可在压焓图上表示，如图 3－3 所示。作为理论循环可认为：蒸发过程是等压过程，离开蒸发器和进入压缩机的蒸汽状态相同，均为蒸发压力下的饱和蒸汽，在压焓图上用点 1 表示，因而可用过程线 4—1 表示蒸发过程；压缩过程为等熵过程，因此压缩终了的状态点 2 是等熵线与等冷凝压力线的交点，因此可用过程线 1—2 表示压缩过程；冷凝过程是等压过程，在冷凝器中制冷剂蒸汽被冷却并冷凝为液体，离开冷凝器与进入膨胀阀的制冷剂状态相同，均为冷凝压力下的饱和液体，用点 3 表示，冷凝过程可用过程线 2—3 表示；在膨胀阀中的节流过程是等焓过程，制冷剂出膨胀阀进入蒸发器的状态点 4 是等焓线与等蒸发压力线的交点，节流过程可用过程线 3—4 表示。

过程线 4—1 表示了制冷剂在蒸发器中的蒸发过程，这个过程是在等压与等温下进行的，液体制冷剂吸取被冷却物体的热量而不断汽化，其干度沿等压线不断增大，直到全部成为饱和蒸汽，此时其干度 $x=1$。

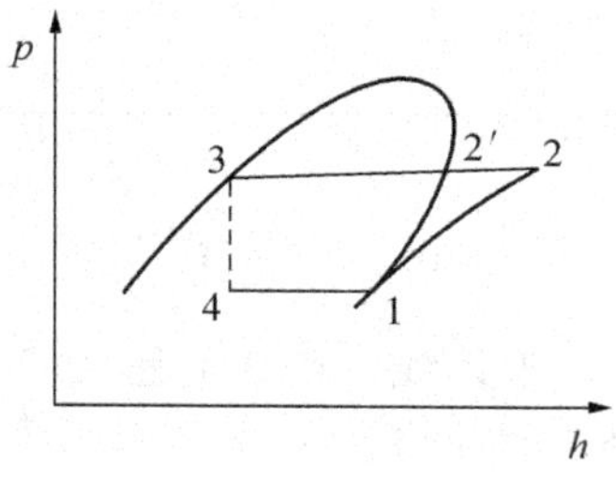

图 3－3　理论循环

冷凝过程 2—3 是在等压下进行的，但并非等温过程。由于压缩终了的制冷剂蒸汽是过热蒸汽，因此在冷凝器的冷凝过程可分为两部分，其一是过热蒸汽的冷却过程，可用过程线 2—2′表示。在此冷却过程中，进入冷凝器的过热蒸汽将热量放给外界的冷却介质，在等压下被冷却为饱和蒸汽，用点 2′表示；其二是饱和蒸汽的冷凝过程，用过程线 2′—3 表示，饱和蒸汽在等压等温下全部被冷凝为饱和液体。

过程线 3—4 表示制冷剂通过节流阀的节流过程。点 4 表示制冷剂出节流阀的状态，也是蒸发器入口的状态。在节流过程中，制冷剂的压力由冷凝压力 p_k 降为蒸发压力 p_0，制冷剂的温度由冷凝温度 θ_k 降为蒸发温度 θ_0，并进入两相区。在节流过程中，由于小部分液体制冷剂蒸发为饱和蒸汽，因而需吸收汽化潜热，从而使得剩余的液体制冷剂温度降低。节流过程是一个不可逆的过程。

根据热力学第一定律，如果忽略动能与位能的变化，稳定流动的能量方程可表示为：

$$Q = P + q_m(h_2 - h_1) \qquad (3-1)$$

式中　Q——单位时间加给系统的热量，kW；

P——单位时间对系统所做的功，kW；

q_m——流体进出系统的稳定质量流量，kg/s；

h_1——进入系统流体的比焓，kJ/kg；

h_2——离开系统的流体的比焓，kJ/kg。

利用方程式（3－1）可对单级蒸汽压缩式制冷的理论循环进行热力计算。

（1）蒸发器

制冷剂在蒸发器中从外界吸收的热量：

$$Q_0 = q_m(h_1 - h_4) = q_m(h_1 - h_3) \qquad (3-2)$$

令 $q_0 = h_1 - h_4$，称 q_0 为单位质量制冷量，简称单位制冷量。

质量流量（q_m）与体积流量（q_V）之间的关系：

$$q_V = q_m v_1 \qquad (3-3)$$

（2）压缩机

如果忽略压缩机与外界环境所交换的热量，则由式（3－1）得：

$$P = q_m(h_2 - h_1) \qquad (3-4)$$

令 $w_0 = h_2 - h_1$，称 w_0 为理论比功，反映了压缩机每压缩并输送 1 kg 制冷剂所消耗的功。

（3）冷凝器

制冷剂在冷凝器中向外界环境放出的热量为：

$$Q_k = q_m(h_2 - h_3) \qquad (3-5)$$

令 $q_k = h_2 - h_3$，称 q_k 为冷凝器单位热负荷，它表示 1 kg 制冷剂蒸汽在冷凝器中放出的热量。

（4）节流阀

液体制冷剂通过节流阀为绝热膨胀，因此与外界无热交换，并且对外不做功，故由式（3-1）可得：

$$h_3 = h_4 \tag{3-6}$$

因此可得出节流前后制冷剂的焓值不变。

（5）制冷系数

在国外习惯上将制冷系数称为制冷机的性能系数 COP（Coefficient of Performance）。制冷系数可用下式表示：

$$\varepsilon_0 = \frac{q_0}{W_0} = \frac{h_1 - h_4}{h_2 - h_1} \tag{3-7}$$

（6）逆卡诺循环制冷系数

对于给定的两个恒温热源间工作的制冷机，假定制冷循环为可逆循环，并以电能驱动，如图 3-4 所示，则制冷机消耗功 W 可实现从低温热源 T_0（被冷却对象）吸热 Q_0，向高温热源 T_k（通常为环境）排放热量 Q_k。

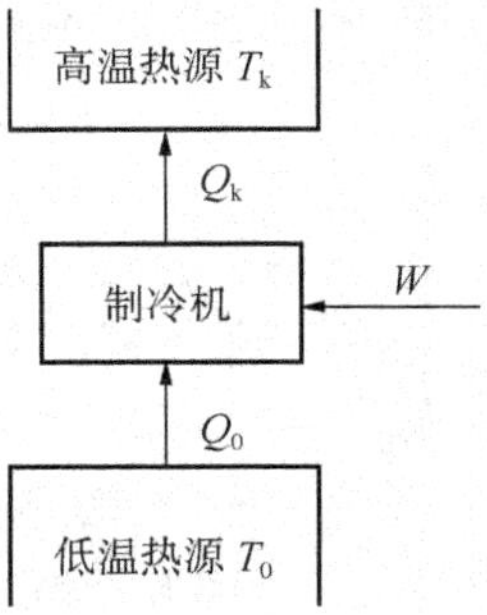

图 3-4 制冷机能量转换关系

由热力学第一定律得：

$$Q_k = Q_0 + W \tag{3-8}$$

由热力学第二定律知，在两个恒温热源间工作的可逆机，循环的熵增等于零，即：

$$\frac{Q_0}{T_0} = \frac{Q_k}{T_k} \tag{3-9}$$

从式（3-8）与式（3-9）两个关系式中可得出：

$$\frac{T_k}{T_0} = 1 + \frac{W}{Q_0} \tag{3-10}$$

根据制冷系数的定义，则可逆制冷机的制冷系数为：

$$\varepsilon_c = \frac{T_0}{T_k - T_0} \tag{3-11}$$

式中 ε_c ——称为逆卡诺循环的制冷系数；

T_0 ——低温热源温度，K；

T_k ——高温热源温度，K。

在式（3-11）中采用的温度 T 是绝对温度（K），它与摄氏温度 θ（℃）之间的关系为：

$$T = 273.15 + \theta \tag{3-12}$$

（7）热力完善度 η

对于给定热源下工作的制冷机，逆卡诺循环的制冷系数最大。而实际的制冷循环存在不可逆损失，因此其制冷系数小于逆卡诺循环的制冷系数。为了评价实际的制冷循环与逆卡诺循环的接近程度，将实际循环的制冷系数与逆卡诺循环的制冷系数之比称为制冷循环的热力完善度，用 η 表示。

$$\eta = \frac{\varepsilon}{\varepsilon_c} \tag{3-13}$$

制冷系数 COP 与热力完善度 η 都是反映制冷循环的经济指标，但两者的含义不同。制冷系数 COP 不涉及能量的品位。对于理想（可逆）制冷机而言，制冷系数仅与热源温度有关，而对于实际的制冷机而言，制冷系数则与工作温度、制冷剂和制冷机的效率有关，因此不能以制冷系数的大小衡量不同制冷机性能的优劣。用制冷系数 COP 值衡量两台实际制冷机的循环经济性时，要求必须是同类制冷机、相同制冷剂和相同的热源条件。

热力完善度 η 是反映实际制冷机与可逆机的接近程度，即在热力学上的完善程度，因此它与热源温度、制冷机种类和制冷剂无关。对于不同的制冷机，可用热力完善度 η 作为评价指标，用于衡量其经济性。

二、单级蒸汽压缩式制冷的实际循环

1. 液体过冷

液体制冷剂的温度低于同一压力下饱和状态的温度称为过冷，两者之间的温差称为过冷度。图 3－5 为液体过冷的制冷循环，与理论循环相比，过冷状态下的液体经节流阀节流后，制冷剂的干度降低，单位制冷量增大，而理论比功不变，因此制冷系数提高。

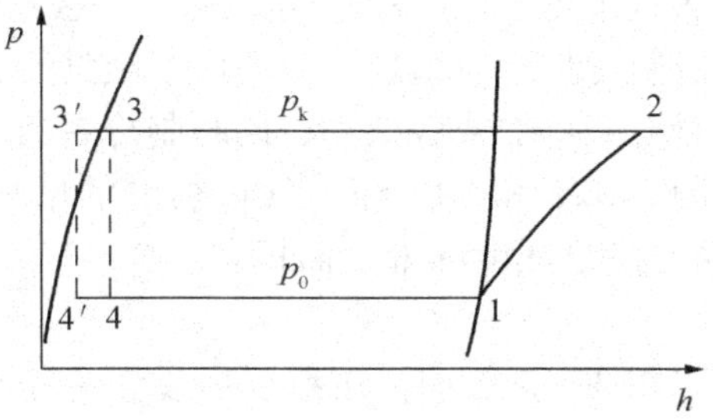

图 3－5　有液体过冷的循环图

对过冷循环而言，单位制冷量为：

$$q_0 = h_1 - h_{4'} = h_1 - h_{3'} \tag{3-14}$$

从上述分析和图 3－5 可以看出，有液体过冷的制冷循环与理论循环相比较，节流后的干度不同，显然在理论循环中节流后点 4 的干度大于有过冷循环节流后 4′ 的干度，即 $x_4 > x_{4'}$。由于干度降低，单位制冷量提高，制冷系数也相应增大，因此，在一定的冷凝温度和蒸发温度下，采用节流前使制冷剂液体过冷的方法可以达到减少节流后制冷剂的干度和提高制冷系数的目的。

在实际循环中，制冷剂液体进入节流阀前具有一定的过冷度。过冷度的大小取决于冷凝系统的设计和制冷剂与冷却介质的温差。

2. 蒸汽过热

制冷剂蒸汽的温度高于同一压力下饱和蒸汽的温度称为过热，两者之间的温差称为过热度。具有过热循环的系统在压焓图上的表示如图 3－6 所示。从图中可知，在制冷剂蒸汽进入压缩机前，蒸汽温度从－5 ℃上升到 10 ℃，其过热度为 15 ℃。

蒸汽过热可分为无效过热和有效过热。无效过热是指低温制冷剂蒸汽在通过吸气管道进入压缩机之前，从周围环境中吸取热量而过热，它对被冷却物体没有产生任何制冷效应。对于给定的压缩机与制冷系统，由于过热，蒸汽比容增大，压缩机单位容积制冷量减小，导致循环的制冷量降低，循环的比功增加，制冷系数下降。

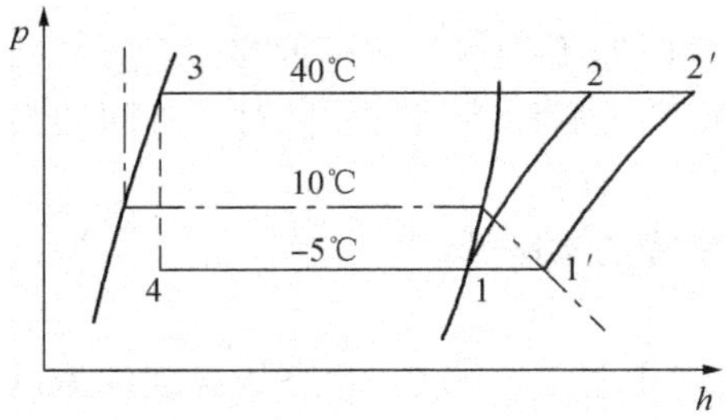

图 3－6　有蒸汽过热的循环

有效过热是指过热发生在蒸发器本身的后部，或者发生在安装在被冷却室内的吸气管道上，由过热而吸收的热量来自于被冷却空间，因而产生了有用的制冷效果。

有效过热使循环的单位制冷量有所增加，但是由于吸气比容增大，对于给定的制冷系统而言，单位容积制冷量可能增加或者减小，同时制冷系数可能增加或者减小，这与制冷剂本身的特性有关。氨、R22 和 R11 随吸气过热度的增加，制冷系数降低；对于 R12 和 R502 等，其制冷系数随过热度的增大而提高。

3. 回热循环

回热循环的制冷系统如图 3－7 所示，在系统中设置一个汽-液热交换器，即回热器。回热器的作用是将节流前的制冷剂液体与来自蒸发器的低温制冷剂蒸汽进行热交换，从而使得制冷剂液体过冷、蒸汽有效过热，增加了制冷剂的单位制冷量，同时减小制冷剂蒸汽在吸气管道中的有害过热。

图 3－8 在压焓图上表示了理论循环与回热循环。理论循环为 1—2—3—4—1；回热循环为 1—1′—2′—3—3′—4′—1。假定回热器与外界无热交换，则有：

$$h_3 - h_{3'} = h_{1'} - h_1 \tag{3-15}$$

回热循环的单位制冷量为：

$$q_0 = h_1 - h_{4'} = h_{1'} - h_4 \tag{3-16}$$

单位制冷量的增加量为：

$$\Delta q_0 = h_4 - h_{4'} = h_{1'} - h_1 \tag{3-17}$$

回热循环的单位功耗：

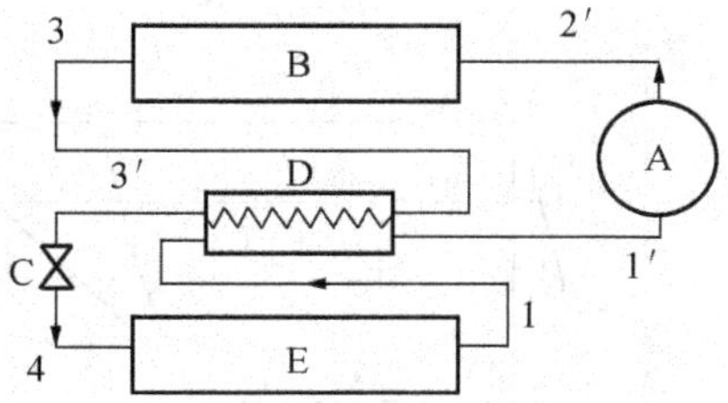

图 3-7　回热循环的制冷系统图

A—压缩机；B—冷凝器；C—节流阀；D—回热器；E—蒸发器

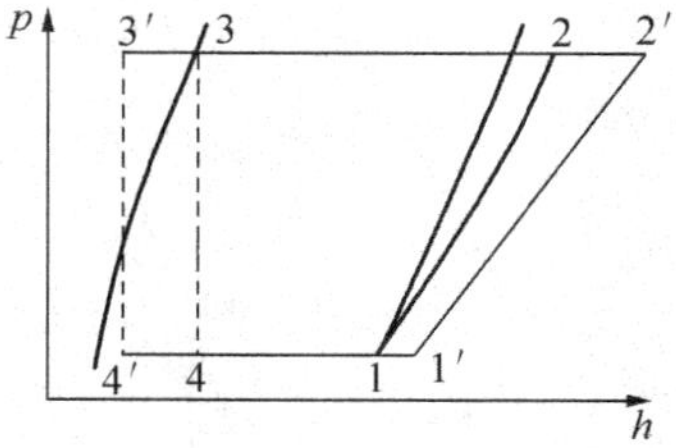

图 3-8　回热循环的压-焓图

$$W_0 = h_{2'} - h_{1'} \tag{3-18}$$

由于吸入过热蒸汽，循环的比功增加量为：

$$\Delta W_0 = (h_{2'} - h_{1'}) - (h_2 - h_1) \tag{3-19}$$

对于回热而言，制冷系数是否增加取决于 $\Delta\varepsilon$：

$$\Delta\varepsilon = \frac{\Delta q_0}{\Delta W_0} \tag{3-20}$$

若 $\Delta\varepsilon > 1$，则回热循环的制冷系数增大；若 $\Delta\varepsilon < 1$，则回热循环的制冷系数减小。是否采用回热循环取决于制冷剂的性质，与有效过热对容积制冷量和制冷系数的影响相同。对于某些制冷剂而言，如果吸入饱和蒸汽，经压缩机压缩后就会进入湿蒸汽区，为防止压缩机产生液击现象，必须采用回热循环。

4. 单级蒸汽压缩式制冷机的性能与工况

制冷压缩机的性能随蒸发温度和冷凝温度的变化而变化。

（1）蒸发温度对循环性能的影响

假定冷凝温度不变，蒸发温度由 θ_0 降低到 θ'_0时，循环的变化情况如图 3-9 所示，循环由原来的 1—2—3—4—1 变为 1′—2′—3—4′—1′。

在冷凝温度不变的情况下，随蒸发温度的降低，压缩机的压力比增大，而冷凝器出口液体的温度不变，故有：$h_3 = h_4 = h_{4'}$

此时单位制冷量的变化如下：$q'_0 = h_{1'} - h_4$

因蒸发温度由 θ_0 降低到 θ'_0时，焓值稍有降低，即：$h_{1'} < h_1$，故 $q'_0 < q_0$。即单位制冷量有所减少。

由于压力比增大，显然理论比功增加，即：$W'_0 > W_0$。

制冷系数是单位制冷量 q'_0与比功 W'_0之比，制冷系数明显降低。

（2）冷凝温度对循环性能的影响

假定蒸发温度不变，冷凝温度由 θ_k 升高到 θ'_k，循环的变化情况如图 3-10 所示，循环由 1—2—3—4—1 变为 1—2′—3′—4′—1。从图中可以看出：随冷凝温度的增大，压缩机压力比增大，单位制冷量降低，即 $q'_0 < q_0$；理论比功增大，即 $W'_0 > W_0$，故制冷系数下降。

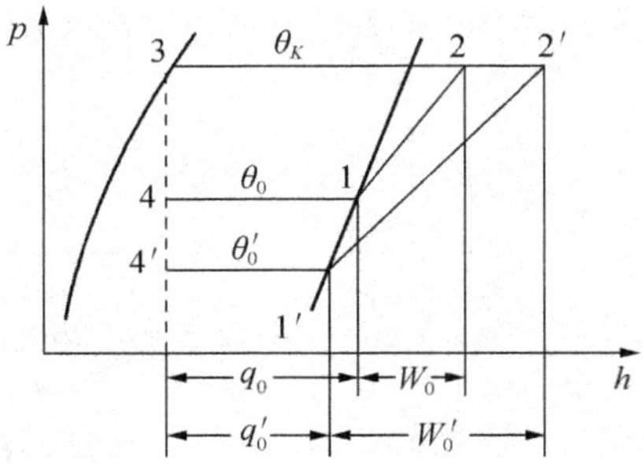

图 3－9　蒸发温度变化时循环的变化情况

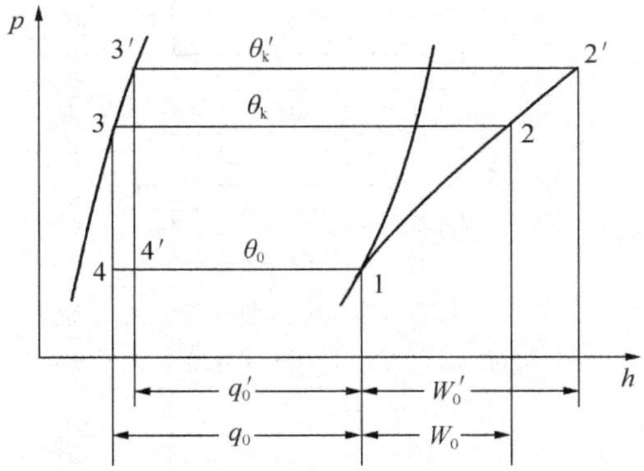

图 3－10　冷凝温度变化时循环的变化情况

制冷压缩机的性能曲线一般表示了性能随冷凝温度和蒸发温度变化的关系。图 3－11 显示了氨制冷压缩机的制冷系数随冷凝温度和蒸发温度变化的关系，从图中可知，制冷系数随蒸发温度的提高而增大，随冷凝温度的降低而增加。

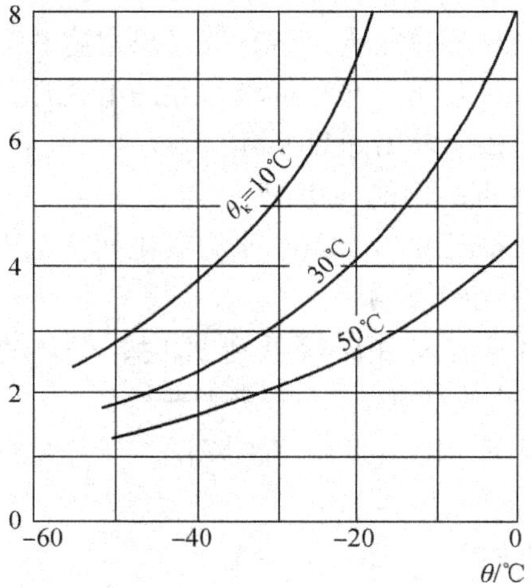

图 3－11　氨制冷系数与冷凝温度和蒸发温度的关系

（3）制冷机的工况

制冷机的制冷量、功耗和制冷系数均与蒸发温度和冷凝温度有关。为了对制冷机的性能加以对比，国家规定了制冷机的工况，主要有名义工况、最大压差工况、空调工况和最大轴功率工况等。其中名义工况用于压缩机铭牌上制冷量的标注，对于全封闭压缩机铭牌上的制冷量则为标准工况下的制冷量；空调工况则用于空调用压缩机铭牌上制冷量的标注；最大轴功率工况一般用于压缩机电动机的选配；最大压差工况则用于压缩机的强度与刚度设计。表 3－1 给出了小型活塞式单级制冷压缩机的名义工况，表 3－2 给出了全封闭压缩机的试验工况。

表 3－1　小型活塞式单级制冷压缩机名义工况　单位:℃

使用温度范围	制冷剂	蒸发温度	吸气温度	冷凝温度	过冷温度
高温	R12	7	18	49	44
	R22				
中温	R12	－7	18	43	38
	R22				
低温	R12	－23	5		
	R22				
	R502				

表 3－2　全封闭压缩机试验工况　单位:℃

制冷剂	类型	试验工况	蒸发温度	冷凝温度	吸气温度	过冷温度
R22	高温用	空调工况	5	40/55	15	35/50
		最大压差工况	－5	50	15	45
		最大轴功率工况	10	55	15	50
	低温用	标准工况	－15	30	15	25
		最大压差工况	－30	45	0	40
		最大轴功率工况	－5	45	15	40
R12		标准工况	－15	30	15	25
		最大压差工况	－30	50	0	45
		最大轴功率工况	－5	50	15	45

例 3－1　已知某高温冷库用制冷系统，制冷剂为 R22，需要制冷量为 30 kW，蒸发温度为 －5 ℃，冷凝温度为 40 ℃，液体过冷 $\Delta\theta_1 = 5$ ℃，吸气管路有害过热 $\Delta\theta_2 = 5$ ℃，压缩机指示效率为 $\eta = 0.8$，试对制冷系统进行热力计算。

解　首先在压焓图上画出制冷系统的循环图，如图 3－12 所示。

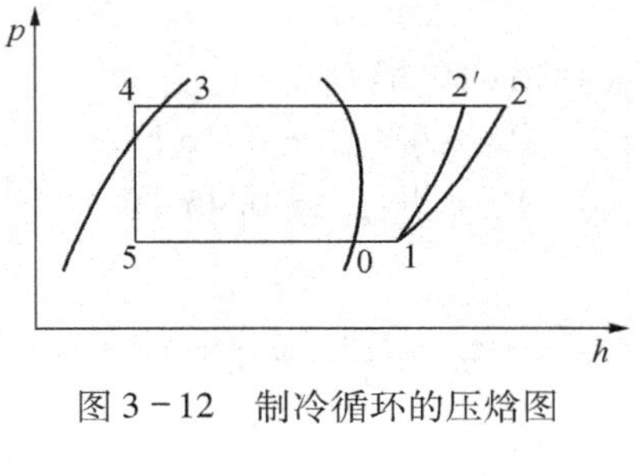

图 3－12　制冷循环的压焓图

其次，当进行制冷系统的热力计算时，需知道制冷剂在循环中各主要状态点的热力参数，而这些参数可根据制冷剂的种类、压力和温度在相应制冷剂的饱和液体与蒸汽的热力性质表以及压焓图中查出。

根据已知条件，制冷机的工作温度为：

冷凝温度：$\theta_k = 40$ ℃；

蒸发温度：$\theta_0 = -5$ ℃；

节流阀前液体温度：$\theta_4 = \theta_k - \Delta\theta_1 = 40 - 5 = 35$ ℃；

压缩机吸气温度：$\theta_1 = \theta_0 + \Delta\theta_2 = -5 + 5 = 0$ ℃

根据 R22 的饱和液体与蒸汽的热力性质表，可以查出状态点 0 和点 4 的焓和压力。

$h_0 = 403.5$ kJ/kg；0 点的压力等于蒸发压力，按 $\theta_0 = -5$ ℃ 查表得出：$p_0 = 0.425$ MPa

$h_4 = 243.1$ kJ/kg；4 点的压力等于冷凝压力，按 $\theta_k = 40$ ℃ 查表得出：$p_k = 1.533$ MPa

在 R22 的压焓图上查出状态点 1 和 2s 的参数值，具体做法如下：

在 R22 的压焓图上找到 $p_0 = 0.425$ MPa 的等压线与温度 $\theta_1 = 0$ ℃的等温线的相交点点 1，由点 1 可查出：$h_1 = 408$ kJ/kg，$v_1 = 0.05\ m^3/kg$；然后由点 1 作等熵线与 $p_k = 1.533$ MPa 的等压线相交于 2s 点，由 2s 点可查出：$h_{2s} = 437$ kJ/kg。

① 单位制冷量：

$$q_0 = h_0 - h_5 = 160.4\ \text{kJ/kg}$$

② 单位容积制冷量：

$$q_v = \frac{q_0}{v_1} = 3208\ \text{kJ/m}^3$$

③ 制冷剂质量流量：

$$q_m = \frac{Q_0}{q_0} = 0.178\ \text{kg/s}$$

④ 理论比功：

$$W_0 = h_{2s} - h_1 = 29\ \text{kJ/kg}$$

指示比功：

$$W_i = \frac{W_0}{\eta} = 36.25\ \text{kJ/kg}$$

⑤ 压缩机的理论功率 P_0 与指示功率 P_i：

$$P_0 = W_0 q_m = 5.16\ \text{kW}$$

$$P_i = W_i q_m = 6.45\ \text{kW}$$

⑥ 制冷系数：

$$\varepsilon_0 = \frac{q_0}{W_0} = 5.53$$

$$\varepsilon_i = \frac{q_0}{W_i} = 4.42$$

⑦ 冷凝器热负荷 Q_k：

进入冷凝器的制冷剂的焓值 h_2：

$$h_2 = h_1 + \frac{h_{2s} - h_1}{\eta} = h_1 + W_i = 444.25\ \text{kJ/kg}$$

冷凝器的单位热负荷：

$$q_k = h_2 - h_4 = 201.15\ \text{kJ/kg}$$

冷凝器热负荷：

$$Q_k = q_k q_m = 35.8\ \text{kW}$$

⑧ 压缩机的实际输气量 V_s 和理论输气量 V_i

$$V_s = q_m v_1 = 0.0089\ \text{m}^3/\text{s}$$

$$V_i = \frac{V_s}{\eta} = 0.01112\ \text{m}^3/\text{s}$$

⑨ 热力完善度 η

卡诺循环制冷系数：

$$\varepsilon_c = \frac{T_0}{T_k - T_0} = \frac{273.15 - 5}{40 - (-5)} = 5.96$$

$$\eta_i = \frac{\varepsilon_i}{\varepsilon_c} = \frac{4.42}{5.96} = 0.74$$

例 3－2　某制冷装置采用回热循环，制冷剂为 R134a，制冷量为 20 kW，蒸发温度为 －20℃，冷凝温度为 40℃，压缩机吸气温度为 －10℃，试对制冷系统进行热力计算。

解　绘制制冷系统循环图和压焓图，分别如图 3－13 和 3－14 所示。

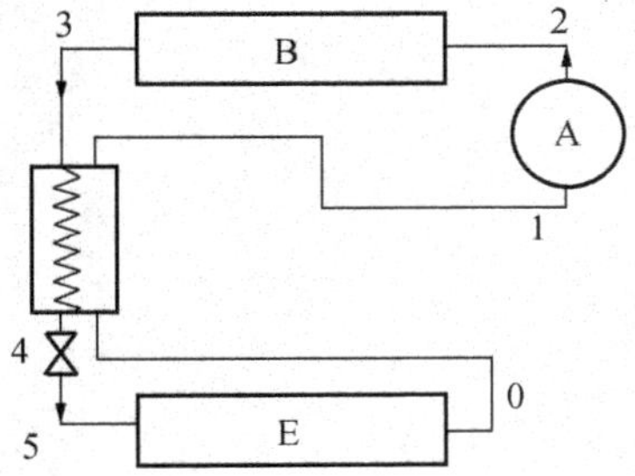

图 3－13　回热系统循环图

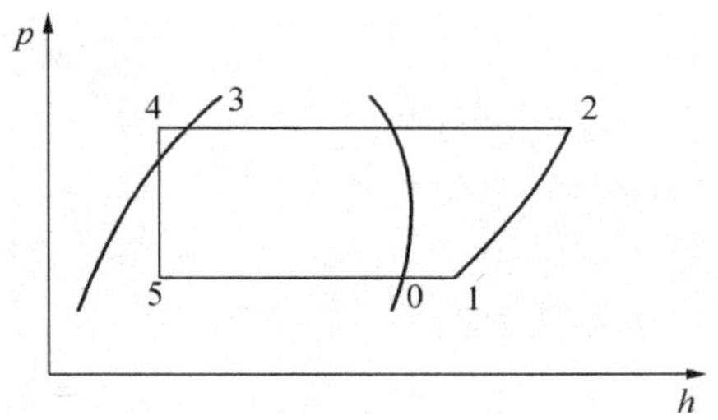

图 3－14　压焓图

根据已知条件，查 R134a 的热力性质图和表，得循环各特征点的状态参数如表 3－3。

表 3-3 循环各特征点的状态参数

状态点	p（kPa）	θ（℃）	h（kJ/kg）	v（m^3/kg）
0	133	-20	235.8	
1	133	-10	240.5	0.167
2	1017	—	291	
3	1017	40	105.7	

由循环的特性知：

$$h_1 - h_0 = h_3 - h_4$$

可计算出：

$$h_4 = 101\ \text{kJ/kg}$$

①单位制冷量：

$$q_0 = h_0 - h_4 = 134.8\ \text{kJ/kg}$$

②单位容积制冷量：

$$q_V = \frac{q_0}{v} = 807.2\ \text{kJ/m}^3$$

③制冷剂质量流量：

$$q_m = \frac{Q_0}{q_0} = 0.148\ \text{kg/s}$$

④理论比功：

$$w_0 = h_2 - h_1 = 50.5\ \text{kJ/kg}$$

⑤压缩机的理论功率 P_0：

$$P_0 = w_0 q_m = 7.47\ \text{kW}$$

⑥制冷系数：

$$\varepsilon_0 = \frac{q_0}{w_0} = 2.67$$

⑦冷凝器热负荷 Q_k：

冷凝器的单位热负荷：

$$q_k = h_2 - h_3 = 185.3\ \text{kJ/kg}$$

冷凝器热负荷：

$$Q_k = q_k q_m = 27.42\ \text{kW}$$

⑧压缩机的实际输气量 V_s

$$V_s = q_m v_1 = 0.0247\ \text{m}^3/\text{s}$$

⑨热力完善度 η_i

卡诺循环制冷系数：

$$\varepsilon_c = \frac{T_0}{T_k - T_0} = \frac{273.15 - 20}{40 - (-20)} = 4.22$$

$$\eta = \frac{\varepsilon_0}{\varepsilon_c} = \frac{2.67}{4.22} = 0.63$$

第三节　制冷剂

制冷剂是制冷机中的工作流体，在制冷系统中循环流动，通过自身热力状态的循环变化，不断与外界发生热量交换，达到制冷的目的。习惯上将制冷剂简称为工质。

一、制冷剂的分类与符号表示方式

按化学成分分类常用的制冷剂主要有三类：无机化合物、氟里昂和碳氢化合物。

制冷剂的符号表示采用国际统一规定的符号与表示方式，制冷剂符号由字母“R”和它后面的一组数字或字母组成。字母“R”表示制冷剂（Refrigerant），后面的数字是根据制冷剂的化学组成按一定的规则编写。

1. 无机化合物

无机化合物作为制冷剂其表示方式为：R7（），括号内填入的数字是该无机化合物的分子量（取整数部分）。例如制冷剂氨的表示符号为 R717。表 3－4 给出了部分无机物制冷剂的符号表示。其中由于 CO_2 和 N_2O 相对分子质量整数部分相同，为区分起见，规定 R744 表示 CO_2，用 R744a 表示 N_2O。

表 3－4　无机化合物制冷剂的符号标示

制冷剂	NH_3	H_2O	CO_2	SO_2	N_2O
分子量	17	18	44	64	44
表示符号	R717	R718	R744	R764	R744a

2. 氟里昂和烷烃类

烷烃类化合物的分子通式为 C_mH_{2m+2}，氟里昂的分子通式为 $C_mH_nF_xCl_yBr_z$，式中 $n+x+y+z=2m+2$，作为制冷剂的简化符号为 R（$m-1$）（$n+1$）B（z）。

对于化合物的同素异构体的符号表示采用符号后加 a、b 以示区别，例如丁烷为 R600。异丁烷为 R600a。

氟里昂还可采用其物质分子中的组成元素符号来表示，即用组成元素符号替代“R”，其他数字表示方法不变。即将分子中含氯、氟、碳的完全卤代烃用“CFC”表示；分子中含氢、氯、氟、碳的不完全卤代烃用符号“HCFC”表示；分子中含氢、氟、碳的无氯卤代烃用符号“HFC”表示。这样将氟利昂制冷剂分为三类：CFC 类、HCFC 类和 HFC 类。表 3－5 给出部分的氟里昂制冷剂的两种符号表示。

表 3－5　部分氟里昂制冷剂的两种符号表示

化合物名称	R 符号表示	CFC 表示	HCFC 表示	HFC 表示
一氟三氯甲烷	R11	CFC11		
二氟二氯甲烷	R12	CFC12		
二氟一氯甲烷	R22		HCFC22	
四氟乙烷	R134a			HFC134a
三氟甲烷	R23			HFC23

3. 共沸混合制冷剂

共沸混合制冷剂表示的符号为 R5（），括号中的数字为该混合物命名的先后顺序号，从 00 开始。例如 R500，R501，R502 等。表 3－6 给出了共沸混合制冷剂的组成与标准符号。

表 3－6　共沸混合制冷剂的组成与标准符号

符号表示	组成成分	质量比/%
R500	R12/R152a	73.8/26.2
R501	R22/R12	75.0/25.0
R502	R22/R115	48.8/51.2
R503	R23/R13	40.1/59.9
R504	R32/R115	48.2/51.8
R505	R12/R31	78.0/22.0
R506	R31/R114	55.1/44.9
R507	R125/R143a	50.0/50.0

4. 非共沸混合制冷剂

对于通过两种或两种以上的物质混合构成的非共沸混合物制冷剂，其符号表示为 R4（），括号内的数字为该制冷剂命名的先后顺序号，从 00 开始，当构成非共沸混合制冷剂的纯物质种类相同但成分不同时，须分别在数字后加上大写英文字母以示区别。例如采用 R22、R152a 和 R124 构成的非共沸混合物，其所占量分别为 53%、13% 和 34% 时可表示为 R401A，当各组分所占量分别为 61%、11% 与 28% 时，其符号表示为 R401B。表 3－7 给出了非共沸混合制冷剂的组成与表示符号。

表 3－7　非共沸混合制冷剂的组成与表示符号

符号表示	组成成分	质量比/%
R400	R22/R114	80/20
R401A	R22/R152a/R124	53/13/34
R401B	R22/R152a/R124	61/11/28
R401C	R22/R152a/R124	33/15/52
R402A	R125/R290/R22	60/2/28
R402B	R125/R290/R22	38/2/60
R403A	R290/R22/R218	5/75/20
R403B	R290/R22/R218	5/56/39
R404A	R125/R143a/R134a	44/52/4
R406A	R22/R600a/R142b	55/4/41
R407A	R32/R125/R134a	20/40/40
R407B	R32/R125/R134a	10/70/20
R407C	R32/R125/R134a	23/15/52
R408A	R125/R143a/R22	7/46/47
R409A	R22/R124/R142b	60/25/15
R410A	R32/R125a	50/50
R411A	R1270/R22/R152a	1.5/87.5/11.0

5. 环烷烃、链烯烃以及它们的卤代物

环烷烃与环烷烃的卤代物采用符号 RC；链烯烃及链烯烃的卤代物采用符号 R1。以上两种符合后的数字表示方法与氟里昂及烷烃类的数字表示方法相同。例如：八氟环丁烷作为制冷剂可表示为 RC308，丙烯作为制冷剂可表示为 R1270。表 3－8 给出了环烷烃及其卤代物作为制冷剂的标准符号，表 3－9 给出了链烯烃及其卤代物作为制冷剂的标准符号。

表 3－8　环烷烃及其卤代物作为制冷剂的符号表示

代号	化学名称	分子式
RC316	六氟二氯环丁烷	$C_4F_6Cl_2$
RC317	七氟一氯环丁烷	C_4F_7Cl
RC318	八氟环丁烷	C_4F_8

表 3-9　链烯烃及其卤代物作为制冷剂的符号表示

代号	化学名称	分子式
R1112a	二氟二氯乙烯	$CF_2 = CCl_2$
R1113	三氟一氯乙烯	$CFCl = CF_2$
R1114	四氟乙烯	$CF_2 = CF_2$
R1120	三氯乙烯	$CHCl = CCl_2$
R1130	二氯乙烯	$CHCl = CHCl$
R1132a	二氟乙烯	$CH_2 = CF_2$
R1150	乙烯	$CH_2 = CH_2$
R1270	丙烯	$CH_2CH = CH_2$

二、制冷剂的选择原则

在使用上对于制冷剂的选择应满足以下原则：

①使用安全，制冷剂应无毒害、不燃、不爆或燃爆性很小，无刺激性气味；

②使用可靠，制冷剂的化学稳定性与热稳定性好；

③传热性与流动性好；

④热力性质满足使用要求：制冷剂在使用的温度范围内，应具有良好的热力性能，压力与压力比适中，单位制冷量较大，排气温度较低，制冷系数较大；

⑤价格便宜，来源广；

⑥满足环境要求。

含有氯原子的氟里昂制冷剂在紫外线的作用下会释放出氯离子，而氯离子会消耗大气层中的臭氧（O_3），使得太阳的紫外线不被臭氧吸收而直照地面，造成对人类的伤害。为此在 1987 年制定了关于禁用和逐步替代消耗臭氧层物质的蒙特利尔协议书。

在大气臭氧消耗问题提出以后，为了能定性地反映不同种类的制冷剂对大气臭氧层的破坏能力和使全球变温暖的能力，采用了臭氧衰减指数 ODP（Ozone Depletion Potential）和温室指数 GWP（Global Warming Potential）来衡量。

规定以 R11 的臭氧破坏影响作为基准，取 R11 的 ODP 值为 1，其他物质的 ODP 值是相对于 R11 的比较值。例如：R22 的 ODP 值为 0.055；R134a 的 ODP 值为 0。

考虑到物质的气体逸散到大气中对大气变暖的直接潜在影响程度，用温室指数表示，规定以 CO_2 的温室影响作为基准，取 CO_2 的 GWP 值为 1，其他物质的 GWP 值是相对于 CO_2 的比较值。也可以以 R11 为基准物质，温室影响指数用 HGWP 表示，规定 R11 的 HGWP 值为 1，其他物质的 HGWP 值是相对于 R11 的比较值。R11 的 GWP 值是 3500，因此这两种表示方法在数值上 GWP 值是 HGWP 值的 3500 倍。例如：R22 的 GWP 值为 1600；R134a 的 GWP 值为 875。

对于氟里昂制冷剂而言，分子中含氯、氟、碳的完全卤代烃即 CFC_s 物质，由于其

ODP 值和 GWP 值都较大，已被列入禁用之列；而对于分子中含氢、氯、氟、碳的不完全卤代烃即 $HCFC_s$ 物质，在 1992 年哥本哈根修正案中要求在 2030 年完全被替代。

三、常用制冷剂的特性

表 3－10 给出了常用制冷剂的一般物性。

表 3－10　常用制冷剂的物理参数

代号	名称	分子式	相对分子质量	标准沸点/℃	凝固温度/℃	临界温度/℃	临界压力/MPa
R11	一氟三氯甲烷	$CFCl_3$	137.39	23.7	－111	198	4.37
R12	二氟二氯甲烷	CF_2Cl_2	120.92	－29.8	－155	112.04	4.12
R123	三氟二氯乙烷	$C_2HF_3Cl_2$	152.9	27.9	－107	183.8	3.67
R13	三氟一氯甲烷	CF_3Cl	104.47	－81.5	－180	28.78	3.86
R134a	四氟乙烷	$C_2H_2F_4$	102	－26.2	－101	101.1	4.06
R14	四氟甲烷	CF_4	88.01	－128	－184	－45.5	3.75
R21	一氟二氯甲烷	$CHFCl_2$	102.92	8.9	－135	178.5	5.16
R22	二氟一氯甲烷	CHF_2Cl	86.48	－40.84	－160	96.13	4.98
R23	三氟甲烷	CHF_3	70.01	－82.2	－160	25.9	4.68
R30	二氯甲烷	CH_2Cl_2	84.94	40.7	－96.7	245	5.95
R40	氯甲烷	CH_3Cl	50.49	－23.74	－97.6	143.1	6.68
R50	甲烷	CH_4	16.04	－161.5	－182.8	－82.5	4.65
R113	三氟三氯乙烷	CF_3Cl_3	187.39	47.68	－36.6	214.1	3.41
R114	四氟二氯乙烷	$C_2F_4Cl_2$	170.91	3.5	－94	145.8	3.28
R115	五氟一氯乙烷	C_2F_5Cl	154.48	－38	－106	80	3.24
R142	二氟一氯乙烷	$C_2H_3F_2Cl$	100.48	－9.25	－130.8	136.45	4.15
R143	三氟乙烷	$C_2H_3F_3$	84.4	－47.6	－111.3	73.1	3.78
R152	二氟乙烷	$C_2H_4F_2$	66.05	－25	－117	113.5	4.49
R170	乙烷	C_2H_6	30.06	－88.6	－183.2	32.1	4.93
R290	丙烷	C_3H_8	44.1	－42.17	－187.1	96.8	4.26
RC318	八氟环丁烷	C_4F_8	200.04	－5.97	－40.2	115.39	2.78
R600	正丁烷	C_4H_{10}	58.08	－0.6	－135	153	3.53
R717	氨	NH_3	17.03	－33.35	－77.7	132.4	11.52
R718	水	H_2O	18.02	100	0	374.12	21.2
R744	二氧化碳	CO_2	44	－56.6	－78.52	31	7.38
R1150	乙烯	C_2H_4	28.05	－103.7	－169.5	9.5	5.06
R1270	丙烯	C_3H_6	42.08	－47.7	－185	91.4	46

对于制冷剂而言在使用中须考虑制冷剂与冷冻润滑油的互溶性、制冷剂与系统材料的包容性和制冷剂溶水性。

1. 制冷剂与润滑油的互溶性

在蒸汽压缩式制冷循环中，制冷剂与压缩机中的润滑油相互接触，制冷剂与润滑油存在有限溶解和完全溶解两种状况。完全溶解是指制冷剂与油的液体能混合成均匀溶液。有限溶解是指制冷剂与润滑油的混合物出现明显的分层，一层为贫油层，一层为富油层。制冷剂与润滑油的互溶性对制冷系统中压缩机的影响较大。氟里昂与油的互溶性较好，因此制冷系统可通过制冷剂的流动将润滑油带回压缩机。但是在压缩机停机较长时间时，压缩机曲轴箱中的润滑油会溶有大量的制冷剂液体，当压缩机启动时，会发生“奔油”现象，即由于曲轴箱内压力降低，在润滑油中的制冷剂大量蒸发，导致润滑油与制冷剂蒸汽奔入压缩机气缸，会造成压缩机产生“液击”现象，为此在曲轴箱中设有电加热器，启动前，先加热使得润滑油中的制冷剂蒸发。

氨制冷剂与润滑油属于有限溶解，氨比油轻，因而混合物分层中润滑油在下部，可方便将油收回。此外在氨制冷系统中亦设有油分离器。

2. 制冷剂与系统材料的包容性

制冷剂与制冷系统各部件所用材料应有良好的包容性。制冷剂的种类不同对系统材料的要求也不同。

氨制冷剂对钢铁材料无腐蚀作用，但是对铝、铜和铜合金有腐蚀作用，尤其是氨中含有水分时腐蚀强度加剧，因此制造氨制冷系统不能采用有色金属材料。

除镁与含镁2%以上的铝合金外，氟里昂制冷剂对其他金属无腐蚀作用。但是当氟里昂制冷剂中含有水时，将水解生成酸性物质，对金属产生腐蚀作用。氟里昂与润滑油的混合物能够溶解铜，被溶解的铜离子会在黑色金属上沉积，形成“镀铜”现象，这种现象随着制冷系统中水分含量的增加以及温度的提高而加剧。“镀铜”现象常发生在压缩机的气缸壁面、活塞环与吸排气阀等钢或铸铁制成的部件光洁表面上。

氟里昂制冷剂是一种良好的有机溶剂，能溶解天然橡胶和树脂材料。同时氟里昂制冷剂对高分子化合物具有“膨润”作用，使高分子化合物变软、膨胀和起泡。因此在氟里昂制冷系统中所用的密封材料为耐氟材料。

3. 制冷剂的溶水性

氨易溶于水，氟里昂与烃类物质较难溶于水。对于氟里昂制冷剂应控制制冷系统水的含量。在氟里昂制冷系统中若水的含量超过制冷剂中水的溶解度，则会出现游离态的水。当制冷温度达到0℃以下时，水会结冰，而且结冰往往发生在节流机构，造成毛细管或节流阀的堵塞，形成所谓的“冰堵”现象，使得制冷系统无法正常工作，因此，在氟里昂制冷系统中通常设置干燥过滤器。

第四节　载冷剂

制冷系统按冷却方式可分为直接冷却系统和间接冷却系统。在间接冷却系统中，被冷却物体或空间的热量是通过一种中间介质传给制冷剂，这种中间介质被称为载冷剂或第二制冷剂。即在间接冷却系统中增加了载冷剂循环系统，载冷剂在蒸发器中与制冷剂进行热交换而被冷却，然后通过泵输送到各个用冷的场所，对被冷却对象降温，载冷剂温度升高后再回到蒸发器冷却，如此循环。

采用载冷剂的优点是：制冷系统可作为一个整体放置在机房中，减小了制冷系统的体积和制冷剂的充灌量；对于大容量、集中供冷的装置，采用载冷剂便于冷量的控制和分配，便于机组的运行管理和安装。

一、对载冷剂的性质要求

①载冷剂在工作温度范围内应处于液体状态，并且其凝固温度低于工作温度，沸点高于工作温度；

②化学稳定性好。载冷剂在工作温度下不分解、不氧化；

③无毒性、无可燃性、无刺激性气味，对人体无害，对设备无腐蚀；

④密度小、黏度小，可使载冷系统中流动阻力损失减小，循环泵功率减少；

⑤比热容大，传热性能好，传递一定冷量时，可使载冷剂的流量减小，减小泵的功耗与管道材料的消耗；

⑥价格便宜，容易获得。

二、常用的载冷剂

常用的载冷剂是水、无机盐水溶液和有机物溶液，它们适用于不同的载冷温度。各种载冷剂能够载冷的最低温度受其凝固点温度的限制。

1. 水

水是最适宜的载冷剂，价格便宜，容易获得。由于水的冰点为 0 ℃，因此水只在蒸发温度高于 0 ℃的制冷装置中作为载冷剂使用。水广泛用于集中式空气调节系统中，机房的冷水机组产生 7 ℃左右的冷水，送到建筑物房间的终端冷却设备中，供房间空调降温使用。此外冷水可以直接喷入空气中，实现温度与湿度的调节，因而在蔬菜、水果的预冷与冷藏中得到应用。

2. 无机盐水溶液

无机盐水溶液有较低的凝固温度，适合于中低温制冷装置中作为载冷剂使用。常用的无机盐水溶液是氯化钙（$CaCl_2$）、氯化钠（NaCl）、和氯化镁（$MgCl_2$）水溶液。

图 3－15 是盐水溶液的相图（$\theta-\xi$ 图）。图中给出了盐水溶液状态与温度和盐浓度 ξ 的关系示意图。曲线 *WE* 为析冰线，*EG* 为析盐线，*E* 为共晶点。共晶点所对应的温度 θ_E 和浓度 ξ_E 分别称为共晶温度和共晶浓度。

溶液温度降低发生相变的情况与浓度有关。当 $\xi<\xi_E$ 时，盐水溶液降温凝固时首先

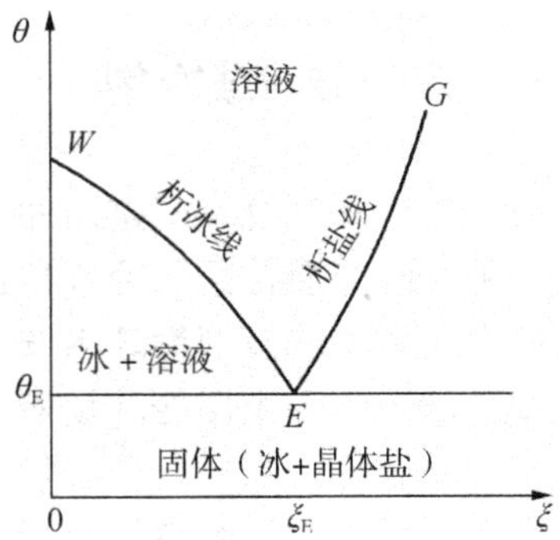

图 3－15　盐水溶液的相图

析出冰，随着 ξ 增大析冰温度降低，直到 $\xi=\xi_E$ 时，达到最低结冰温度 θ_E。继续冷却则共晶溶液形成固溶体。当 $\xi>\xi_E$ 时，盐水溶液降温凝固时首先析出盐晶体，析盐温度随浓度的增大而升高。共晶温度是不出现结冰或析盐的最低温度。氯化钙（$CaCl_2$）、氯化钠（NaCl）、和氯化镁（$MgCl_2$）水溶液的共晶温度分别是－55 ℃、－21 ℃和－34 ℃。

由图 3－15 可知，对于低于共晶浓度的盐水溶液，随浓度的增加，起始析冰温度则不断降低；对于高于共晶浓度的盐水溶液，随浓度的增加，起始析盐温度则不断增大。利用上述相图配制盐水溶液时，浓度不宜超过共晶浓度。否则，盐水浓度高会使耗盐量增多，溶液密度增大，阻力与泵功耗增大，而且盐水溶液的凝固温度反而升高。因此配制的盐水浓度只要满足其所对应的析冰温度低于制冷剂的蒸发温度 5～8 ℃即可。

盐水溶液的主要缺点是对一些金属材料有腐蚀作用，尤其是略呈酸性且与空气相接触的稀盐溶液对金属材料的腐蚀性很强。为此需要采取一定的缓蚀措施。如在盐水溶液中添加缓蚀剂，使溶液呈中性（pH 值调整到 7.0 左右）。缓蚀剂通常采用二水铬酸钠溶液。

盐水溶液的吸湿性较强，因吸湿浓度会逐渐降低，故应注意定期检查盐水的浓度。载冷剂返回盐水池的回流入口应设在液面以下。

3. 有机载冷剂

有机载冷剂对管道、设备等金属材料无腐蚀作用，而且有机物的水溶液一般其凝固点都比水的凝固点低，因此得到较广泛的应用。常用的有机载冷剂为甲醇、乙醇、乙二醇、丙三醇等水溶液。

1）甲醇（CH_3OH）、乙醇（C_2H_6OH）和它们的水溶液

甲醇的冰点为－97 ℃，乙醇的冰点为－117 ℃。它们的纯液体比重和比热容都比盐水低，故可以在更低温度下载冷。甲醇比乙醇的水溶液黏性稍大，两者的流动性都比较好。但是，甲醇与乙醇均具有可燃性和挥发性，故在使用中需防火，特别是停机系统处于室温时应格外注意。

2）乙二醇、丙二醇和丙三醇水溶液

丙三醇（甘油）是极稳定的化合物，其水溶液对金属无腐蚀，无毒，可以和食品直接接触，是良好的载冷剂。乙二醇和丙二醇水溶液的特性相似，它们的共晶温度可达 -60 ℃左右，比重与比热容都较大，溶液黏度大，略有毒性，但无危害。

3）纯有机溶体

纯有机溶体如二氯甲烷、二氯乙烯和其他氟利昂液体可以作为低温载冷剂。它们具有凝固点低（ -100 ℃左右或更低），黏度小的特点。

第五节　双级压缩制冷循环

一、采用双级压缩制冷循环的原因

在蒸汽压缩式制冷循环中，在制冷剂选定后，系统的冷凝压力与蒸发压力是由冷凝温度和蒸发温度决定的。因冷凝温度受环境介质温度（水或空气）的限制，故蒸发温度由制冷装置的用途确定。如在食品的速冻中要求较低的蒸发温度，在冷凝温度一定的条件下，蒸发温度越低，冷凝压力与蒸发压力之比 p_k/p_0 就越大，即压缩机的压缩比增大。压缩比的增大会给制冷系统的运行带来不利的影响，体现如下。

①由于压缩机有余隙容积的存在，随压缩比的增大，压缩机的输气系数降低，制冷量也降低，功耗增加。

②单级压缩制冷循环受最低蒸发温度的限制。随压缩比的增大，由于余隙容积的影响，当压缩机的容积系数降为零，压缩机的输气系数也为零。此时的蒸发压力所对应的蒸发温度为单级压缩制冷系统的最低蒸发温度。

③随压力比的增大，压缩机排气温度增大，而排气温度过高会使润滑油变稀分解，压缩机运转条件恶化，影响压缩机的正常工作。

由于上述原因，一般要求单级压缩蒸汽制冷循环的压缩比不超过 8 ～ 10。由于氨的绝热指数比氟利昂的指数大，因而我国规定氨的单级压缩比最大不允许超过 8，氟里昂的压缩比不超过 10。在这种规定下，常用的中温制冷剂一般只能获得 -20 ～ -40 ℃的低温。

二、两级压缩制冷循环

两级压缩制冷系统是由低压压缩机、高压压缩机、中间冷却器、冷凝器、蒸发器和节流机构等构成。压缩机一般为包含低压级与高压级的单台压缩机。在两级压缩制冷循环中，将制冷剂的压缩过程分为两个阶段进行，即将来自蒸发器的低压（ p_0 ）制冷剂压缩到中间压力（ p_m ），经过中间冷却器冷却后再压缩到冷凝压力（ p_k ）。

两级压缩制冷循环按中间冷却方式可分为中间完全冷却循环与中间不完全冷却循环；按节流方式可分为一级节流循环和两级节流循环。

中间完全冷却是指将低压级排气冷却到中间压力下的饱和蒸汽。中间不完全冷却是指低压级排气虽经冷却，但未冷却到饱和蒸汽状态。一级节流是将制冷剂从冷凝压力直接节流到蒸发压力；两级节流是将制冷剂先从冷凝压力节流到中间压力，再从中间压力节流到蒸发压力。

1. 一级节流中间完全冷却的两级压缩制冷循环

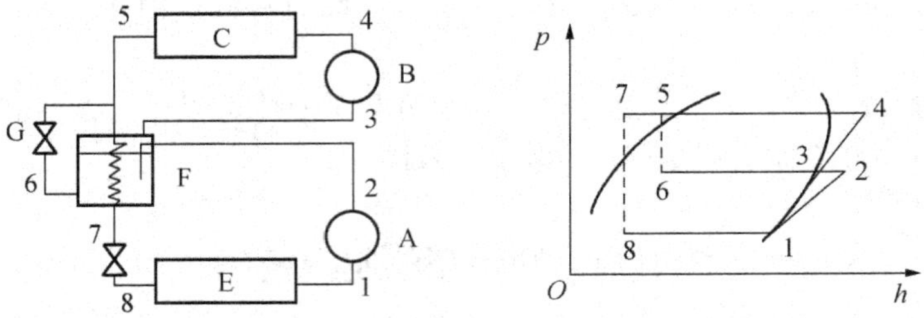

(a) 系统原理图 (b) 压焓图

图 3－16 一级节流中间完全冷却的两级压缩制冷系统原理图和压焓图

A—低压压缩机；B—高压压缩机；C—冷凝器；E—蒸发器；F—中间冷却器；G、H—节流阀

图 3－16 是一级节流中间完全冷却的两级压缩制冷循环的系统原理图与相应的压焓图。

从图 3－16a 可知，由蒸发器产生的低压蒸汽进入低压压缩机，压缩至中间压力后送入中间冷却器，与其中的中压液体制冷剂进行热交换，被冷却为中间压力对应的饱和蒸汽并同液体制冷剂因吸热而产生的饱和蒸汽一起进入高压压缩机，然后经高压压缩机压缩到冷凝压力，送入冷凝器冷凝为液体。此时液体分为两路：一路进入中间冷却器冷却降温，然后通过节流阀降压到蒸发压力进入蒸发器蒸发制冷；另一路经节流阀降压到中间压力进入中间冷却器，在其中蒸发制冷使得通过中间冷却器的高压液体被冷却，并使得低压级压缩机送到中间冷却器的过热蒸汽被冷却为饱和蒸汽。

一级节流中间完全冷却的两级压缩制冷循环的工作过程可用压焓图表示，如图 3－16b 所示。图中 1—2 表示低压压缩机的压缩过程，2—3 表示低压压缩机的排气在中间冷却器的冷却过程，3—4 表示高压压缩机的压缩过程，4—5 表示高压排气在冷凝器内的冷却、冷凝和过冷过程。出冷凝器后的液体分为两路，5—6 表示进入中间冷却器的一路液体在节流阀中从冷凝压力降到中间压力的节流过程，5—7 表示进入蒸发器的一路液体在中间冷却器盘管内的降温过冷过程，7—8 表示过冷液体在节流阀中从冷凝压力降到蒸发压力的节流过程，8—1 表示制冷剂在蒸发器内的蒸发制冷过程。

采用压焓图 3－16b 可以对一级节流中间完全冷却的两级压缩制冷循环进行热力计算。

单位制冷量（kJ/kg）为：

$$q_0 = h_1 - h_8 = h_1 - h_7 \tag{3-21}$$

低压压缩机所消耗的理论比功（kJ/kg）为：

$$W_d = h_2 - h_1 \tag{3-22}$$

假定制冷机的制冷量为 Q_0，则低压压缩机的质量流量（kg/s）为：

$$q_{md} = \frac{Q_0}{q_0} = \frac{Q_0}{h_1 - h_7} \tag{3-23}$$

低压压缩机的实际输气量（m^3/s）为：

$$q_{vd} = q_{md}v_1 = \frac{Q_0 v_1}{h_1 - h_7} \tag{3-24}$$

式中　v_1——低压压缩机吸入的蒸汽比容，m^3/kg。

低压压缩机所需的轴功率（kW）为：

$$P_{ed} = \frac{q_{md}W_d}{\eta_{kd}} = \frac{Q_0}{h_1 - h_7}\frac{h_2 - h_1}{\eta_{kd}} \tag{3-25}$$

式中　η_{kd}——低压压缩机的绝热效率。

低压压缩机的理论输气量（m^3/s）为：

$$q_{vdh} = \frac{q_{vd}}{\lambda_d} = \frac{Q_0}{h_1 - h_7}\frac{v_1}{\lambda_d} \tag{3-26}$$

式中　λ_d——低压压缩机的输气系数，其数值可按相同压缩比时单级压缩机的输气系数的90%计算。

高压压缩机所消耗的单位理论功（kJ/kg）为：

$$W_g = h_4 - h_3 \tag{3-27}$$

高压压缩机的制冷剂流量可从中间冷却器的热平衡关系式中计算求得。图3－17显示了进出中间冷却器的各路制冷剂的状态。中间冷却器的热平衡关系为：

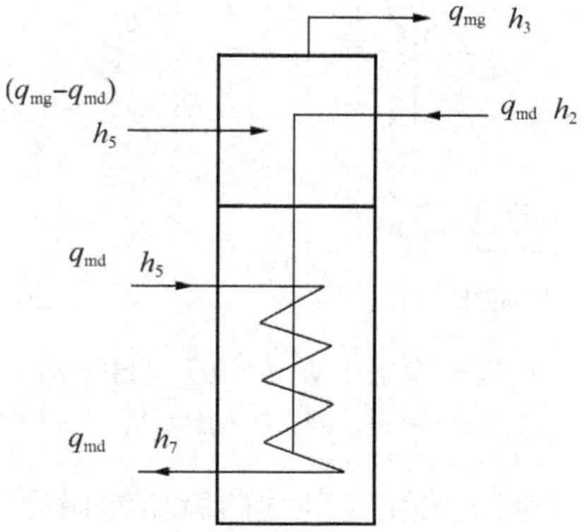

图3－17　中间冷却器热平衡图

$$q_{md}h_2 + q_{md}(h_5 - h_7) + (q_{mg} - q_{md})h_5 = q_{mg}h_3 \tag{3-28}$$

高压压缩机的实际输气量（kg/s）为：

$$q_{mg} = \frac{h_2 - h_7}{h_3 - h_5}q_{md} = \frac{h_2 - h_7}{h_3 - h_5}\frac{Q_0}{h_1 - h_7} \tag{3-29}$$

高压压缩机所需的轴功率（kW）为：

$$P_{eg}=\frac{W_g q_{mg}}{\eta_{kg}}=\frac{h_2-h_7}{h_3-h_5}\frac{Q_0}{h_1-h_7}\frac{h_4-h_3}{\eta_{kg}} \tag{3-30}$$

式中　η_{kg}——高压压缩机的绝热效率。

循环的冷凝热负荷（kW）为：

$$Q_k=q_{mg}(h_{4s}-h_5) \tag{3-31}$$

$$h_{4s}=h_3+\frac{h_4-h_3}{\eta_{ig}} \tag{3-32}$$

式中　η_{ig}——高压压缩机的指示效率；

h_{4s}——高压压缩机的实际排气比焓，kJ/kg。

循环的理论制冷系数为：

$$\varepsilon_0=\frac{Q_0}{q_{md}W_d+q_{mg}W_g}=\frac{h_1-h_7}{\frac{h_2-h_7}{h_3-h_5}(h_4-h_3)+(h_2-h_1)} \tag{3-33}$$

实际循环的制冷系数为：

$$\varepsilon_s=\frac{Q_0}{q_{md}\frac{W_d}{\eta_{kd}}+q_{mg}\frac{W_g}{\eta_{kg}}} \tag{3-34}$$

2. 一级节流、中间不完全冷却的两级压缩循环

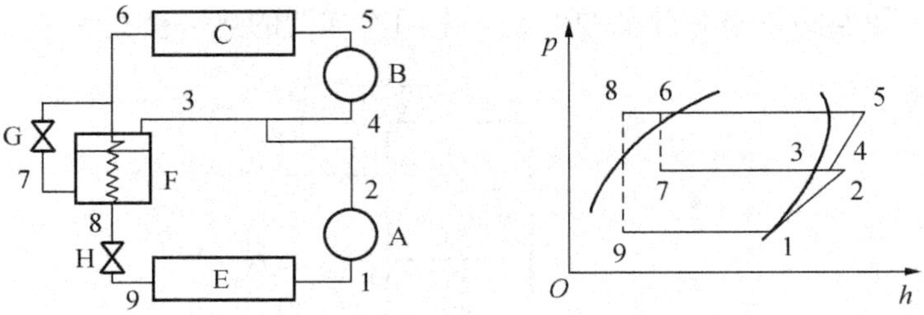

(a) 系统原理图　　(b) 压焓图

图 3-18　一级节流中间不完全冷却的两级压缩制冷系统原理图和压焓图

A—低压压缩机；B—高压压缩机；C—冷凝器；E—蒸发器；F—中间冷却器；G、H—节流阀

图 3-18 是一级节流、中间不完全冷却的两级压缩循环的系统原理图和压焓图。从图 3-18a 可知，它的工作过程与一级节流中间完全冷却的两级压缩循环的主要区别在于低压压缩机的排气不进入中间冷却器，而是与中间冷却器中产生的饱和蒸汽在管路中混合后进入高压压缩机，因此高压压缩机吸入的是中间压力下的过热蒸汽。

从图 3-18b 压焓图可对一级节流中间不完全冷却的两级压缩循环进行热力计算，其热力计算与一级节流中间完全冷却的两级压缩循环的热力计算基本上是一样的，区别仅在于中间冷却的方式不同，因此造成高压级的制冷剂流量计算公式不同，同时高压压缩机吸入的是过热蒸汽，其状态参数需要通过计算确定。

图 3－19 显示了进出中间冷却器的各路制冷剂的状态。高压压缩机的制冷剂流量可从中间冷却器的热平衡关系式中计算求得。

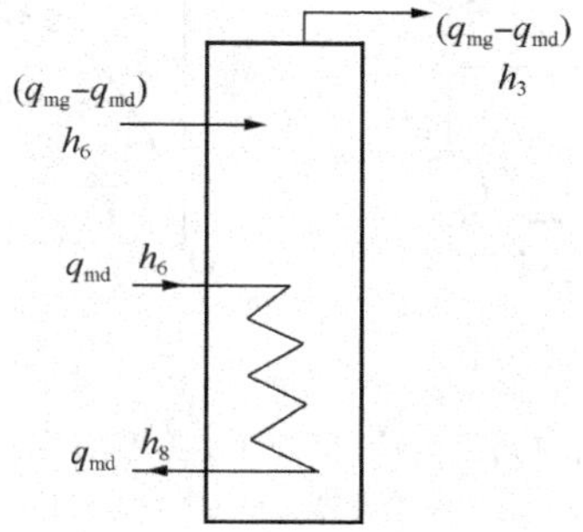

图 3－19　中间冷却器热平衡图

中间冷却器的热平衡关系为：

$$(q_{mg} - q_{md})h_6 + q_{md}(h_6 - h_8) = (q_{mg} - q_{md})h_3 \tag{3-35}$$

从中可得出：

$$q_{mg} = q_{md}\frac{h_3 - h_8}{h_3 - h_6} \quad \text{kg/s} \tag{3-36}$$

图 3－20 是在中间压力下各路制冷剂蒸汽在管路中混合的热平衡图，由热平衡关系可得出：

$$(q_{mg} - q_{md})h_3 + q_{md}h_2 = q_{mg}h_4 \tag{3-37}$$

$$h_4 = \frac{q_{md}h_2 + (q_{mg} - q_{md})h_3}{q_{mg}} = h_3 + \frac{h_3 - h_6}{h_3 - h_8}(h_2 - h_3) \tag{3-38}$$

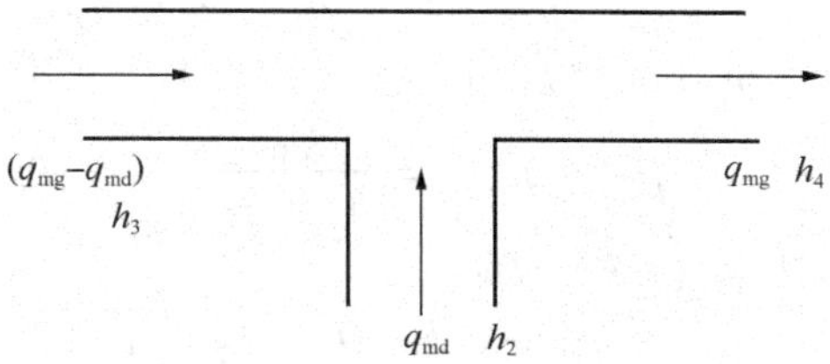

图 3－20　蒸汽混合过程的热平衡图

3. 两级节流、中间完全冷却的两级压缩制冷循环

图 3－21 是两级节流中间完全冷却的两级压缩制冷循环的系统原理图与相应的压焓图。

从图 3－21a 可知，由蒸发器产生的低压蒸汽进入低压压缩机，压缩至中间压力后送入中间冷却器，与其中的中压液体制冷剂进行热交换，被冷却为中间压力对应的饱和蒸汽并同液体制冷剂因吸热而产生的饱和蒸汽一起进入高压压缩机，然后经高压压缩机

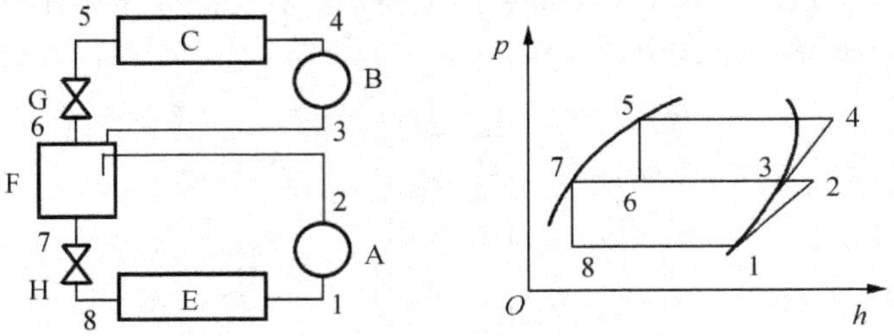

(a) 系统原理图　　　　(b) 压焓图

图 3－21　两级节流中间完全冷却的两级压缩制冷系统原理图和压焓图

A—低压压缩机；B—高压压缩机；C—冷凝器；E—蒸发器；F—中间冷却器；G、H—节流阀

压缩到冷凝压力，送入冷凝器冷凝为液体，液体制冷剂经一级节流阀节流降压，压力从冷凝压力降到中间压力，在中间冷却器中一部分液体蒸发制冷，使得从低压压缩机排入的过热蒸汽冷却为饱和蒸汽，同时使其余的液体制冷剂被冷却为饱和液体，然后液体制冷剂通过二级节流阀节流降压（压力从中间压力降到蒸发压力）进入蒸发器蒸发制冷。

采用压焓图 3－21b 可以对两级节流中间完全冷却的两级压缩制冷循环进行热力计算。

单位制冷量（kJ/kg）：

$$q_0 = h_1 - h_8 \tag{3-39}$$

低压压缩机所消耗的理论比功（kJ/kg）：

$$W_d = h_2 - h_1 \tag{3-40}$$

假定制冷机的制冷量为 Q_0 时，则低压压缩机的质量流量（kg/s）为：

$$q_{md} = \frac{Q_0}{h_1 - h_8} \tag{3-41}$$

低压压缩机的实际输气量（m^3/s）为：

$$q_{vd} = q_{md} v_1 = \frac{Q_0}{h_1 - h_8} v_1 \tag{3-42}$$

低压压缩机所需的轴功率（kW）为：

$$P_{ed} = \frac{q_{md} W_d}{\eta_{kd}} = \frac{Q_0}{h_1 - h_8} \frac{h_2 - h_1}{\eta_{kd}} \tag{3-43}$$

式中　η_{kd}——低压压缩机的绝热效率。

高压压缩机所消耗的单位理论功（kJ/kg）为：

$$W_g = h_4 - h_3 \tag{3-44}$$

高压压缩机的制冷剂流量（kg/s）可从中间冷却器的热平衡关系式中计算求得。

$$q_{mg} = \frac{h_2 - h_8}{h_3 - h_5} q_{md} = \frac{h_2 - h_8}{h_3 - h_5} \frac{Q_0}{h_1 - h_8} \tag{3-45}$$

高压压缩机所需的轴功率（kW）为：

$$P_{eg} = \frac{q_{mg}W_g}{\eta_{kg}} = \frac{q_{mg}}{\eta_{kg}}(h_4 - h_3) \tag{3-46}$$

式中　η_{kg} ——高压压缩机的绝热效率。

循环的冷凝热负荷（kW）为：

$$Q_k = q_{mg}(h_{4s} - h_5) \tag{3-47}$$

$$h_{4s} = h_3 + \frac{h_4 - h_3}{\eta_{ig}} \tag{3-48}$$

式中　η_{ig} ——高压压缩机的指示效率；

h_{4s} ——高压压缩机的实际排气比焓，kJ/kg。

4. 两级压缩制冷循环中间压力的确定

两级压缩制冷循环的中间压力是两级压缩制冷系统优化设计的重要参数。一般将制冷系数最大的两级压缩制冷循环所具有的中间压力称为最佳中间压力，它可采用下述方法确定。

（1）作图求解法

①根据确定的冷凝压力 p_k 和蒸发压力 p_0，按 $p_i = \sqrt{p_k p_0}$ 求得一个中间压力的近似值，并在制冷剂的饱和蒸汽表中查出对应的中间温度 θ_i；

②在 θ_i 值的上方与下方，按1～2℃的间隔取若干个中间温度，对每一个值进行循环的热力计算，求得该循环的制冷系数 ε_i；

③绘制制冷系数与中间温度的关系曲线，即曲线 $\varepsilon_i = f(\theta_i)$，曲线上的最大制冷系数 ε_{max} 值所对应的中间温度即为循环的最佳中间温度，其对应的压力也为循环的最佳中间压力。

（2）经验公式法

在对两级压缩制冷循环的研究中，有的学者总结出在一定范围内具有足够精确度的经验公式，用以确定最佳中间温度。拉塞给出了R717两级压缩制冷循环的最佳中间温度的经验公式为：

$$\theta_i = 0.4\theta_k + 0.6\theta_0 + 3\ ℃ \tag{3-49}$$

其应用的温度范围为：-40～40℃。

第六节　复叠式制冷循环

一、复叠式制冷系统的组成

复叠式制冷循环通常是由两个单独的制冷系统组成，分别称为高温系统和低温系统。高温系统使用中温制冷剂，低温系统使用低温制冷剂。高温系统的蒸发器作为低温系统的冷凝器，即使用高温制冷剂的蒸发使得低温制冷剂冷凝，因此高温系统的蒸发器又是低温系统的冷凝器，故称为冷凝蒸发器。

图3-22是复叠式制冷系统的原理图。低温制冷剂在蒸发器中从被冷却的物体吸取

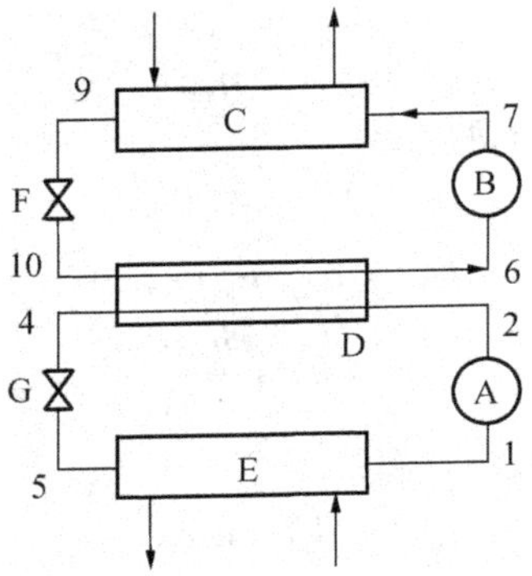

图 3－22　复叠式制冷系统的原理图

低温系统：B—压缩机；C—冷凝器；D—蒸发器；F—节流阀

高温系统：A—压缩机；D—冷凝器；E—蒸发器；G—节流阀

热量，在冷凝蒸发器中，将热量传给高温制冷剂，然后高温制冷剂在冷凝器中将热量传给冷却介质（水或空气）。

二、复叠式制冷循环的类型

复叠式制冷循环有多种形式，如两个单级压缩循环的复叠、一个单级压缩和一个两级压缩循环的复叠、三个单级压缩循环的复叠以及两个两级压缩循环的复叠等。复叠式制冷机可制取－120～－60 ℃的低温。表 3－11 给出了常用复叠式制冷循环的组合形式以及所用的制冷剂。

表 3－11　复叠式制冷循环形式与制冷温度和制冷剂的关系

制冷温度/℃	制冷剂	制冷循环形式
－60	R22－R23	R22 单级压缩－R23 单级压缩
－80	R22－R23	R22 单级或双级压缩－R23 单级压缩
	R507－R23	R507 单级或两级压缩－R23 单级压缩
	R290－R23	R290 两级压缩－R23 单级压缩
－100	R22－R23	R22 两级压缩－R23 单级或两级压缩
	R507－R23	R507 两级压缩－R23 单级或两级压缩
	R22－R1150	R22 两级压缩－R1150 单级压缩
	R507－R1150	R507 两级压缩－R1150 单级压缩
－120	R22－R1150	R22 两级压缩－R1150 两级压缩
	R507－R1150	R507 两级压缩－R1150 两级压缩
	R22－R23－R50	R22 单机压缩－R23 单级压缩－R50 单机压缩
	R507－R23－R50	R507 单机压缩－R23 单级压缩－R50 单级压缩

三、复叠式制冷循环的热力计算

由于复叠式制冷循环是由不同制冷剂的单级或双级压缩式制冷循环组成，其循环的热力计算与单机或双级压缩式制冷循环的计算方法相同，可分别对高温系统和低温系统进行单独计算。

1. 中间温度的确定

复叠式制冷循环中间温度的确定应按照制冷系数最大或高温系统与低温系统压缩机压力比大致相等的原则进行。采用制冷系数最大的原则可使得循环的能耗最小，采用压缩机压力比大致相等的原则可使得压缩机气缸利用率提高。由于中间温度在一定的范围内变化时对制冷系数的影响并不大，故按压力比大致相等的原则确定中间温度较为合理。

2. 冷凝蒸发器传热温差的确定

冷凝蒸发器传热温差的大小不仅影响到传热面积和冷量消耗，而且也影响到整个制冷机的容量和经济性，因此一般取传热温差为 5 ～ 10 ℃。温差较大时，冷凝蒸发器的面积可较小，但使得压力比增大，制冷循环的经济性降低。此外，制冷剂的温度越低，传热温差引起的不可逆损失越大，因此该传热温差应取较小值，最好不大于 5 ℃。

四、膨胀容器

在复叠式制冷循环中，由于低温系统制冷剂临界温度低，常温下饱和压力较高，停机时低温系统内温度逐渐回到环境温度，低温制冷剂全部汽化成为过热蒸汽，往往使系统内压力超过最大工作压力，因此，常在低温系统中设置膨胀容器，以便于停机后大部分低温制冷剂进入膨胀容器，使系统内的压力保持在允许的工作压力之内。

当膨胀容器与吸气管道连接时，膨胀容器的容积可按下式计算：

$$V_p = (m_g v_p - V_{dg}) \frac{v_x}{v_x - v_p} \quad \text{m}^3 \tag{3-50}$$

式中　m_g ——低温系统中（不包括膨胀容器）在工作状态时制冷剂的充灌量，kg；

V_{dg} ——低温系统（不包括膨胀容积）的总容积，m^3；

v_p ——环境温度下，平衡压力时制冷剂的比容，m^3/kg；

v_x ——在环境温度下，运行时吸气状态下制冷剂的比容，m^3/kg。

停机后，系统中的压力一般保持在 0.98 ～ 1.47MPa。

第七节　制冷压缩机

一、制冷压缩机的种类

在蒸汽压缩式制冷系统中，压缩机是制冷系统的心脏，它对制冷系统的运行性能、噪音、使用寿命和节能都有着决定性的作用。制冷压缩机主要分为两种类型，分别是容积型和速度型。

1. 容积型压缩机

容积型压缩机有一定容积的气缸。工作时制冷剂蒸汽在蒸发压力下被吸入气缸，然后在气缸中其容积被强制缩小，压力升高，当达到一定压力时气体被强制从气缸中排出。

容积型压缩机按其压缩部件的运动特点可分为两种形式：往复活塞式（简称往复式）和回转式。在回转式压缩机中按压缩机的结构特点又可分为滚动转子式、滑片式、双螺杆式、单螺杆式、涡旋式等。

2. 速度型压缩机

在速度型压缩机中，气体压力的提高是由气体的速度转化而来，即使吸入的气流先获得一定的高速，然后使之缓慢下来，让其动能转化为气体压力的升高，而后排出。在制冷系统中采用这种方式提高气体压力的压缩机主要是离心式压缩机。

图 3－23 给出了制冷与空调中常用压缩机的分类和结构示意图。

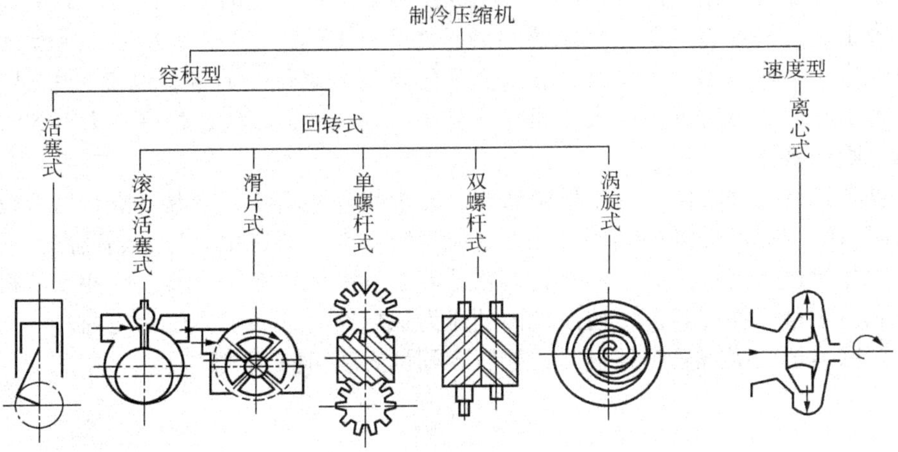

图 3－23　制冷与空调中常用压缩机的分类和结构示意图

在食品冷冻冷藏设备中主要使用往复式压缩机，为此本节内容以介绍往复式压缩机为主。

二、往复式压缩机的结构与工作原理

往复式压缩机是由曲轴、活塞、气缸、气阀等零部件组成，其结构示意图如图 3－24 所示。

连杆将曲轴与活塞连接起来，在气缸顶部装有吸气阀和排气阀，通过吸气腔和排气腔分别与吸气管和排气管相连。当电动机带动曲轴旋转时，通过连杆的传动，使得活塞在气缸内做上下往复运动，并在吸、排气阀的配合下，完成对制冷剂蒸汽的吸入、压缩和排出。压缩机的工作过程如图 3－25 所示。往复式压缩机的工作循环可分为四个过程，压缩过程、排气过程、膨胀过程和吸气过程。

①压缩过程。当活塞在气缸中处于最下端位置 1—1（又称为内止点或下止点）时，

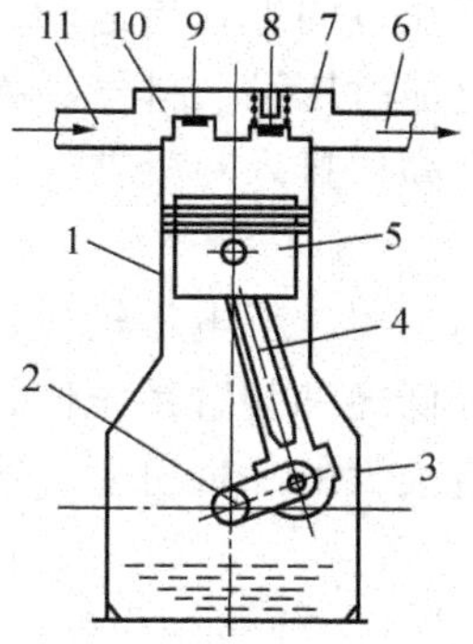

图 3－24　单缸压缩机结构示意图

1—气缸体；2—曲轴；3—曲轴箱；4—连杆；5—活塞；6—排气管；7—排气腔；8—排气阀；9—吸气阀；10—吸气腔；11—吸气管

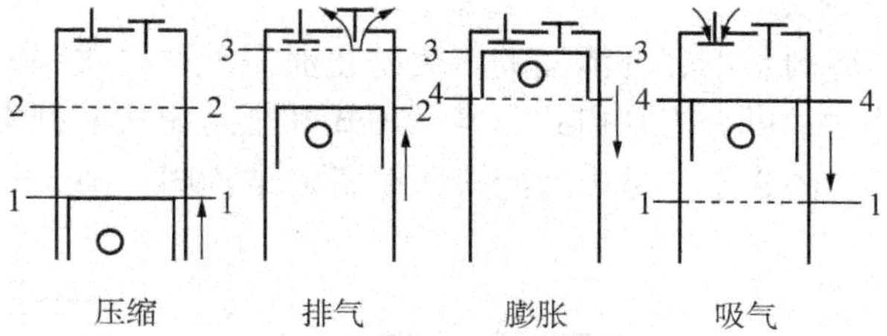

图 3－25　压缩机工作工程

气缸内充满了从蒸发器吸入的低压蒸汽，吸气过程结束。活塞在曲轴连杆机构的作用下开始往上运动，此时吸气阀关闭，气缸工作容积逐渐减小，制冷剂蒸汽受到压缩，其温度与压力逐渐升高。当活塞运动到 2—2 位置时，气缸内的压力略高于排气腔中的制冷剂压力，排气阀打开，开始排气。将制冷剂蒸汽在气缸内从吸气时的低压升高到排气压力的过程称为压缩过程。

②排气过程。在压缩过程结束时，排气过程开始。此时随着活塞继续向上运动，气缸内的气体压力不再升高，制冷剂蒸汽通过排气阀不断从气缸内排出，直到活塞运行到气缸中的最高位置 3—3 位置（又称外止点或上止点）时，排气过程结束。将制冷剂蒸汽从气缸向排气管输出的过程称为排气过程。

③膨胀过程。当活塞运行到上止点时，排气过程结束，但是，由于压缩机的结构和制造工艺等原因，气缸中仍有一些空间中的气体无法排出，故将这些空间的容积称为余隙容积。随着活塞从上止点往下运行，排气阀关闭，而余隙容积中的高压气体开始膨胀，随容积的增大压力下降。当活塞运动到 4—4 位置时，气缸内气体的压力降到略低于吸气腔内气体的压力，吸气阀打开，膨胀过程结束。

④吸气过程。膨胀过程结束，吸气阀打开，吸气过程开始。随着活塞继续往下运行，低压气体被吸入气缸中，直到活塞运行到下止点时，吸气过程结束。

完成吸气过程后，活塞又从下止点向上止点运动，重新开始压缩过程，如此周而复始，循环不已。往复式压缩机就是通过压缩、排气、膨胀和吸气四个过程，将蒸发器内的低压蒸汽吸入，压缩使得压力升高后排入冷凝器。

三、往复式压缩机的分类

往复式压缩机具有热效率较高、单位耗电量较少、加工比较容易、能适应较广泛的压力范围和制冷量要求、造价较为低廉和装置系统比较简单等优点，从而使得其在中小制冷量范围内应用最广、生产批量最大的一种机型。往复式压缩机的机型种类较多，可根据其主要特征进行分类。

1. 按压缩机的转速分类

往复式压缩机按其转速可分为低速、中速和高速三种。一般将转速在 300 r/min 以下的定位为低速，300～1000 r/min 之间的为中速，1000 r/min 以上的属于高速。现代多缸压缩机多采用高转速，从而实现较小的机体获得较大的制冷量。

2. 按压缩机的密封方式分类

制冷系统内的制冷剂是不容许泄漏的。为防止泄漏，往复式压缩机采取了一定的密封措施。根据密封的方式可分为开启式、半封闭式和全封闭式三种类型。图 3－26 是开启式压缩机的结构图，图 3－27 是半封闭式压缩机的结构图，图 3－28 是全封闭式压缩机的结构图。

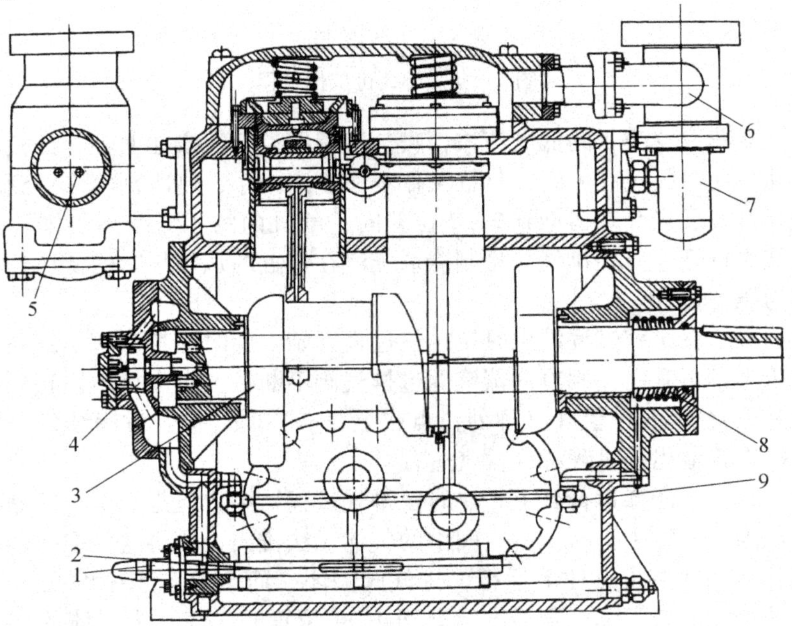

图 3－26　开启式压缩机的结构图

1—加油三通阀；2—过滤器；3—曲轴；4—液压泵；5—吸气滤网；6—排气管；7—安全阀；8—轴封装置；9—供油管

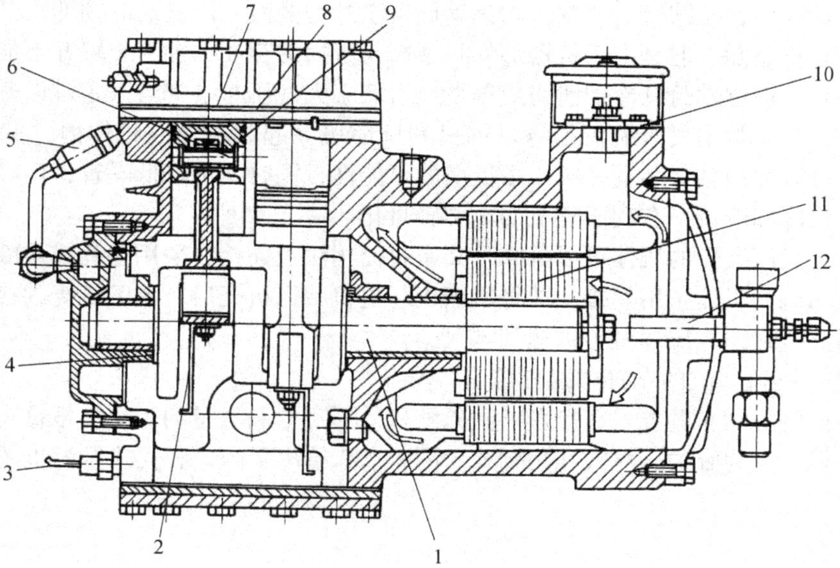

图 3－27　半封闭式压缩机结构图

1—曲轴；2—溅油杆；3—加热器；4—轴瓦；5—回油器；6—活塞销；7—阀片；8—气环；9—油环；10—接线板；11—电动机；12—吸气滤网

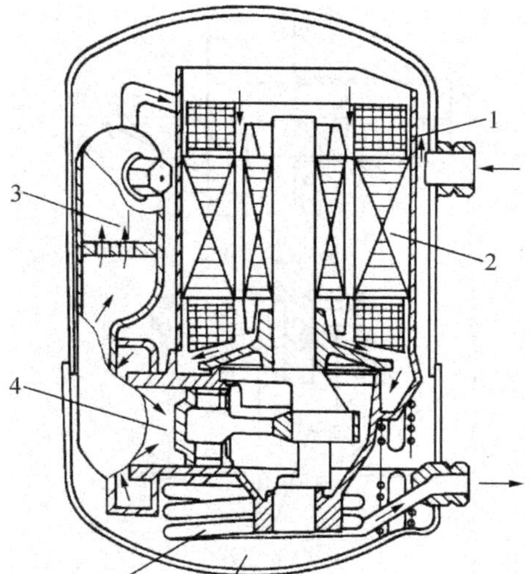

图 3－28　MT 系列全封闭压缩机的结构图

1—护套；2—电动机；3—排气消声器；4—气缸；5—排气管；6—润滑油

开启式压缩机是指曲轴功率输入端伸出机体之外，通过传动装置与原动机连接。由于在工作过程中，压缩机的曲轴箱内充满低压制冷剂蒸汽，因此对曲轴伸出部位装有轴封装置以防止泄漏。但是由于机器部件间摩擦与磨损的存在，轴封装置并不能实现绝对可靠的密封，通过轴封制冷剂泄漏或蒸发压力低于大气压时空气渗入是难以避免的。

半封闭与全封闭式压缩机是将电动机和压缩机一起装在同一机体内并共用一根主轴，因而可以取消轴封装置，减小了泄漏的可能性，同时又可降低噪音，用吸入的低温制冷剂蒸汽冷却电机，有利于整机的小型轻量化。

半封闭式压缩机的机体可以拆卸，其密封面用法兰连接，采用垫片或垫圈密封。全封闭式压缩机的机体采用焊接，即将压缩机与电机装入机壳后，上下机壳的接合处则被焊封，因此全封闭式压缩机可以达到零泄露。

3. 按压缩机气缸的布置方式分类

压缩机气缸的布置方式直接影响到压缩机外形尺寸和重量的大小。根据这一结构特征，压缩机可分为卧式、立式和角度式。图 3－29 给出了卧式和立式压缩机的气缸布置方式。

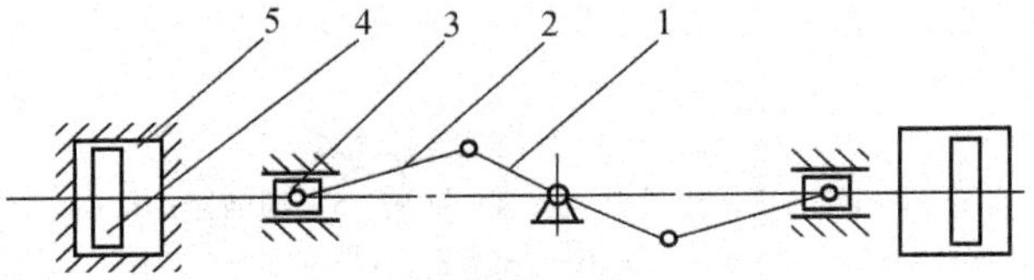

(a) 对称平衡式

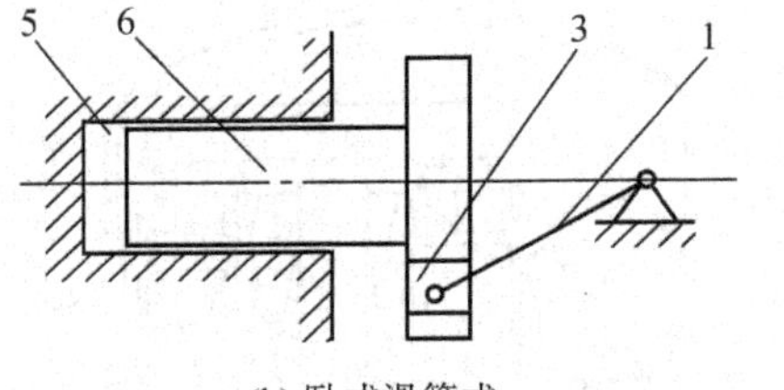

(b) 卧式滑管式

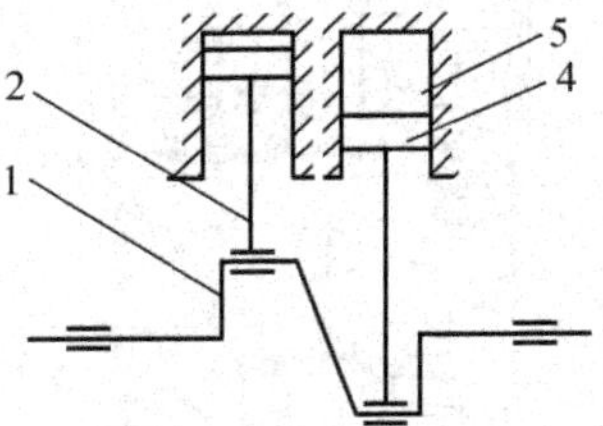

(c) 两缸立式

图 3－29　卧式与立式的气缸布置方式

1—曲轴；2—连杆；3—滑块；4—活塞；5—气缸；6—滑管

卧式压缩机其气缸处于平卧状态，主要用于大型压缩机。卧式压缩机多采用对称平衡式布置，如图 3－29a 所示，即在曲轴两侧对称地布置气缸、活塞、滑块和连杆。这种布置方式使得压缩机在工作时，曲轴两侧由气体力与惯性力所产生的作用力，大小相等、方向相反而相互抵消，压缩机运行十分平稳。对于大型卧式压缩机而言，气缸与活塞的造价较高，而连杆小头对活塞施加一个侧向力，这个侧向力很大，能引起活塞与气缸壁严重磨损，为此在大型卧式压缩机中设置滑块（又称为十字头），侧向力则由滑块承担。滑块磨损后可方便更换。

图3－29b所示的卧式滑块式结构是在冰箱类广泛使用的小型全封闭压缩机，压缩机与电机共用一根轴，同时将连杆与活塞用滑块与滑管替代，使得结构简单，便于制造与装配，因而在电机垂直安装时，气缸只能处于水平位置。

图3－29c是立式两缸压缩机气缸的布置结构图。立式压缩机其气缸的轴线与曲轴轴线垂直，因而活塞的重量不作用在气缸壁面上，气缸和活塞的磨损较小且均匀，机体主要承受垂直的拉压应力，受力情况较好，形状可做得简单轻便。立式压缩机占地面积较小，因此常用于小型压缩机的单缸或双缸结构中。

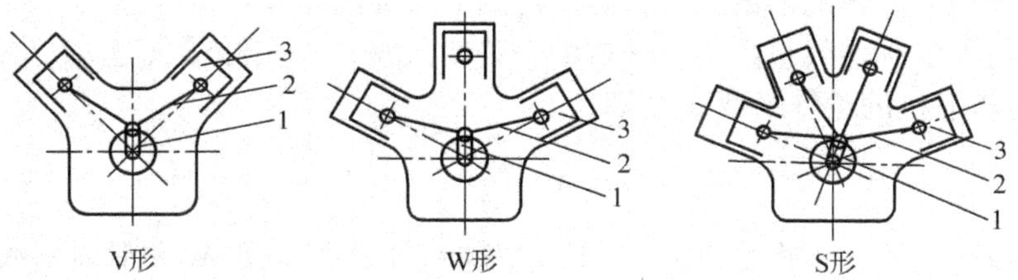

图3－30　角度式压缩机的气缸布置方式

1—曲轴；2—连杆；3—活塞

角度式压缩机的结构如图3－30所示。角度式压缩机的排列形式有V型、W型、Y型（星型）和S型（扇型）等，其连杆共用一个曲柄销，因而减少了沿曲轴轴向的长度和相应的机器长度，并且通过各气缸之间合理的夹角布置，使得惯性力得到减小或恒定不变，以利于采用平衡块平衡。若曲轴采用双曲拐结构，则V型、W型、Y型（星型）和S型（扇型）的气缸数就能增加一倍，成为四缸、六缸和八缸的压缩机。角度式压缩机特别适用于高转速、多气缸的结构，在制冷装置中广泛应用。

四、往复式压缩机的性能参数

1. 往复式压缩机的输气量

单位时间内由吸气端输送到排气端的气体质量称为压缩机的质量输气量。将质量输气量换算到吸气状态下的体积流量，称为压缩机的容积输气量。

往复式压缩机的理论输气量（m^3/h）为：

$$q_{vh} = 60in\frac{\pi}{4}sD^2 = 47.12insD^2 \tag{3-51}$$

式中　i——气缸数；

n——压缩机的转速，r/min；

s ——气缸行程，m；

D ——气缸直径，m。

往复式压缩机的实际输气量为：

$$q_{va} = \lambda q_{vh} \tag{3-52}$$

式中　λ ——压缩机的输气系数。

2. 压缩机的输气系数

对于实际的压缩机而言，存在余隙容积和吸气阀与排气阀弹簧力。余隙容积主要是由第一道活塞环与阀板形成的环形容积、活塞顶部与阀板之间的配合间隙以及排气阀通道等容积构成。因此，在压缩机实际的工作过程中，不可避免地出现膨胀过程；吸气过程结束时，气缸内的气体压力低于吸气压力 p_0（对于制冷系统而言即是蒸发压力）；压缩过程结束时，气缸内的气体压力高于排气压力 p_k（即冷凝压力）；在压缩过程中，压缩气体与气缸壁面存在热交换；在气缸与活塞环之间存在气体的泄漏损失；吸气阀与排气阀延迟关闭引起气体的泄漏损失；有一定的润滑油随制冷剂蒸汽进入气缸。上述因素导致了压缩机的实际输气量小于压缩机的理论输气量，将实际输气量 q_{va} 与理论输气量 q_{vh} 之比称为压缩机的输气系数 λ 。即

$$\lambda = \frac{q_{va}}{q_{vh}} \tag{3-53}$$

输气系数可表示为容积系数 λ_v 、压力系数 λ_p 、温度系数 λ_θ 和泄漏系数 λ_1 的乘积，即

$$\lambda = \lambda_v \lambda_p \lambda_\theta \lambda_1 \tag{3-54}$$

（1） 容积系数 λ_v ：

$$\lambda_v = 1 - C(\varepsilon^{\frac{1}{m}} - 1) \tag{3-55}$$

式中　C ——相对余隙容积，$C = 0.02 \sim 0.06$。

ε ——压力比，即冷凝压力与蒸发压力之比：$\varepsilon = \frac{p_k}{p_0}$ 。

m ——膨胀过程指数，对于氨 $m = 1.1 \sim 1.15$；对于氟里昂 $m = 1.0 \sim 1.05$。

（2） 压力系数 λ_p ：

$$\lambda_p = 1 - \frac{1 + C}{\lambda_v} \frac{\Delta p_1}{p_0} \tag{3-56}$$

式中　p_0 ——蒸发压力，Pa；

Δp_1 ——吸气压力损失，对于氨压缩机，$\Delta p_1 = (0.03 \sim 0.05) p_0$ ；对于氟里昂压缩机，$\Delta p_1 = (0.06 \sim 0.08) p_0$ 。

（3） 温度系数 λ_θ ：

对于开启式压缩机：

$$\lambda_\theta = \frac{T_0}{T_k} \tag{3-57}$$

式中　T_0——蒸发温度，K；

T_k——冷凝温度，K。

（4）泄漏系数 λ_1：

由于压缩机的吸气阀、排气阀以及活塞环与气缸壁之间并非绝对密封，在压缩机运行时，总有少量气体从高压侧向低压侧泄漏。泄漏损失用泄漏系数表示，一般 λ_1 = 0.97～0.99。

3. 压缩机的功率

（1）压缩机的指示功率和指示效率

单位时间内所消耗的指示功称为压缩机的指示功率（kW）。

$$P_i = \frac{n}{60} i W_i \tag{3-58}$$

式中　W_i——每一个气缸的循环指示功，kJ。

指示效率是指压缩 1 kg 制冷剂所需的绝热循环理论功与实际循环指示功之比。

$$\eta_i = \frac{W_{is}}{W_i} = \frac{P_{is}}{P_i} \tag{3-59}$$

式中　W_{is}——每一个气缸的绝热循环理论功，kJ；

P_{is}——压缩机按等熵理论循环工作时所需的功率，kW。

（2）压缩机的轴功率、摩擦功率和机械效率

由原动机传到压缩机曲轴上的功率称为轴功率，用 P_e 表示。轴功率是由压缩气体所消耗的指示功率和克服曲柄连杆等运动部件的摩擦阻力所消耗的摩擦功率所构成。即

$$P_e = P_i + P_m \tag{3-60}$$

机械效率是指示功率与轴功率之比，即

$$\eta_m = \frac{P_i}{P_e} \tag{3-61}$$

压缩机的轴效率 η_e 是指等熵理论功率与轴功率之比，它反映了压缩机主轴输入功率利用的完善程度。

$$\eta_e = \frac{P_{is}}{P_e} \tag{3-62}$$

由式（3-59）、（3-61）、（3-62）可得

$$\eta_e = \eta_i \eta_m \tag{3-63}$$

（3）压缩机的电功率和电效率

压缩机所消耗的电功率 P_{el} 是指从电源输入驱动电动机的功率。电效率是等熵理论功率与电功率之比。

$$\eta_{el} = \frac{P_{is}}{P_{el}} \tag{3-64}$$

对于封闭式压缩机，其电动机转子直接装在压缩机的主轴上，所以其电效率为：

$$\eta_{el} = \eta_i \eta_m \eta_{mo} \tag{3-65}$$

式中　η_{mo} 为电动机效率。

4. 能效比

能效比是衡量制冷压缩机制冷效果的一个参数，它是压缩机所产生的制冷量与所消耗的功率之比。

相对于轴功率消耗而言，能效比为：

$$EER_e = \frac{Q_0}{P_e} \tag{3-66}$$

相对于电功率消耗而言，能效比为：

$$EER_{el} = \frac{Q_0}{P_{el}} \tag{3-67}$$

五、其他形式的压缩机

1. 涡旋式制冷压缩机

图3－31是涡旋式压缩机的工作原理图。其压缩腔是由一个静涡旋盘和一个动涡旋盘组成。动涡旋盘是由一个偏心轴带动，与静涡旋盘相互配合，形成几对月牙形的工作容积，这就是气缸的可变容积。工作时，偏心轴带动动涡旋盘做回转的平面运动，使月牙形的工作容积从外部逐渐向中心运动，且其容积逐渐缩小。图3－31a表示了吸气终了的状态，此时最外面的两个月牙形工作容积被封闭。随着偏心轴的继续转动，压缩过程开始，如图3－31b所示，两个月牙形工作容积逐渐向中心移动，容积渐渐缩小，在工作容积中的制冷剂蒸汽受到压缩，压力逐渐升高。至图3－31c所示位置时，两个月牙形工作容积已经移动到接近中心，并与中心处的排气孔口接通，工作容积内的气体开

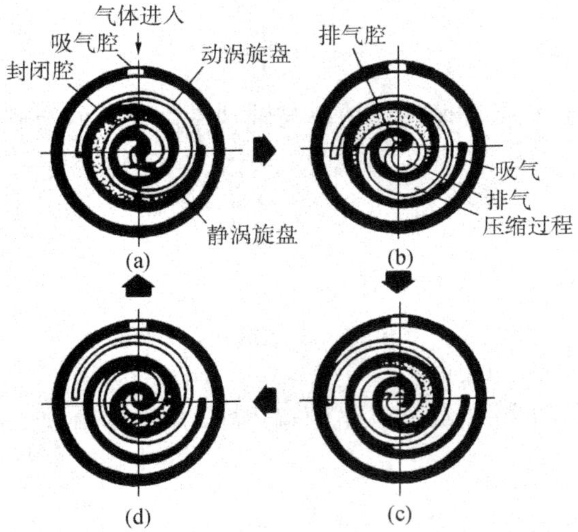

图3－31　涡旋式压缩机的工作原理图

始排出。图 3 - 31d 显示出在最内侧的两个工作容积处于排气过程中，而最外侧的两个工作容积与吸气腔接通，又开始吸气过程。如此循环往复，周而复始，吸气、压缩与排气不断进行。

图 3 - 32 是涡旋式制冷压缩机的结构图。制冷剂蒸汽从吸气管进入吸气腔，被封入月牙形容积中，然后被压缩，在压力升高后，由静涡旋盘的中心孔排入机壳中，最后经排气管排出。涡旋式压缩机主要由静涡旋盘 5、动涡旋盘 7、十字导向环 18、曲轴 13、支承座 10、机壳 3 和电动机 11 等组成。涡旋盘在上部，电动机在下部。静涡旋盘和电动机定子安装在机壳内壁上。十字导向环是上下两面有相互垂直的两对凸键的圆环，上面的凸键装在动涡旋盘背面的键槽内，下面的凸键装在支承座的键槽内，十字导向环的作用是防止动涡旋盘倾斜与自转。在动涡旋盘下设有一个背压腔 8，由动涡旋盘上的小孔 17 把压缩腔中处于中间压力的一小部分气体导入背压腔中，在背压腔中的压力气体形成的轴向力和力矩作用在动涡旋盘底部，用于平衡动涡旋盘上各月牙形的容积内的气体对动涡旋盘所施加的轴向力和力矩，并支撑着动涡旋盘，使得在动涡旋盘顶部与静涡旋盘之间维持最小的摩擦力和最小磨损的轴向密封。为保持背压腔与机壳间的密封，在曲柄销轴承处和曲轴通过机座处装有动密封 15。

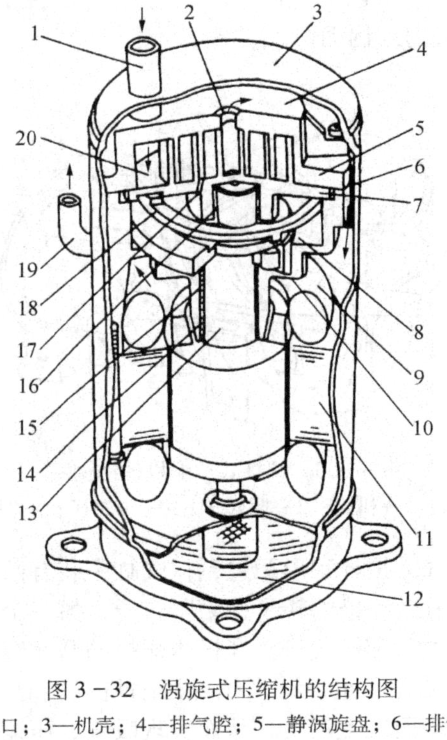

图 3 - 32　涡旋式压缩机的结构图

1—吸气管；2—排气孔口；3—机壳；4—排气腔；5—静涡旋盘；6—排气通道；7—动涡旋盘；8—背压腔；9—电动机腔；10—支承座；11—电动机；12—润滑油；13—曲轴；14—轴承；15—动密封；16—轴承；17—背压孔；18—十字导向环；19—排气管；20—吸气腔

涡旋式压缩机的供油润滑方式可采用压差供油、离心供油和油泵供油等三种方式。压差供油应用于机壳内压力为排气压力的立式涡旋式压缩机。离心供油方式应用于机壳内压力为吸气压力的立式涡旋式压缩机，润滑油通过曲轴轴向的偏心油道和径向油孔分配到各润滑部位。油泵供油主要应用于卧式涡旋式压缩机中。

在图 3－32 所示的涡旋式压缩机的结构中，该压缩机采用压差供油方式。储存在机壳底部的润滑油经过过滤网从曲轴中心油道进入中间压力室，随被压缩气体经中心压缩室排到封闭的机壳中，在此过程中，润滑油润滑了涡旋型面以及轴承等。润滑油在机壳中与气体分离，然后流回到机壳底部。

涡旋式制冷压缩机具有效率高、振动小、噪声低、结构简单、体积小和可靠性高等特点。涡旋式压缩机的吸气、压缩和排气过程是连续单向进行，因而吸入气体的有害过热小；相邻工作腔的压差小，气体的泄漏小；没有余隙容积，因而无在活塞压缩机中存在的气体的膨胀过程，容积效率高；无吸气阀，也可以不设置排气阀，因此气体的流动阻力小；曲轴的转矩变化小，仅为往复式压缩机的 1/10，因而压缩机运行平稳，振动小。目前，涡旋式制冷压缩机使用功率可达 30 kW，广泛应用于制冷与空调装置中。

2. 螺杆式压缩机

螺杆式压缩机是双螺杆压缩机的简称，它由一个阳转子和一个阴转子组成。图 3－33 给出了螺杆式压缩机的结构图。

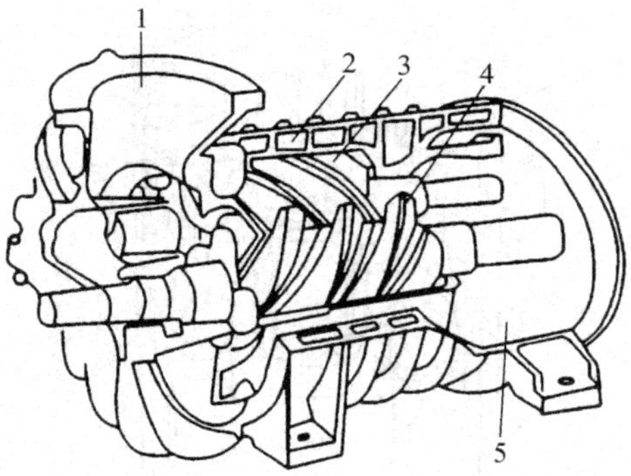

图 3－33 螺杆式压缩机的结构图

1—吸气口；2—机壳；3—阴转子；4—阳转子；5—排气口

在螺杆式压缩机中，气缸按∞字形配置，在气缸中装有两个按一定传动比反向旋转的螺旋形转子，其中一个有凸齿槽的转子称为阳转子，另一个有凹齿槽的转子称为阴转子。在气缸的两端设有吸气口和排气口。螺杆压缩机的基元容积是由阴阳转子的凹凸齿槽、啮合密封线与气缸和端盖所组成，当螺杆压缩机运转时，通常由阳转子带动阴转子，基元容积随转子的转动而发生改变，从而实现吸气、压缩和排气过程。图 3－34 给出了螺杆式压缩机的工作过程示意图。

当基元容积与吸气孔口接通时，压缩机开始吸气过程，如图 3－34a 和 b 所示；当

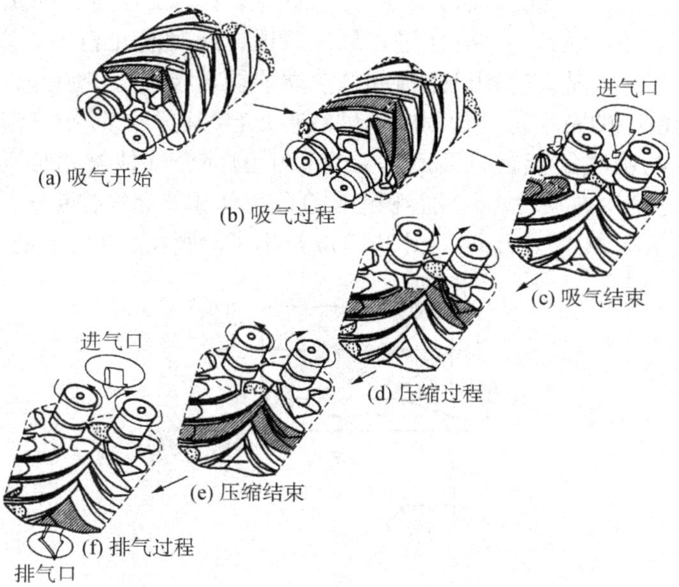

图 3－34　螺杆压缩机的工作过程图

基元容积与吸气孔口断开时，压缩机进入压缩过程，如图 3－34c 和 d 所示，随着阴阳转子齿槽的相互挤入，基元容积逐渐缩小，基元容积内的气体受到压缩，压力上升；当基元容积与排气孔口接通时，压缩过程结束，压缩机进入排气过程，如图 3－34e 和 f 所示。随着转子继续运转，上述三个过程则连续重复地进行。

制冷剂蒸汽在压缩机基元容积内压缩终了时的压力 p 与吸气压力 p_0 之比称为螺杆式压缩机的内压比。当螺杆式压缩机的结构与压缩的气体种类确定后，内压比为定值。在制冷系统中，制冷剂蒸汽的冷凝压力为 p_k，将冷凝压力与吸气压力之比称为外压比。由于螺杆式压缩机无吸气阀与排气阀，因此在基元容积内压缩终了时的气体压力 p 可能会大于、小于或等于冷凝压力 p_k。当内压比小于外压比时，称为欠压缩；当内压比大于外压比时，称为过压缩。欠压缩与过压缩均会引起压缩机额外的功耗，只有当内压比等于外压比时，压缩机的效率最高。

螺杆式压缩机通常采用滑阀调节输气量。滑阀调节输气量可在 10%～100% 范围内实现连续无级调节。滑阀调节的原理与负荷关系图如图 3－35 所示。滑阀是在两转子之间设置的一个轴向可以移动的阀，移动滑阀可以改变螺杆压缩机转子的有效工作长度，从而达到调节输气量的目的。图 3－35a 表示全负荷时滑阀的位置，在滑阀未移动时，基元容积可以 100% 用于吸入制冷剂蒸汽，并经压缩后排出，此时压缩机处于全负荷工作状态。当需要调节输气量时，按调节量的要求将滑阀向左移动，如图 3－35c 所示，此时滑阀与滑阀固定端之间断开，形成旁通通口 B，而旁通口 B 与压缩机的吸气腔相连。这时螺杆转子的有效工作长度相当于减小了滑阀的固定端长度和滑阀轴向移动的距离。比较图 3－35a 和 3－35c 可以看出：在压缩机全负荷工作时，基元容积到达滑阀固定端右端时与吸气孔口脱开，并开始进入压缩阶段，此时基元容积吸入的气体量为 V；而在非全负荷工作时，基元容积到达滑阀的右端才能与吸气孔口脱开，而基元容积从滑阀固定端右端到滑阀的右端这一过程中，虽然基元容积已开始缩小，但是由于基元容积通过旁通孔口 B 与吸气腔接通，因而基元容积中的部分气体被送回压缩机的吸气腔，直到基元容积到达滑阀右端后，基元容积中剩余的气体才与吸气腔断开，此时基元容积吸入的气体量为 V_p，显然 V_p 小于 V。图 3－35b 给出了滑阀在两种位置时对应的 $p-V$ 图。

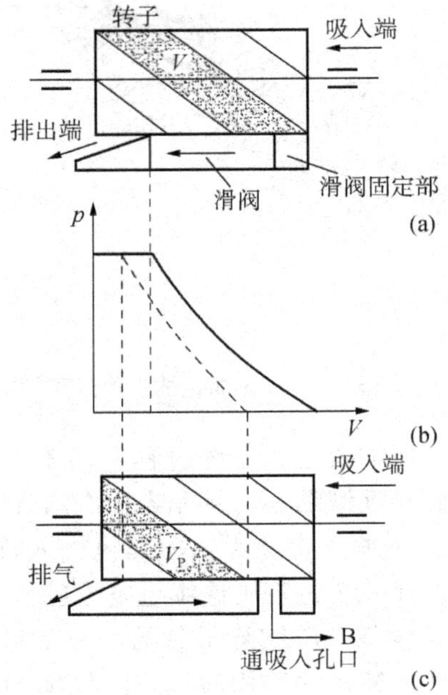

图 3－35　滑阀调节负荷原理图

螺杆式压缩机具有结构简单、运行可靠、适用性强等特点，能适用于大压比的工况，且其对湿压缩不敏感，有良好的输气量调节特性，同时为满足运作需要，螺杆式压缩机也制成开启式、半封闭式和全封闭式结构，因而在制冷与空调领域得到广泛应用。

第八节　冷凝器

冷凝器的作用是将压缩机排出的高温高压蒸汽冷却及冷凝成液体。制冷剂在冷凝器中放出的热量由冷却介质（水或空气）带走。冷凝器按其冷却介质和冷却方式可分为水冷式、空气冷却式和蒸发式。

一、水冷式冷凝器

在水冷式冷凝器中，制冷剂所放出的热量被冷却水带走。常用的水冷式冷凝器主要有壳管式、套管式和板式等几种形式。冷却水一般采用带冷却塔的循环水系统。

1. 壳管式冷凝器

壳管式冷凝器分为立式和卧式两大类。壳管式冷凝器是由筒形外壳、管板、传热管和端盖所组成。制冷剂蒸汽在管外凝结，冷却水在管内流动。

立式冷凝器主要用于大中型氨制冷系统中，其结构如图 3 - 36 所示。它的外壳是由钢板卷制后焊接成圆柱形，两端焊有管板，传热管采用无缝钢管且采用焊接与管板相连。在冷凝器顶部装有配水箱，冷却水从配水箱中进入传热管，并沿管壁面呈膜状向下流动，流下的水集中在下面的水池中。制冷剂蒸汽从筒体上部进入，放出热量后在管外凝结成液体，由底部排出。

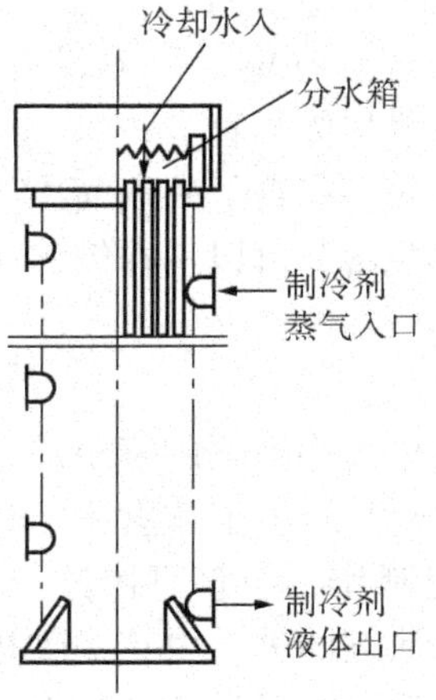

图 3 - 36　氨用立式冷凝器

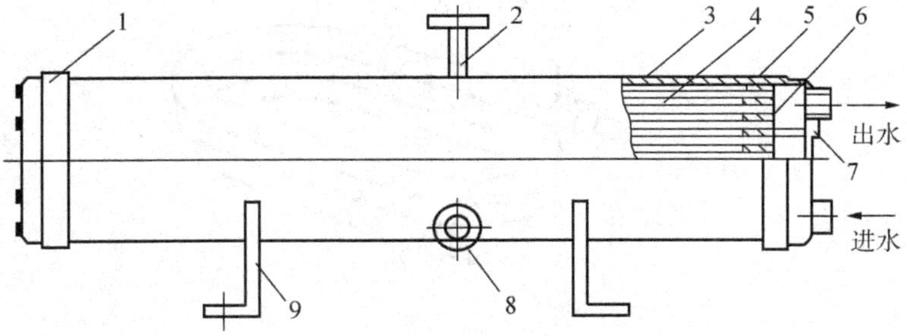

图 3 - 37　氟里昂卧式壳管式冷凝器结构示意图

1—端盖；2—进气管；3—筒体；4—传热管；5—管板；6—密封垫；7—紧固螺栓；8—出液管；9—支架

图 3 - 37 是氟里昂壳管式卧式冷凝器的结构示意图。卧式壳管式冷凝器的外壳为圆筒形，通常采用无缝钢管制作。在壳体两端各焊接一块管板，管板上钻有许多孔，每一相对应的孔中装有一根传热管。传热管与管板的连接可采用胀管技术或焊接方法固定。管板两端有端盖，端盖多采用铸铁铸造，端盖采用螺栓或螺钉紧固在管板上。制冷剂蒸

汽在管外凝结，冷却水在管内流动。

对于氟里昂用卧式冷凝器，传热管采用铜管制成，且大多数采用滚压低肋片管，它是由紫铜管光管ϕ 16 mm × 1.5 mm 或ϕ 19 mm × 1.5 mm 轧制而成。传热管的布置通常采用叉排即正三角形排列。传热管与管板采用胀接方式固定。

在端盖内侧上设有分水筋，将其分成若干个水腔，同时将整个管束分隔成几个管组，两端盖的水腔相互配合以使冷却水在管内往返流动。冷却水每向一端流一次称为一个流程。冷却水一般采用偶数流程，以使得进出水管安装在同一端盖上，冷却水从端盖下面的进水口流入，从端盖上面的出水口流出，冷却水的流程一般不大于8。端盖与管板之间装有橡胶密封垫，并且与端盖上的分水筋贴合，以防冷却水从端盖与管板的结合处向外泄漏，并避免不同流程之间冷却水的“串流”。在端盖顶部有放气旋塞，以便供水时排除端盖内侧（水侧）的空气，在端盖下方设有放水阀，以便在冬季停机时排放残留的冷却水，防止结冰冻裂端盖与传热管。

制冷剂蒸汽从冷凝器顶部进入，在管子外表面冷凝成液体，然后从壳体底部的出液管流入贮液器。对于小型卧式冷凝器，可以不在筒体底部安装传热管，将下部的空间容积作为贮液器使用。

2. 套管式冷凝器

套管式冷凝器是由两根或几根大小不同的管组成，小管套在大管之中，小管可以是单根管，也可以是多根管。图3－38 给出了氟里昂用套管式冷凝器的结构示意图。氟里昂用套管式冷凝器一般采用铜管制作，内管可用滚压肋片管，故常绕成螺旋形或蛇管形。在套管式冷凝器中，冷却水从下部进入内管，吸热后从上部流出，制冷剂蒸汽从上部进入大管与小管之间的环形空间，同时受到冷却水与管外空气的冷却，冷凝成液体后从下部流出。制冷剂蒸汽与冷却水之间为逆流换热。

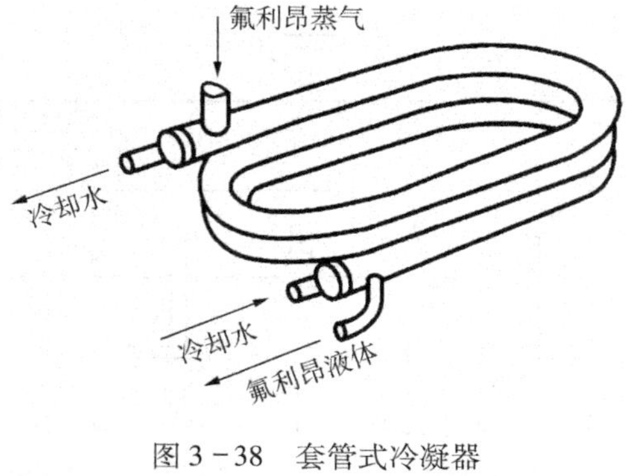

图3－38　套管式冷凝器

氨用套管式冷凝器是由两根不同直径的无缝钢管相互叠套焊接而成，其结构如图3－39 所示。氨气从上方进入两管之间的空腔，在内管外表面冷凝后，从下部流入贮液器。冷却水从冷凝器的下部进入内管，吸热后从上部流出。

3. 板式冷凝器

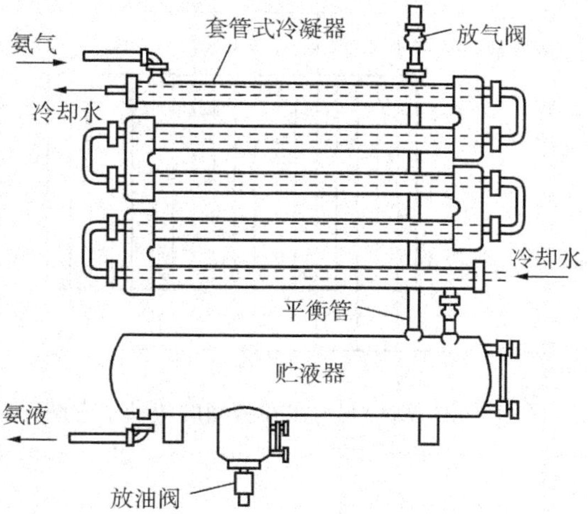

图 3－39　氨用套管式冷凝器

板式冷凝器是一种结构简单、体积小、传热效率高的换热器，通常采用“人”字形波纹板片制作而成。板式冷凝器根据制作工艺可分为组装式和钎焊式两种类型。

（1）组装式板式冷凝器

组装式板式冷凝器是由多个板片和密封垫片组成。板片一般采用不锈钢人字形波纹板片，板上四角开有角孔以供传热的两种流体流过。密封垫片采用石棉或氟橡胶等材料制成。将板片安装在一个侧面有固定板和活动压紧板的框架内，并用压紧螺栓加紧。相邻板片之间用密封垫片隔开，形成两个独立而又间隔的流体通道，并引导流体交替地流至各自的通道内。组装式板式冷凝器具有拆装、清洗方便的优点，但耐压能力有限。

（2）钎焊式板式冷凝器

钎焊式板式冷凝器是由许多压制成人字形的不锈钢板和铜片经过真空钎焊炉钎焊而出。相邻板片纹路相反，波纹背线彼此相交，从而构成复杂的交叉网状通道，使两侧流体形成强烈的紊流，换热系数大，传热效率高，同时耐压能力强。

板式冷凝器一般采用逆流式换热，并使用奇数板片数。冷凝器前后最外侧的两个通道均为水通道，制冷剂与水在板间的流动为间隔的逆流，其流动方式如图 3－40 所示。

二、空气冷却式冷凝器

空气冷却式冷凝器是采用空气对制冷剂进行冷却，因此在结构上主要由传热管和散热翅片组成，制冷剂在管内冷凝，空气则在管外流动。根据空气的流动方式，可将空气冷却式冷凝器分为自然对流冷却和强制对流冷却两种类型。

1. 自然对流空气冷却式冷凝器

在自然对流式空气式冷凝器中，空气受热后产生自然对流，将冷凝器中制冷剂放出的热量带走。由于空气的流速小，因此传热效果较差，但结构简单，且不用风机，节省了风机的能耗，避免了风机产生的噪音，故这种冷凝器广泛应用于小型冷冻冷藏装置，

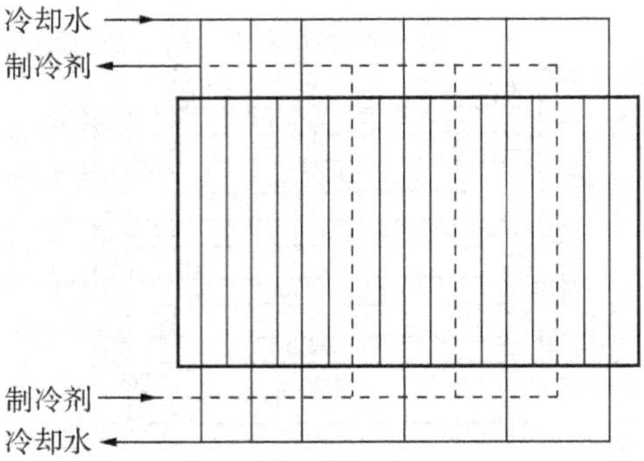

图 3-40　制冷剂与水在板间的流动示意图

如冰箱、冷柜、冷藏柜等。

常用的自然对流空气冷却式冷凝器主要有钢丝式、板管式和百叶窗式冷凝器，传热管采用“邦迪”管，图3-41 是这三种冷凝器的结构示意图。百叶窗式冷凝器已较少使用。钢丝式冷凝器常放在冰箱或冷藏柜的背部，在冷柜中使用时常放在柜体底部。板管式冷凝器是将传热管放置在冰箱的背部或两侧面板的内表面，通过板表面与空气换热，因此传热效果较钢丝式冷凝器的效果差，但整体外观美观，便于搬运。

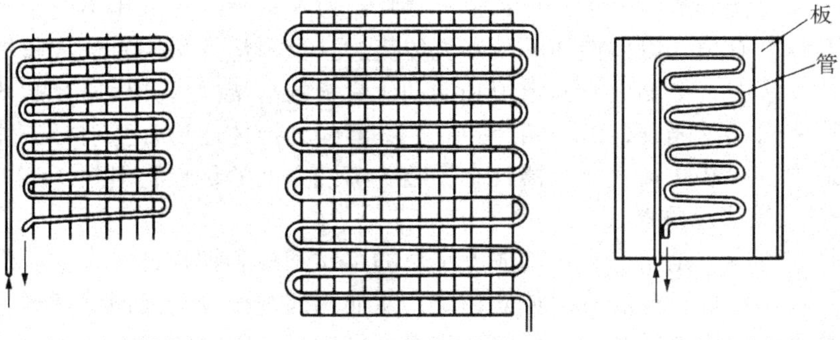

(a) 钢丝式冷凝器　(b) 百叶窗式冷凝器　(c) 板管式冷凝器

图 3-41　自然对流空气冷却式冷凝器

2. 强制对流空气冷却式冷凝器

强制对流空气冷却式冷凝器是由传热管、翅片和风机所组成。图3-42 为强制对流空气冷却式冷凝器的结构示意图。制冷剂在管内流动，空气在管外掠过。由于空气的导热系数小，为了提高管外空气的对流换热系数，故采用通风机加速空气的流动。

强制对流空气冷却式冷凝器一般为套片管式结构。传热管为紫铜管，常用铜管的外径为 9～13 mm。翅片采用整片式薄铝翅片，片厚为 0.15～0.3 mm，片距为 1.6～3.2 mm。翅片翻边，用胀管法使传热管与翅片形成过盈配合而紧固在一起。

强制对流空气冷却式冷凝器有吸风和吹风两种结构形式，吸风式的风机装在排风

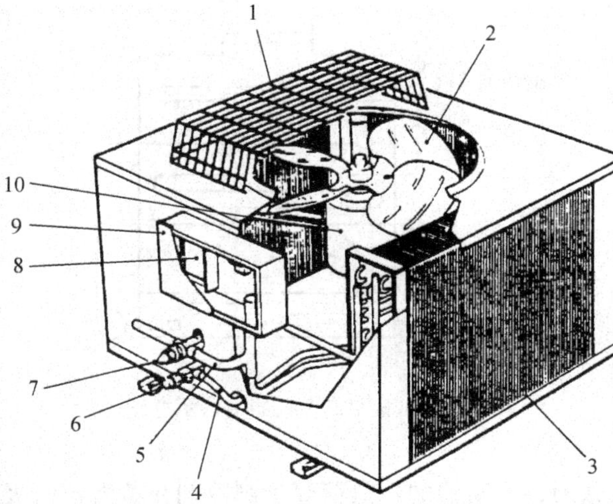

图 3－42　强制对流空气冷却式冷凝器结构图

1—风机护栅；2—轴流风机；3—冷凝器；4—供液管；5—排气管；
6—供液阀；7—排气截止阀；8—高压控制器；9—电气盒；10—电机

侧，吹风式的风机装在空气进气侧，常用形式为吸风式。

三、蒸发式冷凝器

蒸发式冷凝器是通过水在空气中蒸发而带走冷凝热量。图 3－43 是蒸发式冷凝器的工作原理示意图。在蒸发式冷凝器的箱体中设有蛇形盘管，箱体下部为储水槽，水槽上方开设有进风口，箱体顶部装有风机。工作时，高压高温的制冷剂蒸汽在蛇形盘管中流动，水泵将水槽中的水通过管道送入喷嘴，再由喷嘴将水均匀地喷淋到蛇形盘管上，高温制冷剂蒸汽通过蛇形盘管与水进行热交换，制冷剂蒸汽得到冷却并冷凝为液体，水被加热并有小部分水受热蒸发；风机通过进风口将环境空气引入箱内，空气与水进行热质交换，由于进入的空气相对湿度较低，因而使得部分水蒸发成为水蒸气进入空气流中，并使空气得到加湿，相对湿度增大。在水蒸发过程中需要吸收大量的热量，从而使其余的水冷却。加湿后的空气从顶部排风口排出。为了防止未蒸发的水滴随空气排出，在箱体上部设有挡水板。

蒸发式冷凝器适用于干旱缺水地区，并于露天安装。

四、冷凝器的选择计算

冷凝器选择计算的目的是通过热力计算与传热计算，确定冷凝器的传热面积，选择合适的冷凝器；通过流体动力计算，确定冷却介质的流量和通过冷凝器的阻力损失，从而选择泵或风机。

1. 冷凝器的热负荷

冷凝器的热负荷是指制冷剂蒸汽在冷凝器中所排放的总热量。对于冷凝器热负荷的确定可按下述三种方式计算。

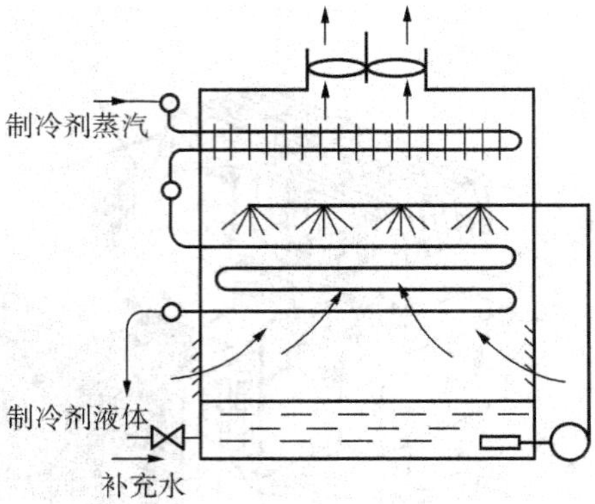

图 3-43　蒸发式冷凝器结构示意图

1）能量平衡法

根据能量守恒的原则，冷凝器的热负荷等于制冷剂在蒸发器所吸收的热量加上压缩机所消耗的功率，即

$$Q_k = Q_0 + P_i \qquad (3-68)$$

式中　Q_k——冷凝器在计算工况下的热负荷，kW；

Q_0——压缩机在计算工况下的制冷量，kW；

P_i——压缩机在计算工况下所消耗的功率，kW。

2）热力计算法

冷凝器的热负荷可根据制冷循环的热力计算确定，即

$$Q_k = q_m(h_2 - h_3) \qquad (3-69)$$

式中　q_m——制冷剂的质量流量，kg/s；

h_2——制冷剂进入冷凝器的比焓，kJ/kg；

h_3——制冷剂出冷凝器的比焓，kJ/kg。

3）近似计算法

$$Q_k = \psi \cdot Q_0 \qquad (3-70)$$

式中，ψ 为负荷系数，它与冷凝温度、蒸发温度和制冷剂的种类有关，具体数值可由图 3-44 查得。

2. 平均传热温差

平均传热温差可按下式计算：

$$\Delta\theta_m = \frac{\theta_2 - \theta_1}{\ln\frac{\theta_k - \theta_1}{\theta_k - \theta_2}} \qquad (3-71)$$

式中　θ_1——冷却介质进口温度，℃；

θ_2——冷却介质出口温度，℃；

θ_k——冷凝温度，℃。

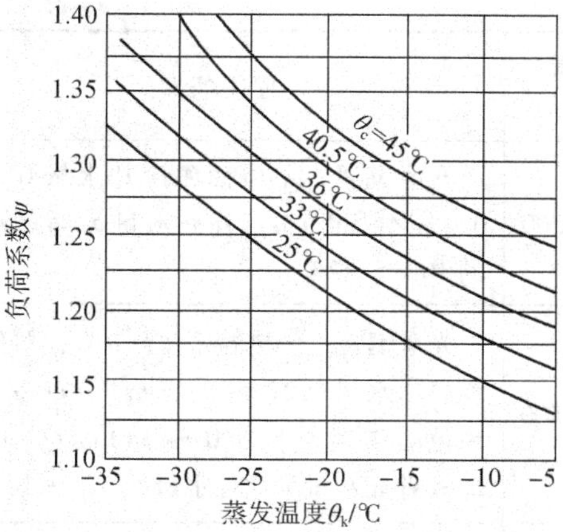

(a) 氨系统

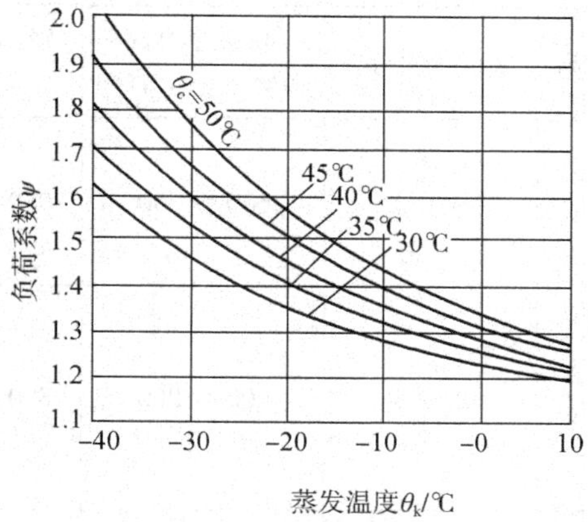

(a) 卤代烃系统

图 3－44　冷凝器负荷系数

1）水冷冷凝器水温的确定

冷却水进口温度 θ_1 应根据当地气象资料取高温季节的平均水温。冷却水进口温度与冷凝温度之差即 $\theta_k - \theta_1 = 8 \sim 10$ ℃，国外有的选择在 12 ℃以上。

冷却水的温升 $\theta_2 - \theta_1$ 与冷却水的流量有关。流量越大，温升越小。一般在卧式冷凝器中，取 $\theta_2 - \theta_1 = 3 \sim 5$ ℃；在立式氨冷凝器中，取 $\theta_2 - \theta_1 = 2 \sim 4$ ℃。

2）空气冷却冷凝器空气进出温度的确定

空气进口温度 θ_1 应根据当地气象资料取高温季节的日平均气温计算。空气在冷凝器内的温差为 $\theta_2 - \theta_1 = 10$ ℃左右。

3. 冷凝器的传热系数与传热面积

冷凝器的传热系数 K 可按“传热学”中有关公式或“制冷原理与设备”中不同冷凝器的对流换热公式进行计算；或按冷凝器生产厂家提供的资料选取；或直接选用推荐值。表 3－12 给出了不同形式的冷凝器的传热系数与热流密度的推荐值。

表 3－12　冷凝器的传热系数与热流密度

制冷剂	冷凝器形式	传热系数/[W/(m^2·℃)]	热流密度/(W/m^2)	使用条件
氨	立式	700～900	3500～4000	光滑钢管；传热温差 4～6℃；冷却水温升 2～3℃；单位面积冷却水量 1～1.7 m^3/(m^2·h)
	卧式	800～1100	4000～5000	光滑钢管；传热温差 4～6℃；冷却水温升 4～6℃；水速 0.8～1.5 m/s；单位面积冷却水量 0.5～0.9 m^3/(m^2·h)

续表 3－12

制冷剂	冷凝器形式	传热系数/[W/（m^2·℃）]	热流密度/（W/m^2）	使用条件
氨	淋水式	600～750	3000～3500	光滑钢管；单位面积冷却水量 0.5～0.9 m^3/（m^2·h）补充水量为循环水量的 10%～12%
	蒸发式	600～800	1800～2500	光滑钢管；传热温差 2～3 ℃；单位面积冷却水量 0.12～0.16 m^3/（m^2·h）；单位面积通风量 300～340 m^3/（m^2·h）；补充水量为循环水量的 5%～10%
氟里昂	卧式	800～1000	5000～8000	低肋铜管；肋化系数≥3.5；传热温差 7～9 ℃；冷却水温升 4～6 ℃；冷却水流速 1.5～2.5m/s
	套管式	800～1000	7500～10000	低肋铜管；肋化系数≥3.5；传热温差 8～11 ℃；冷却水流速 1～2 m/s
	板式	2300～2500		板片为不锈钢
	自然对流空气冷却器	6～10	45～85	
	强制对流空气冷却器	30～40	250～300	传热温差 8～12 ℃；铝翅片套铜管；迎面风速 2.5～3.0 m/s
	蒸发式	500～700	1600～2200	光滑钢管；单位面积通风量 300～340 m^3/（m^2·h）；单位面积冷却水量 0.12～0.16 m^3/（m^2·h）；补充水量为循环水量的 5%～10%；传热温差 2～3 ℃（制冷剂与钢管外侧水膜之间）

冷凝器的传热面积可按下式确定：

$$A = \frac{Q_k}{K\Delta\theta_m} = \frac{Q_k}{q_f} \tag{3-72}$$

式中 q_f——热流密度，W/m^2；

K——传热系数，W/（m^2·℃）。

4. 冷却介质流量

1）水冷式冷凝器冷却水的流量可按下式计算：

$$G_s = \frac{3.6Q_k}{\rho_s c_s(\theta_2 - \theta_1)} \quad m^3/h \tag{3-73}$$

式中　ρ_s——冷却水密度，kg/m^3；

c_s——冷却水定压比热，kJ/（kg·K），取 c_s = 4.186 kJ/（kg·K）；

θ_1——冷却水进冷凝器的温度,℃；

θ_2——冷却水出冷凝器的温度,℃。

2）空气冷却式冷凝器的空气流量可按下式计算：

$$G_a = \frac{3.6Q_k}{\rho_a c_a(\theta_2 - \theta_1)} \quad m^3/h \tag{3-74}$$

式中　ρ_a——空气的密度，kg/m^3；

c_a——空气的定压比热，kJ/（kg·K），取 c_a = 1.0056 kJ/（kg·K）；

θ_1——空气进冷凝器的温度,℃；

θ_2——空气出冷凝器的温度,℃。

5. 冷却介质阻力计算

1）水冷冷凝器冷却水流动阻力计算：

$$\Delta p = \frac{1}{2}\rho v^2\left(\xi N\frac{l}{d_i} + 1.5(N+1)\right) \quad Pa \tag{3-75}$$

式中　ρ——冷却水的密度，kg/m^3；

l——单根传热管长度，m；

d_i——传热管内径，m；

v——冷却水在管内的流速，m/s；

N——流程数；

ξ——沿程阻力系数。

对于水，沿程阻力系数可用下式求得：

$$\xi = \frac{0.3164}{Re^{0.25}} \tag{3-76}$$

$$Re = \frac{vd_i}{\nu} \tag{3-77}$$

式中，ν 为水的运动粘性系数，m^2/s。Re 的适用范围为 $3\times10^3 \sim 10^5$。

冷却水在管内的流动速度对换热系数有较大的影响。流速越大，水侧换热系数随之增大，但冷却水在冷凝器内的流动阻力也增大，并且水对传热管的腐蚀也加快。流速的选择与冷凝器的年使用时间有关，表 3-13 给出了冷凝器设计的水流速。

表 3-13　冷凝器的设计水流速　　单位：m/s

年使用时间/h	1500	2000	3000	4000	6000	8000
设计水速	3	2.9	2.7	2.4	2.1	1.8

2）空冷冷凝器空气流动阻力计算

空气在管外的流动阻力与管束的排列形式和迎面风速有关，可按下述公式计算：

$$\Delta p = c\frac{l}{d_e}(v\rho)^{1.7} \tag{3-78}$$

式中 l——肋片宽度，m；

d_e——当量直径，m；

v——空气在最窄截面上的流速，m/s；

ρ——空气的密度，kg/m^3。

c 为系数，对于顺排 $c=0.0687$；叉排 $c=0.108$。

$$d_e = \frac{2(s_1 b - d_0 b - 2h\delta)}{2h + b - \delta} \tag{3-79}$$

式中 s_1——传热管中心距。m；

b——肋片间距，m；

δ——肋片厚度，m；

h——肋片高度，m；

d_0——肋管外经，m。

一般选择冷凝器的迎面风速为 2～3 m/s。

第九节 蒸发器

蒸发器是制冷系统制取冷量和输出冷量的设备，在其中，液态制冷剂在低压下沸腾，吸收被冷却物体或介质的热量，从而蒸发为蒸汽。蒸发器的类型较多，按制冷剂在蒸发器内的充满程度和蒸发情况进行分类，可将蒸发器分为干式蒸发器、满液式蒸发器和再循环式蒸发器等三种类型。

一、干式蒸发器

制冷剂在管内一次完全汽化的蒸发器称为干式蒸发器。干式蒸发器根据冷却的介质可分为冷却液体型和冷却空气型两种。

1. 冷却液体型干式蒸发器

在冷却液体型干式蒸发器中，制冷剂在管内蒸发，载冷剂在管外流动。对于氟利昂用壳管式干式蒸发器，其结构如图 3－45 所示。传热管通常采用铜管制作，根据传热管的结构形式又可分为直管式和 U 形管式。

直管式干式蒸发器的结构如图 3－45a 所示。制冷剂在管内流动沸腾，载冷剂在管外流动。传热管胀接在左右端板上，传热管一般为光管，为了提高制冷剂侧的传热效率，传热管也采用内肋管或铝芯内翅管。

载冷剂的进出口设置在壳体的两端，其中载冷剂进口端靠近制冷剂的进出口端。为了提高载冷剂的流速，并使载冷剂更好地与管外壁面接触，在蒸发器壳体内装有圆缺形

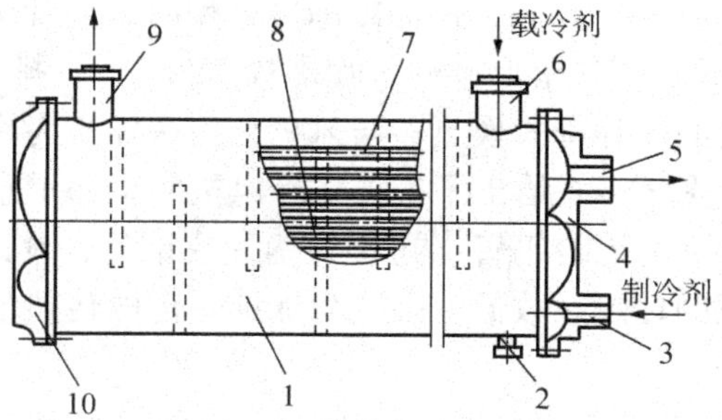

(a) 直管式

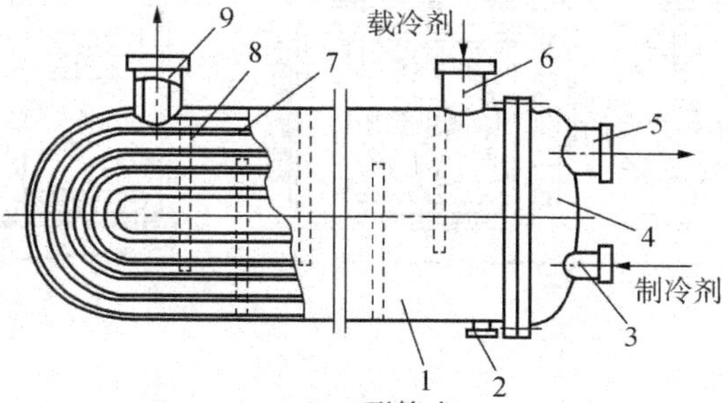

(b) U形管式

图 3－45　氟里昂壳管式干式蒸发器

1—筒体；2—放水管；3—制冷剂进口管；4—右端盖；5—制冷剂蒸汽出口管；6—载冷剂进口管；7—传热管；8—折流板；9—载冷剂出口管；10—左端盖

折流板。折流板的数量取决于载冷剂的流速。折流板通常用拉杆固定，相邻两块折流板之间装有定距管，以保证折流板的间距。

U 形管式干式蒸发器的结构如图 3－45b 所示，与直管式相比，其传热管采用许多根不同弯曲半径的 U 形铜管，U 形管的开口端胀接在管板上，制冷剂液体从 U 形管的下部进入，而蒸汽则从上部引出。

2. 冷却空气型干式蒸发器

根据空气的流动形式，冷却空气型干式蒸发器可以分为自然对流型和强制对流型两种类型。

自然对流型干式蒸发器常用于小型制冷装置，如冰箱、冷柜等。蒸发器的结构主要有蛇管式和板管式。在小型氟利昂制冷设备中，蒸发器采用紫铜管。将紫铜管加工成蛇形管，安装在箱体的后壁面上，依靠自然对流使箱内保持低温。板管式蒸发器是将传热管绕制在箱体的内胆内表面上，然后整体发泡，因此在冰箱与冷柜中无法看到蒸发器。而内胆一般采用铝板或 ABS 塑料板，通过自然对流使箱内保持低温。

冷却空气用的强制对流型蒸发器是由翅片管式换热器与风机组成。对于氟利昂制冷系统，换热器采用套片管式，即传热管采用紫铜管，翅片为整片式薄铝片，片厚为 0.15～0.3 mm，采用胀管法使得套片与传热管紧密接触。作为空调用时，翅片多为波纹片或冲缝片，片距为 1.4 ～ 2.0 mm。作为冷冻冷藏用时，翅片为平翅片，片距为 6 ～ 12 mm。传热管采用等边或等腰三角形排列，管排数多为 3 ～ 6 排。

在冷库中将冷却空气的翅片管式换热器与风机合为一体称为冷风机。冷风机的结构主要有吊顶式和落地式，图 3 －46 给出了吊顶式冷风机的结构示意图。在冷库中采用氨制冷系统，冷风机的传热管为无缝钢管，翅片为钢片或铝片，片距通常为 10 ～ 15 mm。由于冷库中结霜后冷风机的传热系数低，因此为保证一定的传热量，常采用较多的管排数，一般管排数为 8 ～ 16。

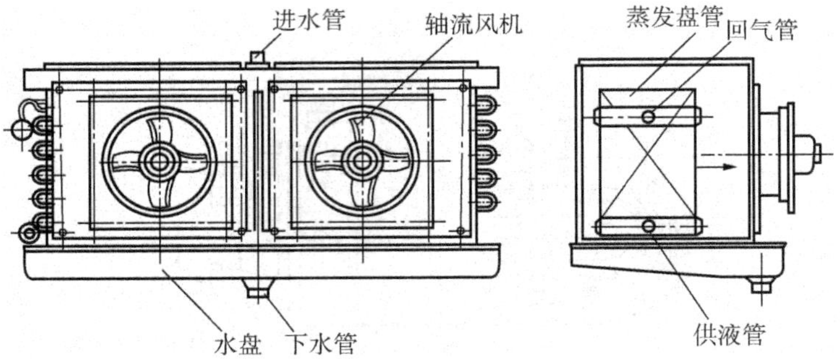

图 3 －46　吊顶式冷风机的结构图

二、满液式蒸发器

满液式蒸发器一般采用卧式结构，且与卧式壳管式冷凝器相似。筒体采用钢板卷制焊成的圆筒形外壳，外壳两端焊有圆形的管板。在管板上开有许多小孔用于装传热管。传热管与管板之间的连接取决于传热管的材料，当使用无缝钢管时，采用焊接连接；当采用紫铜管时，采用胀接法连接。在筒体两端装有封头，封头可用铸铁铸造或使用钢板制成。在封头内设有隔板，将传热管按一定的管数和流向分成几个流程，使载冷剂按规定的流程与流向在管内往返流动。制冷剂按一定的液面高度充灌在壳体内，一般其静液面高度约为壳体直径的 70% ～ 80% 。

氨用卧式满液式蒸发器具有结构简单、操作方便和传热效率高等优点，常用于冷却盐水。图 3 －47 给出了氨用卧式满液式蒸发器的结构图。在这种蒸发器中，传热管采用无缝钢管，且按正三角形排列。在筒体上设有液位计与液位控制装置，以保持筒内液位的高度。为防止制冷剂液体被吸入压缩机，故在筒体上设置气包，达到气液分离的目的。

由于氨与润滑油不互溶，因此在蒸发器中随着氨的蒸发，润滑油会沉积在蒸发器底部，为此在氨卧式蒸发器的壳体底部焊有一个集油器，氨液中的润滑油可以从放油管中送回压缩机。

对于氟里昂制冷系统而言，由于满液式蒸发器制冷剂的充灌量大，并且氟里昂制冷剂与润滑油互溶，使得回油困难，因此在氟里昂制冷系统中较少采用满液式蒸发器，一般使用干式蒸发器。

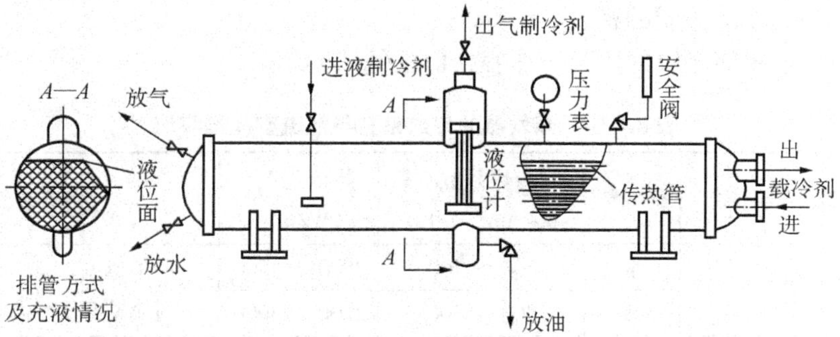

图 3－47　氨用卧式蒸发器结构图

三、蒸发器选择计算

蒸发器的选择计算是在给定制冷量的情况下，根据使用条件确定蒸发器的传热面积和载冷剂的流量等。

1. 传热温差

传热温差可按下式计算，即：

$$\Delta t_{m}=\frac{\theta_{1}-\theta_{2}}{\ln\dfrac{\theta_{1}-\theta_{0}}{\theta_{2}-\theta_{0}}} \tag{3-80}$$

式中　θ_0——蒸发温度，℃；

θ_1——被冷却介质进口温度，℃；

θ_2——被冷却介质出口温度，℃。

被冷却介质可以是空气、水或盐水等载冷剂。

当以水为载冷剂时，对于满液式蒸发器，水的进出口温差 $\theta_1-\theta_2=4\sim5$ ℃；对于干式蒸发器，水的温降 $\theta_1-\theta_2=4\sim6$ ℃。

2. 传热系数 K

蒸发器的传热系数 K 可按“传热学”中有关公式或“制冷原理与设备”中不同蒸发器的对流换热公式进行计算；或按蒸发器生产厂家提供的资料选取；或直接选用推荐值。表 3－14 给出了不同形式的蒸发器的传热系数与热流密度推荐值。

3. 蒸发器的传热面积

蒸发器的传热面积可按下式计算：

$$A=\frac{Q_{0}}{K\Delta\theta_{m}}=\frac{Q_{0}}{q_{f}} \tag{3-81}$$

式中　Q_0——蒸发器的制冷量，kW；

q_f——热流密度，kW/m^2。

4. 被冷却介质的循环量

$$G=\frac{3.6Q_{0}}{\rho c(\theta_{1}-\theta_{2})} \tag{3-82}$$

式中　ρ ——被冷却介质的密度，kg/m^3；

c ——被冷却介质的比定压热容，kJ/（kg·℃）。

表 3－14　蒸发器的传热系数与热流密度推荐值

制冷剂	蒸发器形式	载冷剂	传热系数/[W/（m^2·℃）]	热流密度/（W/m^2）	相应条件
氨	直管式	水	500～700	2500～3500	①传热温差 4～5 ℃；②载冷剂流速 0.3～0.7 m/s
		盐水	400～600	2200～3000	
	螺旋管式	水	500～700	2500～3500	
		盐水	400～600	2200～3000	
	卧式（满液式）	水	500～750	3000～4000	①光滑钢管；②传热温差 5～7 ℃；③载冷剂流速 1～1.5 m/s
		盐水	450～600	2500～3000	
氟里昂	蛇管式	水	350～450	1700～2300	有搅拌器
		水	170～200		
		盐水	115～140		无搅拌器
	卧式（满液式）	水	800～1400		①传热温差 4～6 ℃；②载冷剂流速 1～1.5 m/s
		盐水	500～750		①低肋管，肋化系数≥3.5；②载冷剂流速 1～2.4 m/s
	干式	水	800～1000	5000～7000	光滑铜管；传热温差 5～7 ℃
		水	1000～1800	7500～10000	①高效传热管；②传热温差 4～8 ℃；③载冷剂流速 1～1.5 m/s
	套管式	水	900～1100	7500～10000	①低肋铜管，肋化系数≥3.5；②载冷剂流速 1～1.2 m/s
	板式	水	2300～2500		板片为不锈钢板，钎焊板式
		盐水	2000～2300		
	翅片式	空气	30～40	450～500	①蒸发管组 4～8 排；②传热温差 8～12 ℃；③迎面风速 2.5～3.0 m/s

第四章　食品的预冷与冷冻

第一节　食品的预冷（冷却）

食品的预冷（又可称为冷却）是指将食品从初始温度迅速冷却到 0 ℃以上温度（一般0～15 ℃左右）的过程，即在冷藏运输和高温冷藏之前的冷却以及速冻前的快速冷却工序称为预冷。预冷的方法主要有真空冷却法、碎冰冷却法、冷风预冷法和冷水冷却法。

一、冷水冷却法

冷水冷却法是利用冷水将食品冷却到所需温度的一种冷却方法。冷水的来源有三种方式：地下水或自来水、冰水和冷冻水。若食品所需温度较高时一般可应用地下水或自来水。冰水是冰与水的混合物，它是在水中加冰，利用冰的相变潜热将水的温度降到 5 ℃以下，从而获得冷水。冷冻水是指采用制冷系统获得的冷水。在实际应用中主要是冰水和冷冻水。

冷水冷却装置可分为喷淋式、浸渍（又称为浸泡）式和混合式（喷淋和浸渍）三种方式。

冷水冷却法是目前比较流行的一种预冷方法，它主要有以下优点：

①冷却速度快。可通过调节冷水的温度与流量，使得食品与冷水的接触面积和传热温差增大，传热效果得到提高，从而使得冷却的速度加快；

②避免食品的干耗；

③设备造价低、维护费用低、占地面积小；

④产品质量较好；

⑤易实现连续式作业。

采用冷水冷却法的主要缺点是水易受污染，因此使用循环水连续作业时应定期更换冷水或进行杀菌处理。

二、真空冷却法

水的沸点随压力的降低而下降。例如在一个大气压下水的沸点为 100 ℃，当压力为 2400 Pa 时，水的沸点为 20 ℃，当压力为 667 Pa 时，水在 1 ℃就沸腾了。真空冷却的原理就是利用水在低压下沸点较低，使得食品中的水分自然蒸发，由于蒸发潜热来自食品本身，因而食品得到冷却，温度降低。真空冷却主要用于蔬菜的快速冷却。

图 4 - 1 是真空冷却装置的原理示意图。真空冷却装置是由真空泵、捕水器、制冷机组和真空冷却槽所组成。工作时，将被冷却的食品放入冷却槽内，关闭槽门，开启真空泵和制冷机组。随着冷却槽内压力的降低，食品中的水分将快速汽化，所吸收的汽化

潜热使得食品本身温度迅速降低。在冷却过程结束后，使冷却槽内的压力回升到大气压，打开槽门，可将冷却后的食品送入冷藏库贮存或者装入冷藏车运往超市销售。

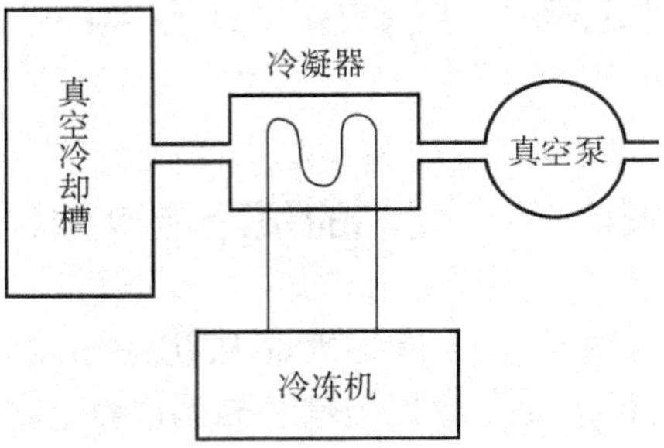

图 4－1　真空冷却装置示意图

水在汽化后其体积迅速增大，例如在压力为 667 Pa 时，1 ℃的水汽化为水蒸气时，其体积增大约 20 万倍。如此大量的水蒸气采用真空泵排出，一方面需要大功率的真空泵，这不仅增加了能耗，而且使得运行成本增加，另一方面水蒸气进入真空泵会影响真空泵的性能，甚至使润滑油乳化而损坏真空泵，因此设置捕水器使得水蒸气凝结成水，然后从冷却槽中排出。将水蒸气在捕水器中冷凝为液体需要大量的冷量，为此设置制冷机组为捕水器提供冷量。

真空冷却设备有间歇式、连续式和喷雾式三种类型。喷雾式真空冷却是在常规真空冷却的基础上加入喷雾装置，使得表面水分较少的果实类和果菜类等果蔬食品在冷却过程中减少干耗，缩短冷却时间。

采用真空冷却时对于表面水分较少的果蔬类食品应进行预湿，使其表面含湿量增大，以利于冷却。预湿的方式主要采用喷淋式和浸渍式。

1. 真空预冷装置的预冷时间计算

食品真空预冷是由其表面水分蒸发吸收汽化潜热而使自身温度降低，因此真空预冷时间实际为真空泵的排气时间，即：

$$Z = 2.3\frac{V}{u}\lg\frac{p_1}{p_2} \tag{4-1}$$

式中　Z——排气时间，min；

V——真空槽容积，m^3；

p_1——初始压力，Pa；

p_2——最终压力，Pa；

u——排气速度，m^3/min。

2. 真空预冷耗冷量计算

总耗冷量 Q 由食品冷却热负荷 Q_1 、呼吸热 Q_2 和操作热负荷 Q_3 三部分组成。

1）食品冷却热负荷

$$Q_1 = \frac{Mc(\theta_1 - \theta_2)}{Z} \tag{4-2}$$

式中　M——食品质量，kg；

c——食品比热，kJ/（kg·℃）；

θ_1——食品初温，℃；

θ_2——食品终温，℃。

2）食品呼吸热

按实验结果，食品呼吸热相当于食品冷却热负荷的3%，即：

$$Q_2 = 0.03Q_1 \tag{4-3}$$

3）操作热负荷

操作热负荷包括凝结水热负荷、泄漏损失热负荷等，其数值相当于食品冷却热负荷的10%，即：

$$Q_3 = 0.1Q_1 \tag{4-4}$$

4）真空预冷耗冷量

$$Q = Q_1 + Q_2 + Q_3 = 1.13Q_1 \tag{4-5}$$

三、冷风预冷法

冷风预冷法是采用制冷系统，强制空气通过蒸发器降温为冷空气，然后冷空气掠过食品，与食品进行换热，温度升高后再进入蒸发器降温为冷空气，如此循环。冷风预冷法主要有常规室内预冷、压差预冷、流态化预冷和隧道式预冷等四种方法。

1. 常规室内预冷法

常规室内预冷法是指食品在预冷（冷却）间冷却。预冷间是具有隔热设置的房间，并装有冷风机。在结构上预冷间与冷藏库基本相同，但是预冷间要求降温速度快，因此在冷量选择上，在库容量相同时预冷间的制冷量是冷藏库的2～4倍，通风量也远高于冷藏库的通风量。对于预冷而言，冷风温度在不使果蔬冻伤的前提下尽量选择较低的温度。图4－2是常规室内预冷的结构图。

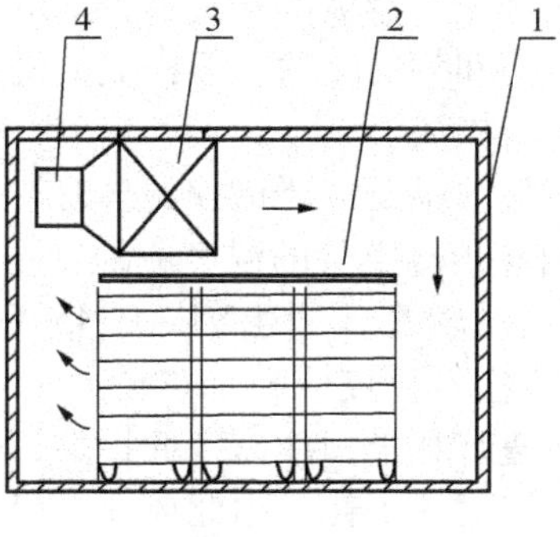

图4－2　常规室内预冷结构示意图

1—维护结构；2—被冷却物；3—蒸发器；4—风机

2. 差压预冷法

差压预冷法主要适用于果蔬的预冷。美国自20世纪60年代就开始采用差压预冷对多种蔬菜进行预冷，包括草莓、番茄和生菜等。同冷库预冷相比，差压预冷法预冷速度快，一般蔬菜的预冷时间为4～6h，仅为同等条件下冷库预冷时间的1/10～1/4，且冷却均匀，能耗低。

差压预冷法的基本工作原理如图4-3所示。差压预冷法是在被冷却食品两侧形成一定的压力差，使得冷空气全部通过需冷却食品，并使其迅速冷却。为了在被冷却食品两侧形成一定的压力差，在结构上差压冷却法需人为地设置冷风通道，即在风机的进出口处设置隔风板，食品规则堆放，一般采用容器或包装箱，在容器或包装箱上开有通风孔，并且容器或包装箱与风机出风隔风板之间不能形成空隙，以免冷风直接从缝隙通过，形成冷风“短路”。

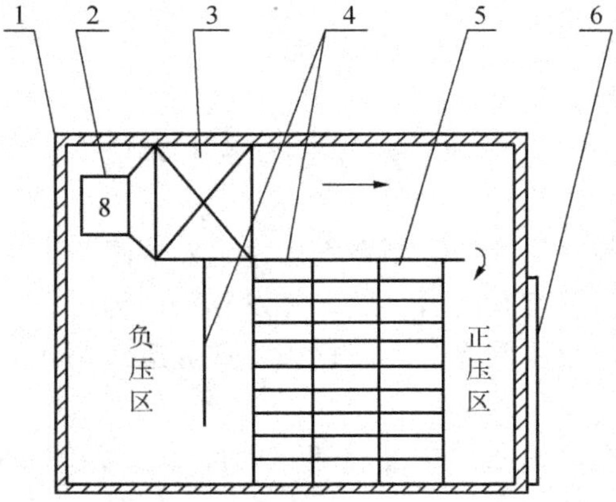

图4-3 差压预冷结构示意图

1—维护结构；2—风机；3—蒸发器；4—隔风板；5—被冷却物；6—冷藏库门

差压冷却的关键是能否在被冷却食品两侧有效地形成正压区和负压区，即在隔热的空间内，由风机排出的空气流过蒸发器被冷却为冷风，该冷风所在区域应形成正压区，即由蒸发器、隔风板、维护结构和装食品的容器构成的静压室形成正压区；负压区则由风机进口、隔热板和维护结构所构成。

在差压预冷法中，预冷空气的温度应严格控制。对于大部分的果蔬而言，其冻结点温度范围为-4.2～-1℃，因此预冷空气的温度应控制在-1～0℃，以免果蔬被冻伤。但是有些果蔬的冻结点温度相对较高，如生菜-0.45℃，菠菜-0.75℃，西红柿为-0.9℃，对于这类果蔬，预冷空气温度应高于0℃。

在差压预冷中提高空气流速有利于预冷速度的提高，但是风速的提高一方面会增加风机的能耗，另一方面会增加果蔬的干耗，因此风速一般控制在0.5～2m/s。

差压预冷在降低果蔬温度的同时，也会引起果蔬表面水分的流失。新鲜叶类蔬菜的含水量高达95%，采后很容易失水萎蔫。果蔬失水还会引起产品鲜度降低，一般情况下，果蔬失水3%～5%，就出现萎蔫和皱缩。对于失水敏感的果蔬，失水会造成果蔬品质的下降，例如青椒和黄瓜，青椒失水后果皮发皱，黄瓜失水后果体变糠。为了控制果蔬在差压预冷中的干耗，将果蔬的失水率控制在1%～2%之内，可采用以下方法增加湿度。

（1）喷淋法

在果蔬预冷前，用水对蔬菜筐进行喷淋，果蔬淋湿后可停止喷淋，待蔬菜筐无水滴下时可将蔬菜筐移到预冷库内，进行预冷。

（2）浸泡法

在果蔬采摘后可放入水池内，浸泡3～5分钟，捞出后滴干水，移至预冷库内进行预冷。

（3）喷雾法

在预冷室内增加喷雾装置，在预冷过程中，喷雾装置所喷出的水雾使得预冷室内的空气相对湿度达95%以上，从而有效地降低果蔬的干耗。

3. 流态化预冷法

流态化预冷法适用于颗粒状食品的预冷。将颗粒状的食品置于流化床上，由自下而上的冷风吹成悬浮状，颗粒食品被包围在冷气流中，时起时伏，并像流体般向前运动，确保了食品快速冷却。流态化预冷的空气温度一般为－2～0℃，风速为4～6 m/s。流态化预冷的原理与流态化冻结原理相同，在食品的流态化冻结中详细介绍。

流态化预冷法具有预冷速度快和冷却均匀的特点，适应于大批量颗粒状食品的连续化生产。

4. 隧道式预冷法

隧道式预冷法是在隧道式冷却室内设有空气冷却器（即翅片式蒸发器和风机），被冷却的食品装在移动的小车上，小车可由链带自动传输，或者将被冷却食品放置在自动输送带上，当食品通过隧道时，吹过的冷风使其快速冷却。风速一般为3～4 m/s。这种方法适用于块状、球状和小包装食品的冷却。

隧道式的优点是预冷速度快、生产能力强、生产过程易于控制，特别适用于大型食品加工厂的生产。

四、碎冰预冷法

冰的相变潜热为334.5kJ/kg，具有较大的冷却能力，在海洋捕鱼中广泛应用于鱼虾的冷却。冰的来源可以是船带大冰块或者由船用制冰机制冰。在冷却鱼虾时，首先将冰块粉碎成为碎冰，在放置鱼虾的容器中铺上一层冰，然后一层鱼一层冰。在鱼虾上碎冰要均匀撒布，同时盛放鱼虾容器中的冰融水应及时排出。

第二节　食品的冻结方法

目前冷冻食品的生产主要采用蒸汽压缩式制冷机技术和低温液体制冷技术。

蒸汽压缩式制冷机是目前在食品冷冻行业应用最广泛的一种制冷机，它是由压缩机、冷凝器、蒸发器和节流机构等组成，可制成大、中、小型，以适应不同冷量的需要。由于冷冻食品的加工要求在 -40 ～ -35 ℃的环境温度下，将食品迅速冷却，使其中心温度达到 -18 ℃，因而蒸汽压缩式制冷机常采用两级压缩系统。

蒸汽压缩式制冷机所用制冷剂主要是氨和氟利昂 R22。采用氨的蒸汽压缩式制冷机主要用于大型冷库和肉联厂，用于肉类食品的速冻与冷藏，也用于速冻食品的生产。冷冻食品的生产主要采用氟利昂蒸汽压缩式制冷机。

对于使用蒸汽压缩式制冷机的冷冻食品加工，按食品冻结的方式可分为强制通风式冻结法、接触式冻结法和浸液式冻结法。利用液氮冻结食品，按食品冻结的方式可分为液氮喷淋式冻结法和液氮浸渍式冻结法。

一、强制通风式冻结法

强制通风式冻结法是采用翅片管式蒸发器，利用风机强制空气对流，即使空气流过蒸发器并使其温度降到 -35 ℃，然后吹过食品，对食品降温冻结，空气温度上升后在风机的作用下再流经蒸发器降温，如此循环。采用强制通风式冻结法的冷冻装置可称为强制通风型冻结装置，其结构形式有隧道式、螺旋式和流态化冻结装置。

二、接触式冻结法

接触式冻结法是指被冷冻的食品直接与作为蒸发器的中空平板相接触而被冻结。中空平板可采用镀锌钢板、不锈钢板或铝合金板制成。在中空平板中间焊有盘管，在平板一段装有盘管的接头，通过软管与制冷系统相连，从而将每一个平板作为蒸发器使用。采用铝合金板时，可通过挤压成型的方法形成制冷剂或载冷剂通道。工作时，将食品放在各层平板之间，启动液压装置使平板压紧，从而使得被冷冻的食品与平板紧密接触。此时开启制冷系统，当低压低温的制冷剂流经中空平板中的盘管，使得平板的温度降低，通过导热使被冷冻的食品迅速降温并冻结。

将中空平板作为蒸发器使用时，其盘管可以通过制冷剂降温，也可以通过载冷剂降温。

采用接触式冻结法的冷冻装置可称为接触型冻结装置。

三、浸液式冻结法

浸液式冻结法是将需冷冻的食品或采用真空包装的食品放入冷冻液槽中进行快速冻结。冷冻液的温度低于 -25 ℃。浸液式冻结法按其工作原理可采用两种结构形式，即搅拌式浸液型冷冻装置和泵循环式浸液型冷冻装置，其工作原理示意图如图 4 -4 与 4 -5 所示。

在图 4 -4 中冷冻液通过制冷系统的蒸发器进行冷却，为了使槽内冷冻液的温度均匀，在槽内加有搅拌装置。在图 4 -5 中冷冻液通过泵进行循环，当食品浸入槽内，被冷冻的食品与冷冻液之间进行热交换，因换热迅速，冷冻液温度升高，冷冻液通过泵进入换热器降温，然后回到液槽内，如此循环往复。

浸液型冷冻装置的关键技术在于冷冻液的研究。对冷冻液不仅要求具有良好的热力

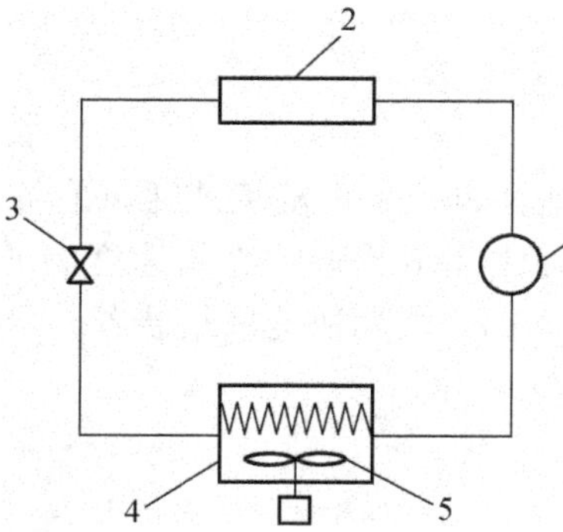

图 4-4　搅拌式浸液型冷冻装置
1—压缩机；2—冷凝器；3—节流阀；
4—冷冻液槽；5—搅拌器

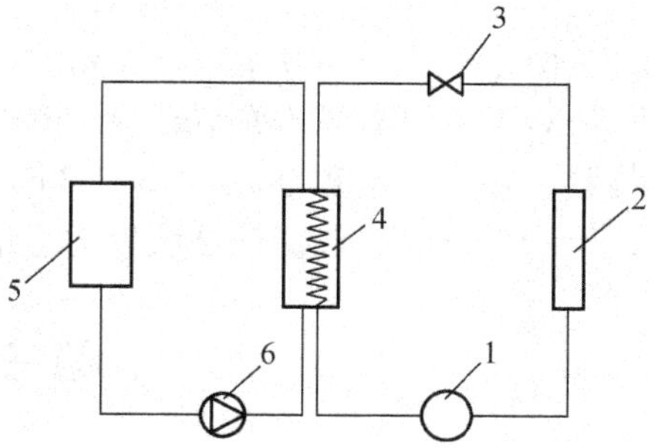

图 4-5　泵循环浸液型冷冻装置
1—压缩机；2—冷凝器；3—节流阀；
4—换热器 5—冷冻液槽；6—循环泵

性能和化学性质，如导热系数大，热稳定性好，无毒无污染性等，而且要具有良好的不黏性，即在冷冻食品从液槽中吊起时，冷冻液亦能从食品外包装袋上迅速落回槽中。

荷兰 Supachill 公司开发出适合于鸡肉、猪肉、牛肉和鱼类等食品的浸液型冷冻装置。这种装置采用的冷冻液的温度为 -26 ℃，具有冷冻快、效率高的特点，与强制通风型冷冻装置相比较，其冷冻时间仅为隧道式或螺旋式的 10%～15%。

四、液氮冻结法

常压常温下，氮气无色、无味、无毒、不燃不爆，是一种化学性质非常稳定的惰性气体，在工业中常用作保护气；在气调库中被用作保鲜气体，调节库内氧气的浓度。液氮的标准沸点为 77.35 K，在常压下，-195.8 ℃的液氮是无色透明、易于流动的液体，它既无爆炸性也无毒性，对环境无任何破坏作用，是一种十分安全的制冷剂。氮气是空气的主要组成气体，在空气中的体积含量高达 78%，取之不尽，用之不竭，来源十分丰富。

常压下液氮的气化潜热为 198.9 kJ/kg，密度为 0.81 kg/m^3。而氮气从 -195.8 ℃升温到 -20 ℃时所吸收的热量为 182 kJ/kg，几乎与气化潜热相等。而在食品的冻结过程中，被冷冻的食品一般从环境温度被冻至 -18 ℃，因此液氮用于冻结过程时，汽化后的低温氮气可用于食品的预冷。

液氮冻结有两种方法：液氮喷淋法和液氮浸渍法。液氮喷淋法是指采用液氮直接喷淋到被冷冻食品上，使得食品快速冻结，采用这种方法的冷冻装置称为液氮喷淋冻结装置。液氮浸渍法是指将被冷冻的食品放入液氮槽中迅速冻结，采用这种方法的冷冻装置称为液氮浸渍冻结装置。

食品的冻结可分为快速冻结和慢速冻结。国际制冷学会对食品的冻结速度 v 作了如下定义：食品表面至热中心点的最短距离与食品表面温度达到 0 ℃后，食品热中心点的温度降至比冻结点低 10 ℃所需时间之比。

快速冻结：$v \geqslant 5 \sim 20$ cm/h；

中速冻结：$v \geqslant 1 \sim 5$ cm/h；

慢速冻结：$v \geqslant 0.1 \sim 1$ cm/h。

对于各种不同的冻结装置，由于性能不同，冻结速度也不同。一般隧道式通风冻结装置，其冻结速度为 $v \geqslant 0.5 \sim 3$ cm/h，属中速冻结；流态化冻结装置的冻结速度为 $v \geqslant 5 \sim 10$ cm/h，液氮冻结装置的冻结速度为 $v \geqslant 10 \sim 100$ cm/h，均属快速冻结装置。

第三节　食品冻结装置

一、强制通风型冻结装置

强制通风型冻结装置按其结构形式可分为隧道式、螺旋式和流态化冻结装置。

1. 隧道式冻结装置

隧道式强制通风型冻结装置内设有空气冷却器（即翅片式蒸发器）和风机，隧道内外表面一般采用不锈钢板，中间填充有聚氨酯泡沫塑料作为绝热材料，绝热板的厚度为100～200 mm。被冷冻的食品装在移动的小车上，小车可由链带自动传输，或者将被冷冻的食品置于托盘中，放置在自动输送带上，通过隧道时，吹过的冷风使其冻结。

目前，隧道式冻结装置主要采用板带式结构。传送机构采用不锈钢板带、网带或塑钢网带。图4－6是钢带连续式冻结装置的结构示意图。该装置是由不锈钢板传送带、蒸发器、风机、调速装置和传动装置等组成。在工作时，被冻结的食品可放置在传送带上，从入料口进入冻结室内。食品的冻结是由强制对流传热和导热换热实现的。在传送带上风机使经过蒸发器冷却的－35 ℃空气掠过食品，与食品进行强制对流换热；而在传送带下设置的平板蒸发器通过传送带与食品进行导热换热，因此这种装置的冻结速度快。根据食品的不同，冻结时间可在8 min～40 min范围内调节。表4－1给出了钢带式冻结装置的技术参数。

表4－1　钢带式冻结装置的主要技术参数

型号	冻结能力/（kg/h）	冻结时间/min	进料温度/℃	出料温度/℃	冻结温度/℃	制冷量/kW	制冷剂	装机功率/kW
SDS－300	300	8～15	10	－18	－35	70	R717，R22	7.7
SDS－450	450					110		10.3
SDS－500	500					130		14.7

2. 螺旋式冻结装置

螺旋式强制通风型冷冻装置主要采用螺旋式传送带。将空气冷却器、风机和螺旋式输送带装置放在绝热的壳体中，冷风从上往下吹，被速冻的食品放在输送带上，由下部螺旋向上运动，从而使冷风与食品形成逆流式换热，在移动过程中被速冻的食品温度从

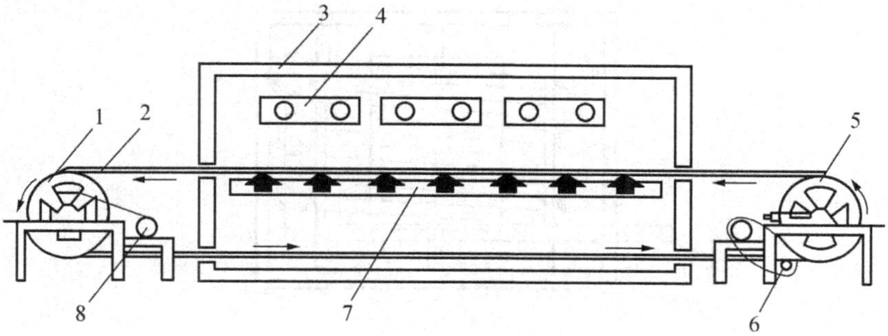

图 4－6　钢带连续式冻结装置示意图

1—主动轮；2—传送带；3—保温壳体；4—蒸发器；
5—从动轮；6—清洗装置；7—平板蒸发器；8—调速装置

30 ℃左右逐渐降到 －18 ℃的终温。

螺旋式冻结装置是由转筒、传送带、风机、蒸发器、变频调节装置、保温壳体和传送带清洗系统等部件组成。传送带具有一定的挠性，借助摩擦力和转筒的传送力而随转筒一起运动。传送带的螺旋升角较小，约为 2°，而转筒的直径较大，因而传送带螺旋上升时，其带上所放置的食品不会下落。在单螺旋式装置中，食品一般为下进上出。图 4－7 为单螺旋式冻结装置的结构图。图 4－8 为单螺旋式冻结装置的结构示意图。

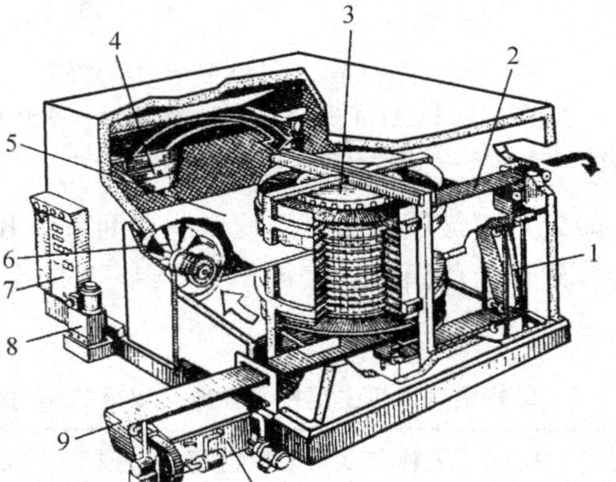

图 4－7　单螺旋式冻结装置

1—张紧装置；2—出料口；3—转筒；4—蒸发器；5—分隔气流通道的顶板；6—风机；
7—控制器；8—液压装置；9—进料口；10—干燥传送带的风扇；11—传送带清洗装置

当食品需要较长的冻结时间时，作为单螺旋式装置则要求传送带比较长，这样单螺旋式冻结装置的高度很大，不便操作，为此出现了双螺旋式结构。图 4－9 是双螺旋式的传动结构示意图。在双螺旋式冻结装置中，食品实现了下进下出。

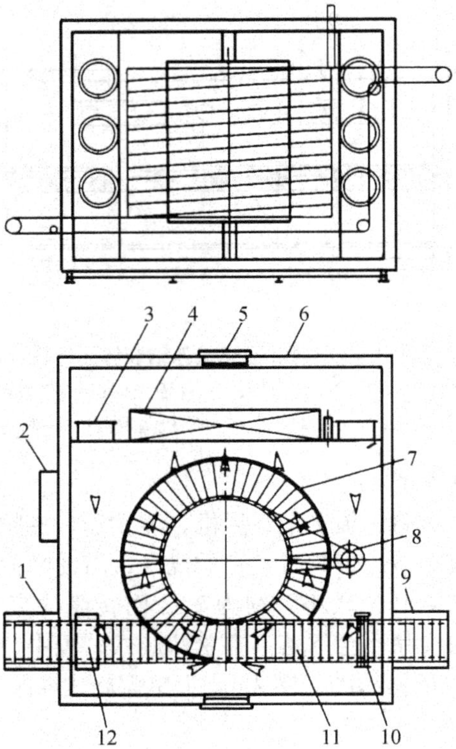

图4－8　单螺旋式冻结装置结构示意图

1—进料口；2—电控箱；3—风机；4—蒸发器；5—库门；6—维护结构；7—转毂；
8—驱动装置；9—出料口；10—张紧装置；11—传送带；12—压力平衡装置

螺旋式冻结装置一般采用双级压缩制冷系统，制冷剂采用R22。蒸发器为套片管式换热器，传热管为铜管，翅片为薄铝片。表4－2、表4－3给出了部分螺旋式冻结装置的技术参数。

表4－2　单螺旋速冻机主要技术参数（以裸冻炸鸡块计）

型号	冻结能力/（kg/h）	冻结时间/min	进料温度/℃	出料温度/℃	冻结温度/℃	制冷量/kW	制冷剂	装机功率/kW
LSSG－2505	500	15～60	80	－18	－35	90	R717，R22	16
LSSG－3010	1000					180		21

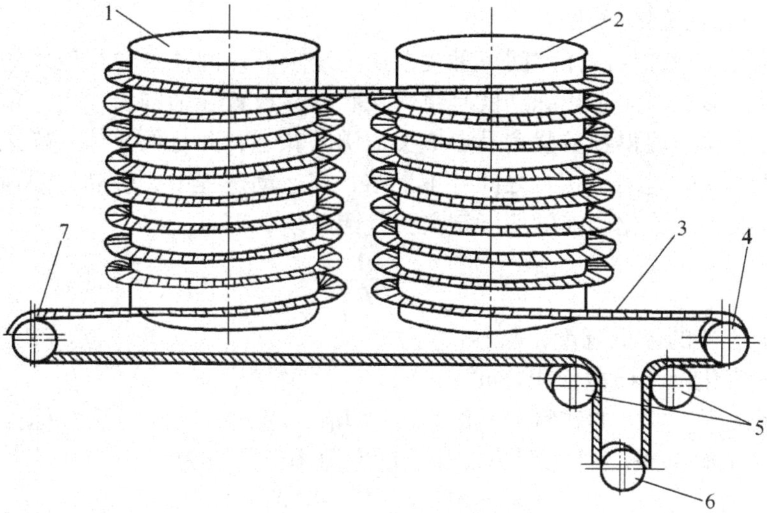

图 4－9　双螺旋式传动结构示意图

1—上升转筒；2—下降转筒；3—传送带；4、7—链轮；5—固定轮；6—张紧轮

表 4－3　系列双螺旋速冻机主要技术参数（以裸冻炸鸡块计）

型号	冻结能力／（kg/h）	冻结时间／min	进料温度／℃	出料温度／℃	冻结温度／℃	制冷量／kW	制冷剂	装机功率/kW
SLSSG－1605	500	15～60	80	－18	－35	90	R717，R22	15
SLSSG－2510	1000					180		22
SLSSG－2515	1500					270		30
SLSSG－3020	2000					360		42

螺旋式冻结装置具有生产连续化、结构紧凑、食品在移动过程中受风均匀、冻结速度快、效率高和干耗小等特点，与隧道式冻结装置相比，螺旋式冻结装置克服了隧道式装置占地面积大的缺点。冻结时间一般可在 15 min ～ 60 min 范围内变化，故适用于多种食品的冻结。

螺旋式冻结装置主要适用于冻结单体不大的食品，如饺子、汤圆、烧卖、肉丸、鱼丸、对虾、贝类、鱼片、经加工整理的果蔬等。

3. 流态化冻结装置

流态化冻结的主要特点是将被冻食品放置在网带或多孔的槽板上，低温冷空气从下而上高速流过网带或槽板，将被冻食品吹起呈悬浮状态，并使得被冻食品类似流体向某一方向运动，在运动的过程中被冻结。

流态化冻结的主要优点是冻结速度快、冻结时间短、换热效率高、冻品脱水损失小、冻品相互不黏结和可连续化生产等。

1）食品流态化冻结原理

流态化是固体颗粒与流体之间一种复杂的运动形态，固体颗粒受流体的作用，产生类似流体的运动形式。流态化冻结就是将颗粒状食品放置在筛网上，由一定流速的低温空气自下而上吹动，使得颗粒状食品形成类似沸腾状态，并且像流体一样运动，每个颗粒状食品保持独立的运动，相互之间并不黏结，在运动过程中，食品被快速冻结。

低温空气在进入流化床前的速度定义为气流速度，即：

$$u = \frac{Q}{F} \tag{4-6}$$

式中　Q——流体的体积流量，m^3/s；

F——流化床层横截面积，m^2。

假定在流化床上放置的颗粒食品的高度为 H_0，将此高度的食品层称为床层，空气通过床层的压力降 Δp 称为床层阻力。床层的空隙率可定义为：

$$\varepsilon = V_x/V_t = (V_t - V_k)/V_t \tag{4-7}$$

式中　V_x——颗粒食品之间空隙的体积，m^3；

V_t——床层的总体积，m^3；

V_k——食品颗粒的总体积，m^3。

图4－10给出了气流速度与流化床形态的关系。图4－11给出了气流速度与床层压力降的关系。

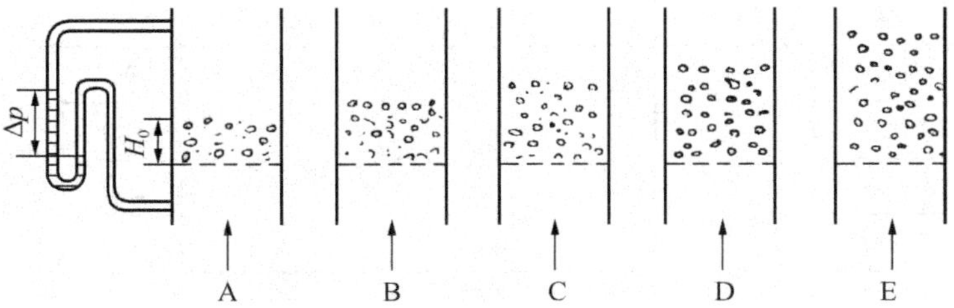

图4－10　流化床结构与空气速度的关系

A—固定床；B—松动层；C—临界状态；D—流态化；E—输送床

①固定床。当低温空气的气流速度较低时，气流自下而上穿过食品床层，因气体推力较小，不足以使得食品颗粒运动，故食品颗粒处于静止状态，将这种形态称为固定床。

②松动层。当气流速度逐渐增大时，床层压力降也逐渐增大，在床层间气流所形成的气体推力也在增大。当气体推力等于单位面积床层上颗粒食品的质量时，床层开始松动，这种状态称为松动层。

③临界状态。随着气流速度的进一步增大，流速达到图4－11中的B点，食品颗粒在气体推力的作用下开始被吹起并悬浮在气流中，颗粒间相互碰撞，造成床层膨胀，空

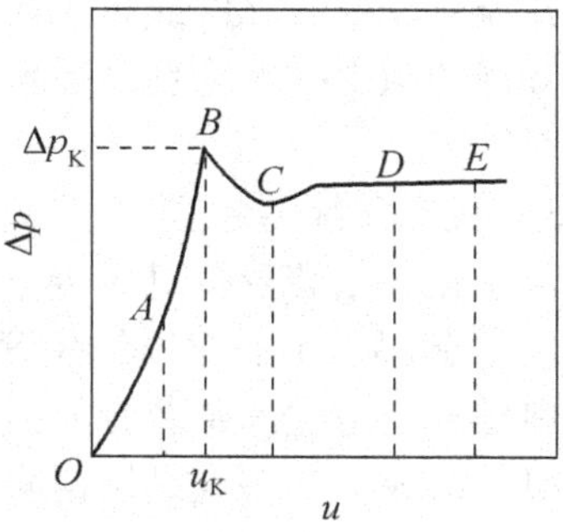

图 4－11 气流速度与床层压力降的关系

隙率增大，整个床层呈现出类似液体沸腾的状态，即开始进入流化状态，这种状态是区分固定床与流化床的分界点，称为临界状态，此时对应的最大压力降 Δp_k 称为临界压力，对应的气流速度 ν_k 称为临界流化速度。

④流态化。当气流速度进一步提高，床层的均匀度和平稳态受到破坏，床层进入流态化状态。此时流化床易出现流沟，一部分气流沿流沟流动。

⑤输送床。气流速度继续增加到某一数值时，食品颗粒被气流带走，此时的气流速度称为带出速度。在食品颗粒进入流态化后，由于空隙率增大，并且床层内食品颗粒被气流带走，因此床层压力有所降低，如图 4－12 中 E 所示。

2）流态化工作参数的确定

（1）临界流化速度的确定

临界流化速度是流化床工作运行的一个重要参数，其可以通过实验测定或计算确定。在实际应用中常采用经验公式。应用较为广泛与精确的经验公式是 A · C 费金推荐的计算公式。

$$v_k = 1.25 + 1.95(\lg m_\rho) \tag{4-8}$$

式中 m_ρ ——单个颗粒食品的质量，g/个。

操作速度是流化床的正常工作的气流速度。当气流速度高于临界流化速度 v_k 时，颗粒状食品床层处于正常的流态化操作范围，这时的气流速度称为操作速度。

不同食品颗粒的单体质量不同，临界流化速度不同，操作速度也不同，因此对于流化床而言，为适应不同产品的要求，风机应采用变速装置或变频风机。

（2）床层阻力

气流通过流化床时，由于筛网（或布风板）和食品颗粒的阻力作用，使得流化床两侧风压发生变化，即产生一个压力差，这个压力差称为床层阻力。床层阻力是由食品层阻力和筛网（或布风板）阻力所构成。

①食品层阻力

$$\Delta p_s = H_0(1 - \varepsilon_k)(\rho_s - \rho_a)g \tag{4-9}$$

式中 H_0 ——食品层的静态高度，m；

ε_k ——临界流化状态时食品层的空隙率，对于水果、蔬菜 ε_k =0.53～0.73；

ρ_s ——颗粒食品的密度，kg/m^3；

ρ_a ——空气的密度，kg/m^3；

g——重力加速度，m/s^2。

②筛网或布风板的阻力

在流化床中，筛网或布风板用于支撑食品物料，以及布风使气流均匀。根据实践经验，筛网的阻力一般为食品层阻力的 10% ~ 20%；布风板的阻力为食品层阻力的 10% ~ 40%。

3）流态化冻结装置

流态化冻结装置按机械传送方式可分为斜槽式、带式和振动式三种基本形式。

（1）斜槽式流态化冻结装置

斜槽式流态化冻结装置如图 4-12 所示。斜槽式流态化冻结装置是由斜槽、蒸发器和风机等组成。其特点是结构简单，无传送带和振动筛等传动机构。斜槽是一个倾斜放置并在底板上开有许多孔的槽体，槽的物料进口端稍高于出口端。在冻结过程中，被冻结的食品从进料口进入斜槽，进入槽内后食品被从底板孔高速流进的低温空气吹起并进入流态化，同时倾斜的槽体也使得食品向出料口流动。料层的高度可由出料口的导流板进行调节。

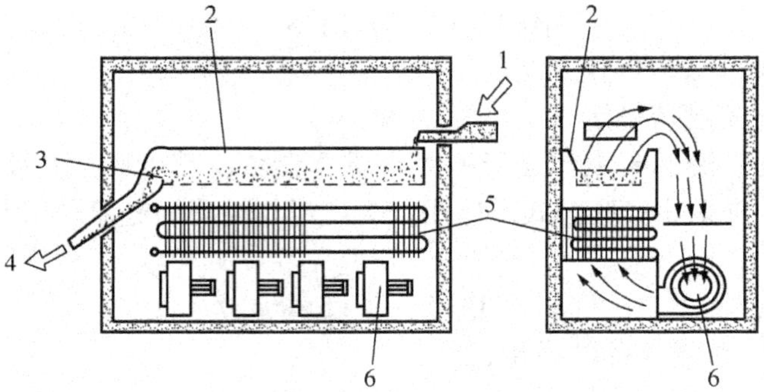

图 4-12 斜槽式流态化冻结装置

1—进料口；2—斜槽；3—导流板；4—出料口；5—蒸发器；6—风机

（2）带式冻结装置

带式冻结装置是一种使用最为广泛的流态化冻结装置，在结构上可分为一段带式和两段带式。在一段带式结构中，通过控制流态化的程度将食品的冻结分为两个区域，即松散相区和稠密相区。在松散相区低温空气的流速较高，被冻食品悬浮在气流中，看上去食品颗粒之间距离较大，食品颗粒较为松散，故称为松散相区。在此区域可避免食品颗粒之间的相互粘结，食品表面被冻结后，被冻食品进入稠密相区。在稠密相区低温空气的流速相对较低，仅维持最小的流态化程度，看上去食品颗粒较为密集，故称为稠密相区，被冻食品进一步降温冻结，使得食品中心温度达到 -18 ℃，然后从出料口排出。

两段带式结构即是采用了前后两段传送带，第一段传送带为表层冻结区，功能相当于一段带式结构中的松散相区，第二段传送带为深层冻结区，功能相当于一段带式结构中的稠密相区。图 4-13 是两段带式流态化冻结装置的原理图。在两段传送带之间有一高度差，当被冻食品从第一段落到第二段时，由于食品之间的相互碰撞而避免彼此黏结。

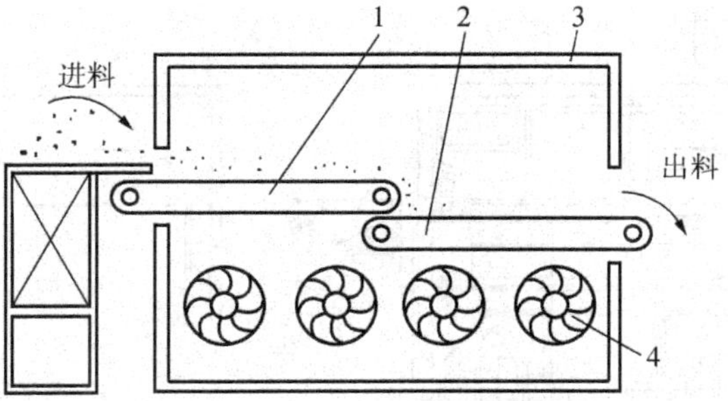

图 4－13　两段带式流态化冻结装置原理图

1—第一段；2—第二段；3—隔热外壳；4—风机

传送带一般为不锈钢丝带或塑钢丝带，传动机构采用变频调速，调速范围 10%～100%，在此范围内可实现无级调速。为了改善气流组织，在流化床下设置可调节式导流板。表 4－4 给出了 DL_2 型流态化单体速冻装置的主要技术参数。

表 4－4　DL_2 型流态化单体速冻装置的主要技术参数（以青刀豆计）

型号	冻结能力 /（kg/h）	冻结时间 /min	制冷量 /kW	总功率 /kW	传送带宽 /m	外形尺寸 $L \times W \times H$/m
DL_2－500	500	6～60	99	25.5	1.2	6.24×4.24×2.4
DL_2－1000	1000		174	33.5		9.24×4.24×2.4
DL_2－1500	1500		256	41.5		12.24×4.24×2.4
DL_2－2000	2000		326	61.2		15.24×4.24×2.4

注：①以青刀豆计，进料温度 15℃，出料温度－18℃，冻结温度－35℃；
②制冷量按冷凝温度 35℃，蒸发温度－40℃计算。

两段带式流态化速冻装置适应于青刀豆、豌豆、蚕豆、胡萝卜块、芋头、蘑菇、板栗等果蔬类食品的冻结加工。

（3）振动式流态化冻结装置

振动式流态化冻结装置的传送机构采用带有打孔底板或网板的振动筛或直线振动槽。图 4－14 是国产往复振动式流态化冻结装置。其底板为一带孔的不锈钢钢板，钢板厚 2～3 mm，孔径 3 mm，孔距 8 mm，在连杆结构带动下作水平往复式振动。

装置运行时，被冻食品首先进入预冷设备，使表面水分吹干且被冻结，表面硬化避免了食品颗粒相互间的粘连。进入流化床后，被冻食品受钢板振动和气流脉动的双重作用，冷气流与冻品充分混合，以实现完全的流态化。被冻食品被包围在强冷气流中，时起时伏，在被冻结的过程中，同时像流体般向前传送。这种方式消除了沟流和物料跑偏现象，使冷量得到充分有效的利用。为实现最佳流态化，该装置设有脉动旁通机构，其为一旋转风门，可按一定的角速度旋转，使得通过流化床和蒸发器的气流量时增时减

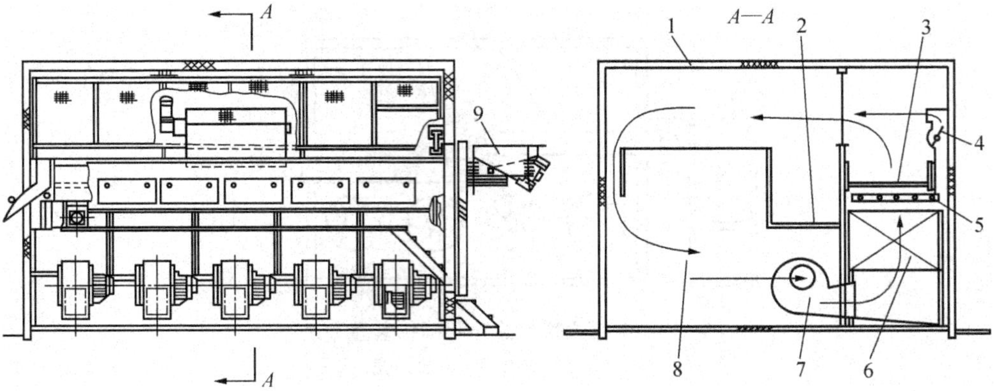

图 4－14　往复振动式流态化冻结装置结构示意图

1—隔热箱体；2—操作检修廊；3—流化床；4—脉动旋转风门；5—融霜淋水管；6—蒸发器；7—风机；8—冻结隧道；9—振动布风器

（约 10%～15%），因而可以调节到适于各种食品的脉动旁通气流量。

4. 强制通风型冻结装置的冷负荷计算

强制通风型冻结装置的冷负荷主要由四部分组成，即维护结构耗冷量、食品耗冷量、食品进出口耗冷量和电机耗冷量。

（1）维护结构耗冷量 Q_1：

$$Q_1 = KF(\theta_h - \theta_s) \tag{4-10}$$

式中　K——维护结构传热系数，kW/（m^2 · ℃）

F——维护结构外表面面积，m^2；

θ_h——冻结装置所在车间的环境温度，℃；

θ_s——冻结装置内的空气温度，℃。

（2）食品耗冷量 Q_2

$$Q_2 = \frac{G\Delta i}{Z} \tag{4-11}$$

式中　G——冻结装置生产能力，kg/h；

Δi——食品进出冻结装置的焓差，kJ/kg；

Z——食品冻结时间，h。

（3）食品进出口耗冷量 Q_3

冻结装置在工作时，由于传送机构连续运行，一般不开启装置的检修门和室内的照明灯，因而可以不计开门耗冷量和照明耗冷量。但是冻结装置的食品进出口是敞开的，其耗冷量必须计算。按经验公式计算，进出口面积可按 1/4 门的面积计算，因此食品进出口的耗冷量为：

$$Q_3 = \frac{1}{4} q_m N_i \tag{4-12}$$

式中　q_m ——库门开启一小时的耗冷量，一般取 q_m 为 1.28 kW；

N_i ——使用系数，N_i 取 2。

（4）电机耗冷量 Q_4

在强制通风型冻结装置中，电机一般安装在冻结室内，因此，电机耗冷量为：

$$Q_4 = \sum P_i \tag{4-13}$$

式中　P_i ——单个电机的功率，kW。

（5）蒸发器的冷负荷 Q

$$Q = Q_1 + 1.3Q_2 + Q_3 + Q_4 \tag{4-14}$$

二、接触型冻结装置

接触型冻结装置是由制冷系统、液压系统和中空平板组成。中空平板放置在隔热箱中，平板的数量一般为 6～16 块，平板之间通过可活动的连接铰链相连，且间距是通过液压升降装置调节。图 4－15 给出了卧式平板冻结装置的结构图。隔热箱一般开一扇门，也可以在相对的两侧各开一扇门。接触型平板冻结装置应用于规则产品的冻结。食品厚度可根据要求进行调整，通常厚度为 25～125 mm。

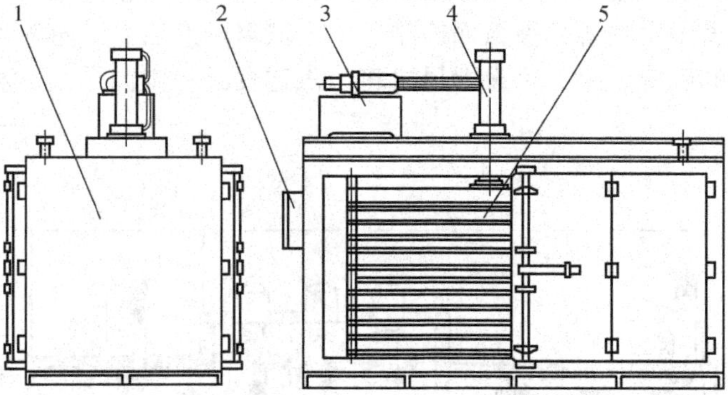

图 4－15　卧式平板冻结装置结构示意图

1—隔热箱体；2—电控箱；3—液压系统；4—升降油缸；5—平板蒸发器

工作时，先将平板升至最大间距，在平板间放入需冻结的食品，然后开启液压装置，使得上面的平板下降，从而压紧食品。为了防止将食品压坏，可在平板间放置限位块。

立式平板冻结装置的结构原理与卧式平板冻结装置的原理相同。立式平板冻结装置的结构示意图如 4－16 所示。在立式平板冻结装置中，冻结平板垂直平行排列，平板数一般为 20 块左右。工作时，待冻食品不需要包装，可直接散装倒入平板间进行冻结。这种装置操作方便，适用于小杂鱼和肉类副产品的冻结。

三、液氮冻结装置

液氮冻结装置主要分为喷淋式和浸渍式两种。

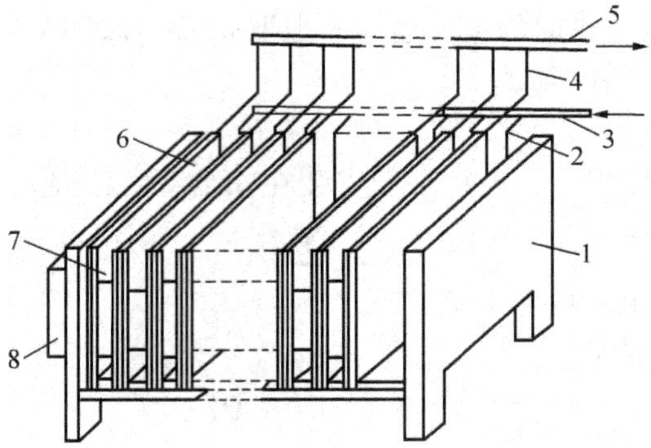

图 4-16　立式平板冻结装置的结构示意图

1—机架；2、4—软管；3—供液管；5—吸气管；
6—冻结平板；7—定距螺杆；8—液压装置

1. 液氮喷淋冻结装置

液氮喷淋冻结装置是由隔热隧道式箱体、风机、液氮喷淋装置和输送带等组成，其结构如图 4-17 所示。输送带将被冻结的食品从隔热隧道式箱体的一端送入，从另一端送出。食品在隧道中由喷淋的液氮而冻结。由于液氮蒸发后，其蒸汽温度依然较低，为了充分发挥液氮的制冷效果，可设置风机将蒸汽逆食品的走向导出，利用液氮蒸汽对食品进行预冷。

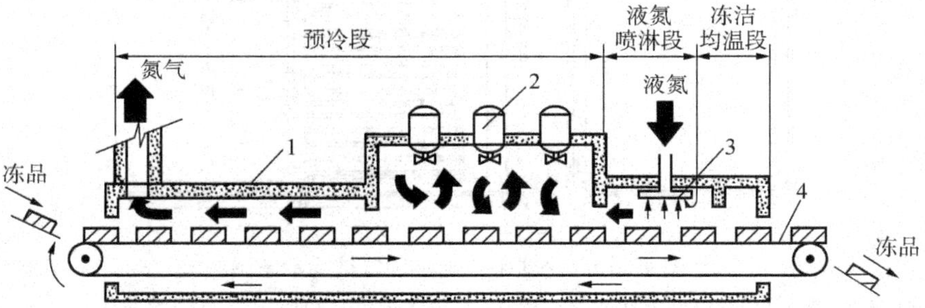

图 4-17　液氮喷淋冻结装置结构示意图

2. 液氮浸渍式冻结装置

图 4-18 为液氮浸渍式冻结装置的示意图，它是由液氮槽、传送带和隔热箱体等组成。工作时，传送带将被冻结食品从隔热箱体的一端送入液氮槽中，食品在液氮中迅速被冻结，然后在箱体的另一端被送出。

也有研究将液氮用于流态化冻结装置，如图 4-19 所示。液氮流态化冻结装置是由液氮喷淋与流态化冻结两部分组成。首先，食品由输送带送入预冻段，在该段由液氮喷淋装置 2 向食品喷淋液氮，使得食品表面迅速形成冰膜，增大食品的机械强度，然后将预冻的食品送入流态化冻结阶段。在此阶段，食品由刮板 4 分为不同区域，并由刮板推

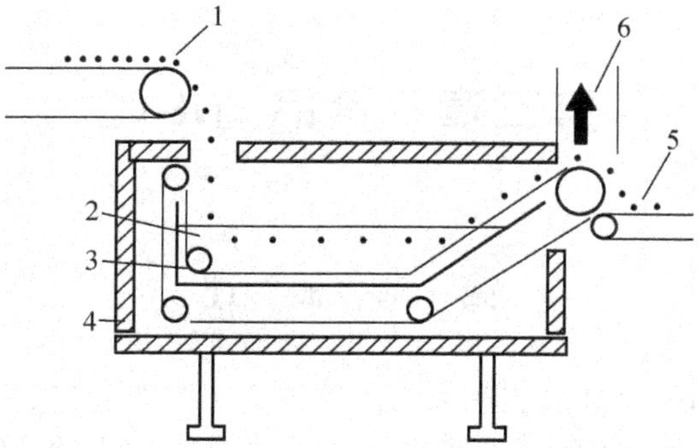

图 4－18　液氮浸渍式冻结装置示意图

1—进料口；2—液氮；3—传送带；4—隔热箱体；5—出料口；6—氮气出口

动前行。作为冷源的液氮由液氮喷雾头 8 喷出，风机将雾化后的低温氮气强制流过食品层，使得食品层流态化并迅速冻结。

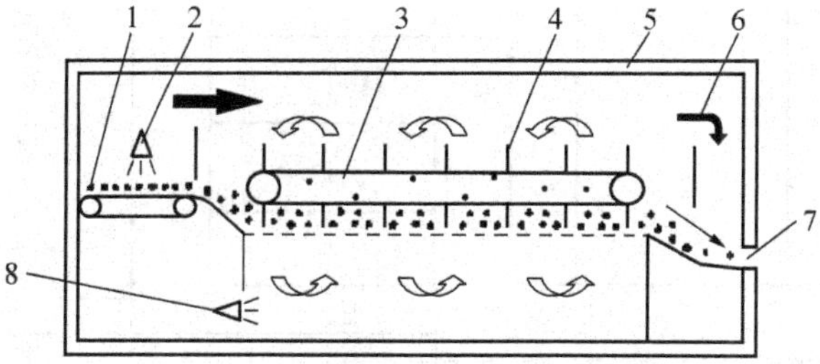

图 4－19　液氮流态化冻结装置示意图

1—预冻段；2、8—液氮喷淋头；3—冻结输送链；4—刮板；5—隔热箱体；6—排废气口；7—出料口

液氮冻结装置具有以下优点：

①冻结速度快；

②食品干耗小，冻结食品质量高；

③冻结温度的范围广，强制通风型冻结装置的冷风温度一般为 －40 ～ －30 ℃，而液氮流态化冻结装置的温度可在 －60 ～ －30 ℃（甚至更低的温度）范围内调节；

④占地面积小，初投资低。采用液氮作为冷源替代传统的机械制冷设备，在相同冻结产量下，占地面积仅是机械制冷设备的 1/2，初投资为机械制冷设备的 1/3 ～ 1/2，

⑤设备系统简单，运行可靠，操作维护方便。由于没有机械制冷设备，不需要专业人员对制冷设备进行操作与维护，同时没有定时停机除霜的影响，所以故障率大幅降低，减少了维护费用。

第五章　食品的冷藏

第一节　概　述

冷库主要用于食品的冷冻加工和冷藏。其不同于一般的工业与民用建筑，是一种有严格的隔热性、密封性、坚固性和抗冻性等要求的独特结构的建筑物。

一、冷库的组成

冷库是以人工制冷方法建立起来的低温特种仓库，其功能是对易腐食品进行加工和贮存。冷库包括库房、机房、变配电室及其附属建筑物。如图 5－1 所示。

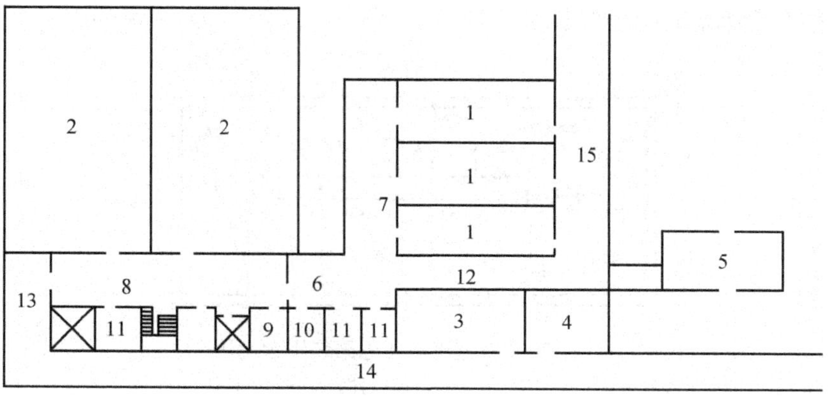

图 5－1　冷库的组成

1—冻结间；2—冻结物冷藏间；3—冰库；4—制冰间；5—机房；6—脱盘、脱钩间；7、8—常温穿堂；9—贮藏室；10—管理室；11—休息间；12—走廊；13—公路站台；14—铁路站台；15—常温穿堂

1. 库房

库房是冷库建筑群中的主体建筑，包括冷加工间、冷藏间、冰库及直接为其服务的建筑（如楼梯间、电梯间、穿堂、附属小房等）。

（1）冷加工间

指食品在冷藏前进行冷却、冻结等占用的房间，包括冷却间、晾肉间、待冻间、冻结间、脱盘间、包冰衣间、制冰间等。

① 冷却间，将常温食品迅速降温，使其温度接近冰点但不冻结的冷间。冷却间的室温为 -2～0℃，达到冷却要求温度的食品称为“冷却物”。水果、蔬菜在进行冷藏前，为除去田间热，防止某些生理病害，应及时降温冷却。鲜蛋在冷藏前也应进行冷却，以免骤然遇冷时，蛋内压力降低，空气中微生物会随空气从蛋壳气孔进入蛋内而使

鲜蛋变坏。牲畜屠宰后可加工为冷却肉（中心温度0～4℃）作短期储藏，肉味较冻肉鲜美。当果蔬、鲜蛋的一次进货量小于冷藏间容量的5%时，可不经冷却直接进入冷藏间。

② 冻结间，借助冷风机或专用冻结装置冻结食品的冷间。冻结间的室温为－30～－23℃（国外有采用－40℃或更低温度的）。对于需长期储藏的食品，要将其由常温或冷却状态迅速降至－18～－15℃的冻结状态，达到冻结终温的食品称为“冻结物”。

③ 制冰间，主要用于制造桶式冰块，用盐水作载冷剂。制冰间有制冰池、蒸发器、搅拌器、冰桶和冰桶架、融冰池、倒冰架、注水器、吊车等设备。

（2）冷藏间

指用于贮存已冷却（冻结）至接近其所需贮存温度的产品的冷间，分为冷却物冷藏间和冻结物冷藏间。

① 冷却物冷藏间，又称高温冷藏间，室温为－2～4℃，相对湿度85%～95%，因储藏食品的种类不同而异。主要用于储藏经过冷却的鲜蛋、果蔬，由于果蔬在储藏中仍有呼吸作用，库内除需保持合适的温湿度条件外，还要引进适量的新鲜空气。

② 冻结物冷藏间，又称低温冷藏间，室温在－25～－18℃，相对湿度95%～98%，可较长期地储藏冻结食品。在国外有的冻结物冷藏间温度已降至－30～－28℃，如日本对冻金枪鱼采用了－50～－45℃的超低温冷藏间。

（3）冰库

用于贮存冰的冷库，附设于食品冷库内的贮冰用房称为贮冰间。

（4）穿堂

为冷加工间或冷藏间进出货物而设置的通道，起到沟通各冷间、便于装卸周转的作用。库内穿堂有低温穿堂和中温穿堂两种，分属高、低温库房使用。目前冷库中较多采用库外常温穿堂，将穿堂布置在常温环境中，通风条件好，改善了工人操作条件，也能延长穿堂的使用年限。

2. 机房

① 机器间，用于安装制冷压缩机的房间，对采用分散供冷方式的冷库，可不设机器间。

② 设备间，用于安装制冷辅助设备的房间。对于设备不多的冷库，可将机器间和设备间合为一间布置。

3. 变配电室

变配电室包括变压器间、高压配电间、低压配电间、自控柜间等部分。

4. 附属建（构）筑物

① 生产工艺用房，包括屠宰车间、理鱼间或整理间、加工间、化验室、水泵房等。

② 办公、生活用房，包括办公楼、医务室、职工宿舍、食堂、卫生间等。

③ 其他，包括围墙、出入口、传达室、绿化设施和危险品仓库等。

二、冷库的分类

1. 按冷库使用性质分类

按冷库使用性质分类，将冷库分为生产性冷库、分配性冷库和零售性冷库。

① 生产性冷库，一般建在食品产地附近、货源集中的地区。食品在此进行冷加工后经短期储存再运往销售地或分配性冷藏库长期储存。其特点是具有较大的冷却、冷冻能力和一定的冷藏能力。较大的冷库如1500t以上须配备制冰间和冰库以便于冻品外运。

② 分配性冷库，一般建在大中城市、水陆交通枢纽及人口较集中的工矿区，专门贮存经过冷加工的食品。其特点是冷藏能力大，冻结能力较小。

③ 零售性冷库，一般建在工矿企业、超市等地，用于临时贮存零售食品。具有库容量小、贮存期短的特点。多为装配式冷库。

2. 按冷库结构特点分类

根据冷库的结构特点，可将冷库分为土建式冷库和装配式冷库。

① 土建式冷库，建筑物主体采用钢筋混凝土框架或混合结构，其围护结构为砖墙。土建式冷库又分为单层和多层冷库。

② 装配式冷库，单层库，主体结构采用薄壁型钢框架结构，围护结构由预制复合隔热板组装而成。

3. 按冷库规模大小分类

冷库的设计规模是以冷藏间或冰库的公称体积为计算标准的。可分为大型、大中型、中小型、小型冷库，其分类如表5－1所示。

表5－1　冷库的分类

规模	冷藏容量/t	冻结能力/（t/d）	
		生产性冷库	分配性冷库
大型冷库	＞10000	120～160	40～80
大中型冷库	5000～10000	80～120	40～60
中小型冷库	1000～5000	40～80	20～40
小型冷库	＜1000	20～40	＜20

4. 按冷库使用库温分类

根据冷藏间库温高低分为高温库（冷却物冷藏间）和低温库（冻结物冷藏间）。

5. 按冷库制冷设备使用的制冷剂分类

按制冷设备使用的制冷剂分类，冷库可分为氨冷库和氟利昂冷库。

三、冷库的冷加工能力和容量

1. 冷加工间的生产能力

冷却间、冻结间的生产能力是根据冷加工的形式和时间来确定的。

（1）设有吊轨的冷加工间

设有吊轨的冷加工间，其冷加工能力按下式计算：

$$G = \frac{l \cdot g}{1\,000}n = \frac{l \cdot g}{1\,000} \cdot \frac{24}{t} \tag{5-1}$$

式中　G——冷却间、冻结间每日冷加工能力，t；

l——吊轨有效总长度，m；

g——吊轨单位长度净载货量，kg/m，应按下列规定取值：

肉类：人工推动 $g = 200 \sim 230$ kg/m；机械传动 $g = 170 \sim 210$ kg/m；

鱼：15 kg 铁盘装 $g = 400$ kg/m；20 kg 铁盘装 $g = 540$ kg/m；

虾：$g = 270$ kg/m。

n——每日冷却或冻结的周转次数；

t——冷却或冻结一次周转的时间，h；

24——每日小时数，h。

（2）设有排管搁架的冷加工间

设有排管搁架的冷加工间，其冷加工能力按下式计算：

$$G = \frac{n \cdot F \cdot g}{f \cdot 1\,000} \cdot \frac{24}{t} \tag{5-2}$$

式中　G——冷却间、冻结间每日冷加工能力，t；

n——搁架利用系数，可按下列规定采用：冻盘装食品 $n = 0.85 \sim 0.90$；冻听装食品 $n = 0.70 \sim 0.75$；冻箱装食品 $n = 0.70 \sim 0.85$。

F——搁架各层水平面积之和（不包括弯头部分），m^2；

f——每件（盘、听或箱）冻结食品容器所占面积，m^2；

g——每件食品净重，kg；

t——冷却或冻结一次周转的时间，h；

24——每日小时数，h。

2. 冷库的容量

冷库的容量是指冷藏间或冰库的公称体积。公称体积按冷藏间或冰库的净面积（不扣除柱、门斗和制冷设备所占的面积）乘以房间净高确定。

冷库计算吨位可按下式计算：

$$M = \frac{\sum V_i \cdot \rho_s \cdot \eta}{1\,000} \tag{5-3}$$

式中　M——冷库计算吨位，t；

V_i——冷藏间或冰库的公称体积，m^3；

η——冷藏间或冰库的容积利用系数，冷藏间体积利用系数不应小于表 5－2 的规定值，冰库体积利用系数不应小于表 5－3 的规定值；

ρ_s——食品的计算密度，kg/m^3，按表 5－4 的规定采用。

表 5－2　冷藏间体积利用系数

公称体积/m^3	体积利用系数 η
500 ～ 1 000	0.40
1 001 ～ 2 000	0.50
2 001 ～ 10 000	0.55
1 0001 ～ 15 000	0.60
＞15 000	0.62

注：1. 对于仅储存冻结食品或冷却食品的冷库，公称体积为全部冷藏间公称体积之和；对于同时储存冻结食品或冷却食品的冷库，公称体积分别为冻结食品冷藏间或冷却食品冷藏间公称体积之和。

2. 蔬菜冷库的体积利用系数应按表 5－2 数值乘以 0.8 的修正系数确定。

表 5－3　冰库体积利用系数

冰库净高/m	体积利用系数 η
≤4.20	0.40
4.21 ～ 5.00	0.50
5.01 ～ 6.00	0.60
＞6.00	0.65

表 5－4　食品的计算密度　　单位：kg /m^3

序号	食品类别	密度
1	冻肉	400
2	冻鱼	470
3	鲜蛋	260
4	鲜蔬菜	230
5	鲜水果	230
6	冰蛋	600
7	机制冰	750
8	其他	按实际密度采用

注：同一冷库如同时存放猪、牛、羊肉（包括禽、兔）时，其密度均按 400 kg /m^3 计；当只存冻羊肉时，密度按 250 kg /m^3 计；只存冻牛、羊肉时，密度按 330 kg/m^3 计。

四、冷库的建筑结构特点

冷库主要用于食品的冷冻加工和冷藏，它不同于一般的工业和民用建筑，是一种有严格的隔热性、密封性、坚固性和抗冻性要求的独特结构的建筑物，具有以下建筑结构特点。

① 冷库的墙壁、地板及屋顶须敷设一定厚度的隔热材料，以减少外界传入的热量。为了减少吸收太阳的辐射能，冷库外墙表面一般涂成白色或浅颜色。

② 冷库建筑要防止水蒸气的扩散和空气的渗透。室外空气侵入时不但增加冷库的耗冷量，而且还将水分带入库房内，水分的凝结引起建筑结构受潮冻结损坏，所以要设置防潮隔气层，使冷库建筑具有良好的密封性和防潮隔气性能。

③ 冷库的地基受低温的影响，土壤中的水分易被冻结。因土壤冻结后体积膨胀，会引起地面破裂及整个建筑结构变形。为此，低温冷库地坪需要进行防止土壤冻结处理。

④ 冷库内要堆放大量的货物，又要通行各种装卸运输机械设备，因此，它的结构应坚固并具有较大的承载力。

⑤ 冷库处于低温环境中，特别是在周期性冻结和融解循环过程中，建筑结构易受破坏，因此，建筑材料和构造要有足够的抗冻性能。

第二节　土建式冷库

一、土建式冷库的建筑结构

土建式冷库主要由围护结构和承重结构组成。围护结构不仅要承受外界风雨侵袭，还要起到隔热、防潮的作用。承重结构主要用于支承冷库的自重及承受货物和装卸设备的质量。土建式冷库的基本结构如图 5－2 所示。冷库的结构应有较大的强度和刚度，并能承受一定的温度应力，在使用中不产生裂缝和变形；冷库的隔热层除具有良好的隔

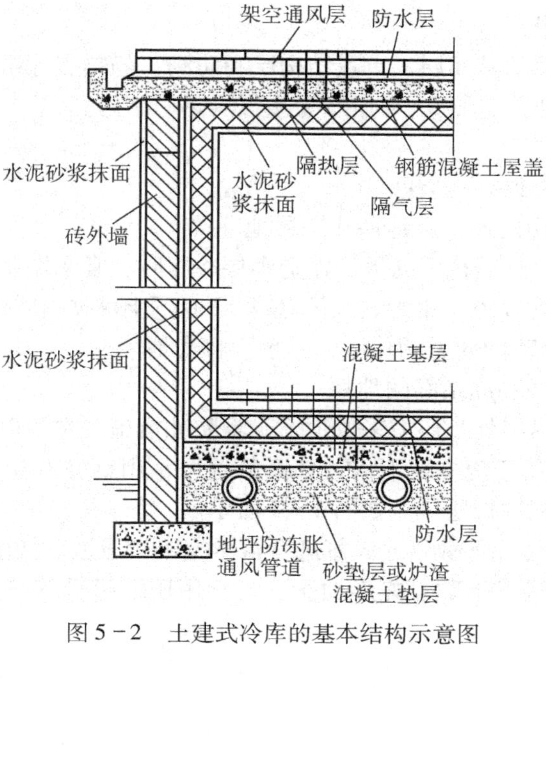

图 5－2　土建式冷库的基本结构示意图

热性能、不产生“冷桥”外，还应起到隔气防潮的作用；冷库的地坪应作防冻胀处理；冷库的门亦应具有可靠的气密性。

1. 冷库的基础

一般土建式冷库采用柱基础的较多，冷库的基础应有较大的承载能力、足够的强度，并可将冷库载荷均匀地传到地基上，以免冷库建筑产生不均匀沉降、裂缝；同时，基础还应具有足够的抗潮湿、防冻胀能力。

2. 冷库的柱和梁

冷库均采用钢筋混凝土柱，柱网跨度大。一般冷库柱子的纵横间距多为 6 m × 6 m，大型冷库为 16 m × 16 m 或 18 m × 6 m，柱子的截面为方形。大型单层冷库库内净高一般不小于 6 m，中小型单层冷库及多层冷库为 4 ～ 8 m。冷库的梁可以预制或现场用钢筋水泥浇制。

3. 冷库的墙体

冷库墙体应能有效地隔绝风雨的侵袭和外界温度变化对库内的影响，以及太阳的热辐射，并有良好的防潮隔热作用。冷库外墙主要由围护结构、防潮隔气层、隔热层和内保护层等组成，如图 5 – 2 所示。

围护结构一般采用砖墙，也有现场浇制钢筋混凝土墙或预制混凝土墙等。外墙内依次敷设防潮隔气层、隔热层及内保护层。目前新建冷库防潮隔气层多为油毡或新型尼龙薄膜，并敷设于隔热层的相对高温侧。冷库隔热层可用泡沫塑料、软木、矿渣、棉等敷设或充填。隔热内墙多采用块状泡沫塑料与混凝土作衬墙，图 5 – 3 所示为冷库软木隔热内墙墙体结构。当两邻间温差不超过 5 ℃时，内墙可不设隔热层。

4. 冷库屋盖、楼板

冷库屋盖主要由防水护面层、承重结构层和防潮、隔热层等组成。多层冷库的楼板多以现场钢筋混凝土浇制，图 5 – 4 所示为楼板隔热的结构。

5. 地坪

冷库建筑的地坪大致分两类：

（1）高温冷藏间用的地下室地坪或一层地坪

在地下水位较低、土质良好的地区建造多层冷库时，常采用将冷却物冷藏间布置在地下室的方案，这样既节约了用地，又不需采取地下土壤防冻措施。库温为 0 ℃左右时，在靠外墙 4 ～ 6 m 范围内做隔热层，其余为普通地坪。

（2）冻结物冷藏间和冻结间的地坪

这种地坪除设隔热层外，还需采取地下土壤防冻措施。常用以下几种处理方法。

① 架空地坪，适用于南方地下水位较高的地区，用钢筋混凝土柱或砖柱将地坪架空，靠自然对流或机械进行通风。如图 5 – 5 所示。

② 通风地坪，在地坪下敷设通风管进行自然或机械通风。如图 5 – 6 所示。

③ 油管防冻，在地坪下敷设蛇形油管，可利用压缩机排气加热油，适用于北方寒冷地区。

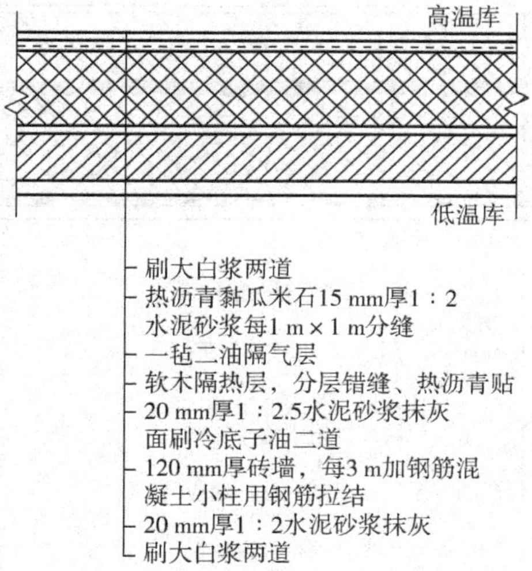

(a) 软木隔热内墙（砖衬墙固定）

注：①本构造方法是将软木贴于砖墙上，施工顺序为，先砌砖墙，后贴软木，而不能相反。

②油毡隔气层设置在高温侧（见图示）。

③绝热材料可采用其他块状材料（如沥青膨胀珍珠岩、泡沫塑料等）。

④本隔墙用于分隔两个高温库时，因库温可能波动较大，绝热层的双侧都设置隔气层。

⑤本图标明在贴软木前刷冷底子油两道，以增大软木与砖墙的黏结性。

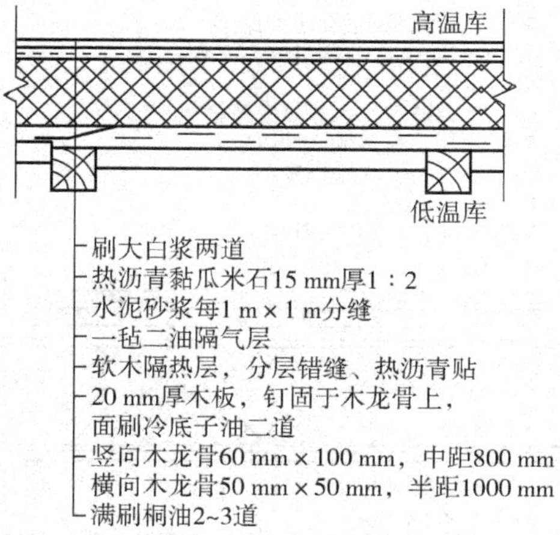

(b) 软木隔热内墙（木龙骨固定）

注：①本格栅的大小要按工程实际而定，本图用料及间距尺寸适用于4m左右高的内隔墙。

②油毡设置与库温有关，一般设在高温侧。

③本格栅亦可包在软木墙内，但其缺点是格栅处会因热阻不够，使投产使用后骨架处出现结冻现象。

图 5－3　软木隔热内墙墙体结构

④ 电热加热防冻，在地坪的隔热层下埋设电热钢筋网加热，适用于小型冷库。

二、围护结构的隔热与防潮

土建式冷库墙体、地板、屋盖及楼板均应作隔热处理。常用的隔热材料如下。

① 软木，又称碳化软木。软木导热系数小，抗压强度大，无毒，施工方便，但价格较高，且容易产生虫蛀、鼠咬和霉烂受潮。

② 玻璃棉及制品。玻璃棉导热系数小，不燃烧，不霉烂，价格便宜。目前多将其制成隔热板，使用方便，抗冻性好。

③ 聚苯乙烯泡沫塑料。自熄性的聚苯乙烯泡沫塑料有着良好的隔热性能，但遇有明火或受热易产生对人体有害的气体。

④ 聚氨酯泡沫塑料。可预制成各种厚度或直径的板料或管壳，也可采用表面直接喷涂或灌注发泡成型，使用方便。聚氨酯泡沫塑料导热系数小，吸水率低，耐低温和自熄性好，是冷库隔热中选用较多的材料。

冷库常用隔热材料的热物理性见表 5－5。

1. 水泥砂浆砌混凝土预制块
2. 20 mm厚1：3水泥砂浆垫层
3. 60 mm厚钢筋混凝土黏结层
4. 20 mm厚1：3水泥砂浆保护层
5. 防水层
6. 热沥青贴软木，各层应错缝
7. 防潮层，在尽端或柱边应向上翻起与防水层搭接
8. 冷底子油一道
9. 20 mm厚水泥砂浆抹面
10. 楼板

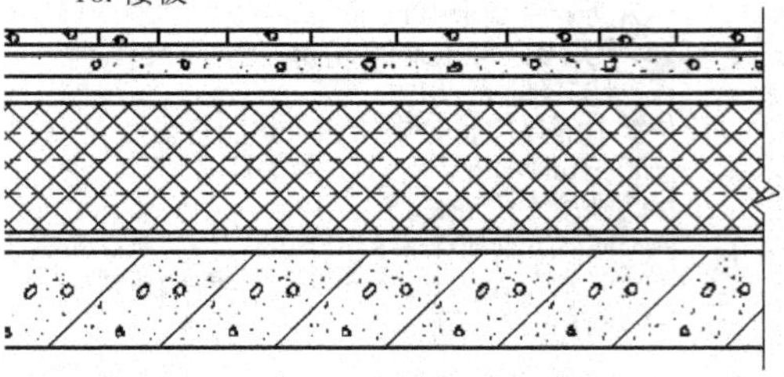

(a) 隔热材料在楼板上

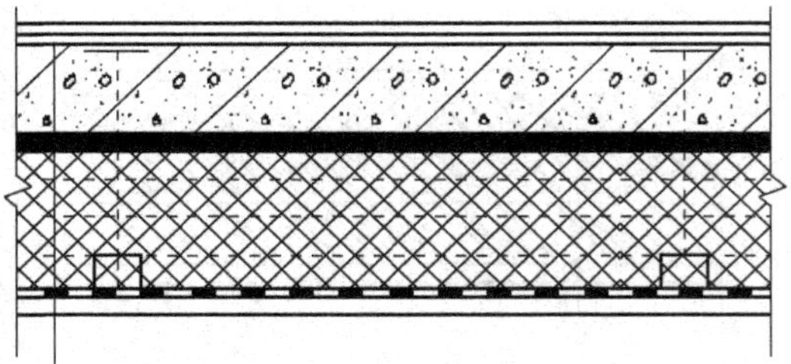

1. 20 mm厚1：2.5水泥砂浆抹面
2. 楼板
3. 20 mm厚1：3水泥砂浆保护层
4. 防潮层
5. 沥青软木层，各层应错缝，木骨架用纤维增强塑料棒错固在楼板混凝土中
6. 防潮层，在尽端或柱帽边应向上翻起与上防水层搭接
7. 水泥砂浆保护层，加钢丝网

(b) 隔热材料在楼板下

图 5－4　楼板隔热的结构

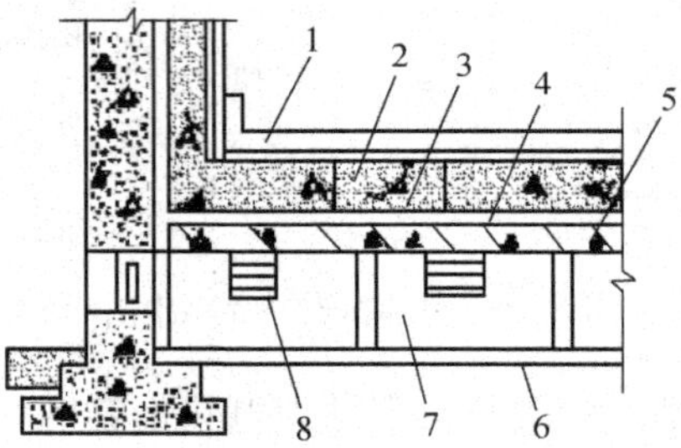

图 5－5　架空式地坪防冻胀结构示意图

1—钢筋混凝土面层；2—软木隔热层；3——毡二油防水层；
4—二毡三油隔气层；5—钢筋混凝土基层；6—混凝土垫层；7—架空层；8—气窗

表 5－5　冷库常用隔热材料的热物理性

材料名称	密度 ρ /(kg /m^3)	导热系数 λ		比热容 c /[kJ /(kg · K)]	蓄热系数（24h）/[W/(cm^2 · K)]
		实测值	设计采用值		
玻璃纤维	190	0.04	0.076	1.09	0.51
聚苯乙烯泡沫塑料	19	0.035	0.047	1.21	0.23
聚氨酯泡沫塑料	40	0.022	0.03	1.26	0.28
软木	170	0.58	0.070	2.05	1.19

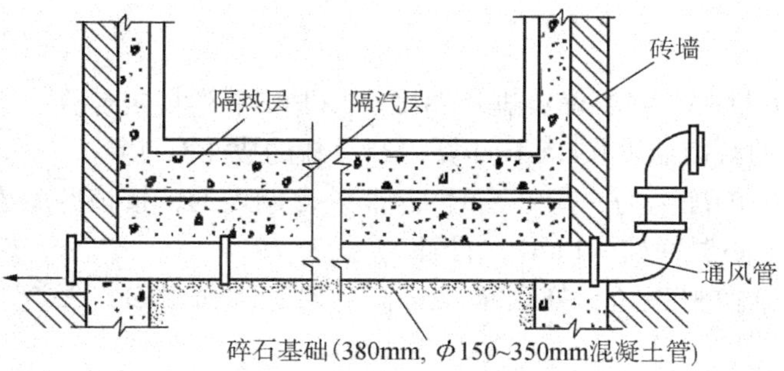

图5－6　通风地坪防冻胀结构示意图

冷库常用防潮隔汽材料有石油沥青、油毡、沥青防水塑料和聚乙烯塑料薄膜等。其中石油沥青的防水蒸气性能好，具有抗低温、防潮隔汽性能稳定等特点，与油毡结合使用能达到良好的防潮隔汽效果。聚乙烯塑料薄膜的透气性好，吸水性低，机械强度大，柔软性好，但耐老化、耐低温性能差。目前多数冷库仍以沥青、油毡作防潮隔汽层。

三、冷库制冷负荷计算

冷库库房的外部和内部存在各种热源，冷库的热流量即冷库的冷负荷，指为了使冷间内的温度达到所要求的值而需要的冷量。

进行库房制冷负荷计算的目的，就是求出各种热源传给冷却设备的热量，进而确定各个库房冷却设备负荷和制冷压缩机负荷，使之与库房的热流量相适应。

1. 计算参数

为了确定库房制冷负荷，必须合理确定有关计算参数。

（1）室外计算参数

冷库设计的室外气象参数采用现行国家标准《采暖通风与空气调节设计规范》的规定，除此之外，尚应符合下列规定：

库房围护结构热流量计算的室外计算温度，采用夏季空气调节日平均温度。计算库房围护结构最小总热阻时的室外计算相对湿度，采用最热月的月平均相对湿度。开门热流量和冷间通风换气热流量计算的室外计算温度，采用夏季通风室外计算温度，室外相对湿度采用夏季通风室外计算相对湿度。

（2）相邻库房的计算温度

计算冷藏库内墙和楼板传入热量时，围护结构外侧的计算温度取其相邻库房的室温。当相邻库房为冷却间或冻结间时，取该类冷间空库保温温度：冷却间按10 ℃，冻结间按－10 ℃。冷间地面隔热层下设有通风加热装置时，其外侧温度按1～2 ℃计算。如地面下部无通风等加热装置或地面隔热层下为通风架空层时，其外侧的计算温度采用夏季空气调节日平均温度。

（3）冷间设计温度

一般根据建库单位提出的食品冷藏工艺需要的温、湿度要求，确定各冷间的温、湿度。

（4）进货温度

计算货物热流量时，需要确定进货温度。一般按下列规定计算。

① 未经冷却的鲜肉温度按 35 ℃计算，经冷却的按 4 ℃计算。

② 从外库调入的冻肉为 -10～-8 ℃；非外库调入的，按该冷库冻结间终止温度时货物温度（肉体中心温度按 -15 ℃）计算。

③ 新鲜鱼、虾按整理鱼、虾用水的水温计算；冰鲜鱼、虾整理后的温度按 15 ℃计算。

④ 鲜蛋、水果、蔬菜按当地食品进入冷间生产旺月的月平均温度计算。

2. 冷间热流量计算

冷间热流量的计算从五个方面考虑：①由于库内外温差及受太阳辐射的作用，通过库房的墙体、楼地板、地面、屋顶传入的热量。②食品在冷藏和加工过程中引起的热流量，以及水果、蔬菜在贮藏过程中代谢释放的热量。③通风换气时，室外空气的侵入所引起的热流量。④冷库内的电动机运行产生的热量。⑤库门开启换热、库内的照明以及操作管理人员产生的热量。

（1）围护结构热流量

围护结构热流量按下式计算：

$$Q_1 = K_w A_w \alpha(\theta_w - \theta_n) \tag{5-4}$$

式中 Q_1——围护结构热流量，W；

K_w——围护结构的传热系数，W/（m^2·K）；

A_w——围护结构的传热面积，m^2；

α——围护结构两侧温差修正系数，可按表 5-6 取值；

θ_w——围护结构外侧的计算温度，℃；

θ_n——围护结构内侧的计算温度，℃。

表 5-6 围护结构两侧温差修正系数表

序号	围护结构部位	α
1	$D>4$ 的外墙： 冻结间、冻结物冷藏间 冷却间、冷却物冷藏间、冰库	 1.05 1.10
2	$D>4$ 相邻有常温房间的外墙： 冻结间、冻结物冷藏间、冷却间、冷却物冷藏间、冰库	 1.00
3	$D>4$ 的冷间顶棚，其上为通风阁楼，屋面有隔热层或通风层： 冻结间、冻结物冷藏间 冷却间、冷却物冷藏间、冰库	 1.15 1.20

续表 5－6

序号	围护结构部位	α
4	$D>4$ 的冷间顶棚，其上为不通风阁楼，屋面有隔热层或通风层： 冻结间、冻结物冷藏间 冷却间、冷却物冷藏间、冰库	 1.20 1.30
5	$D>4$ 的无阁楼屋面，屋面有通风层： 冻结间、冻结物冷藏间 冷却间、冷却物冷藏间、冰库	 1.20 1.30
6	$D\leqslant 4$ 的外墙：冻结物冷藏间	1.30
7	$D\leqslant 4$ 的无阁楼屋面：冻结物冷藏间	1.60
8	半地下室外墙外侧为土壤时	0.20
9	冷间地面下部无通风等加热设备时	0.20
10	冷间地面隔热层下有通风等加热设备时	0.60
11	冷间地面隔热层下为通风架空层时	0.70
12	两侧均为冷间时	1.00

注：1. D 为围护结构热惰性指标。2. 序号 9～12 两侧温度的取值应符合前述的邻室计算温度数值。3. 负温穿堂可按冻结物冷藏间选用。4. 表内未列出的其他室温等于或高于 0 ℃的冷间可参照各项中冷却间的 α 值选取。

围护结构的传热面积 A_w 计算应符合下列规定。

① 屋面、地面和外墙的长、宽度应自外墙外表面至外墙外表面或外墙外表面至内墙中或内墙中至内墙中计算（如图 5－7 中的 l_1、l_2、l_3、l_4）。

② 楼板和内墙长、宽度应自外墙内表面至外墙内表面，或外墙内表面至内墙中，或内墙中至内墙中计算（如图 5－7 中的 l_5、l_6、l_7、l_8）。

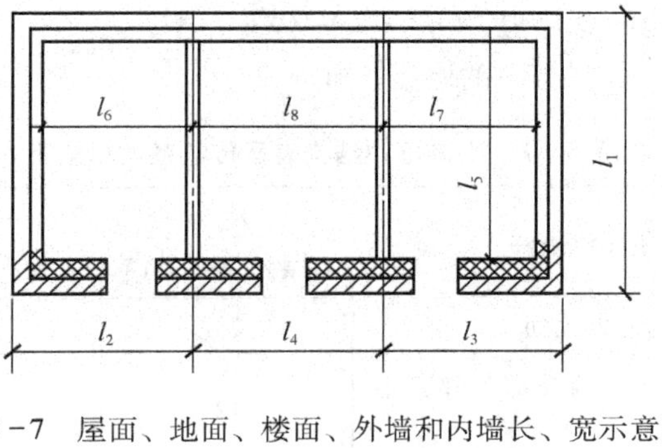

图 5－7　屋面、地面、楼面、外墙和内墙长、宽示意图

③ 外墙的高度：地下室或底层，应自地坪的隔热层下表面至上层楼面计算（如图 5－8 中的 h_1、h_2、h_3）；中间层应自该层楼面至上层楼面计算（如图 5－8 中的 h_4、

h_5)；顶层应自该层楼面至顶部隔热层上表面计算（如图5－8中的h_6、h_7）。

④ 内墙的高度：地下室、底层和中间层，应自该层地面、楼面至上层楼面计算（如图5－8中的h_8、h_9）；顶层应自该层楼面至顶部隔热层下表面计算（如图5－8中的h_{10}、h_{11}）。

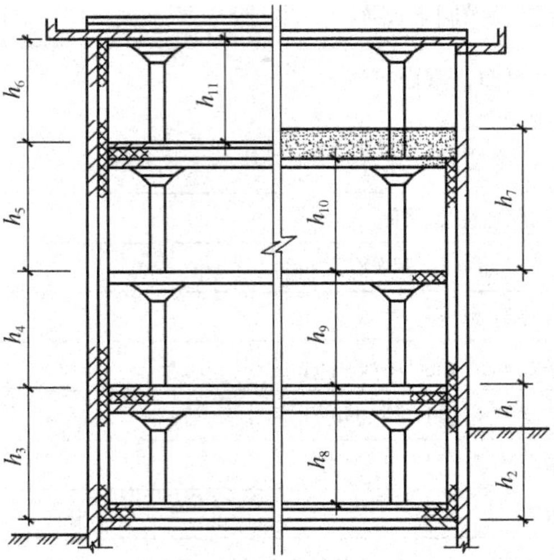

图5－8 外墙和内墙高度的示意图

在进行制冷负荷计算时，由于围护结构已经确定，传热系数按下式计算

$$K_w = \frac{1}{R} = \frac{1}{\dfrac{1}{\alpha_w} + \sum \dfrac{\delta_i}{\lambda_i} + \dfrac{1}{\alpha_n}} \tag{5-5}$$

式中 α_n、α_w——围护结构的内、外表面的放热系数，W/($m^2 \cdot K$)；

λ_i——围护结构各层材料的导热系数，W/($m \cdot K$)；

R——围护结构的总热阻，($m^2 \cdot K$)/W；

δ_i——围护结构各层材料的厚度，m。

表5－7 冷库围护结构表面传热系数和热阻

围护结构部位和环境条件	α_w /[W/($m^2 \cdot K$)]	α_n /[W/($m^2 \cdot K$)]	R_w 或 R_n /($m^2 \cdot K$/W)
无防风设施的屋面、外墙的外表面	23		0.043
顶棚上为阁楼或有房间和外墙外部紧邻其他建筑物的外表面	12		0.083

续表 5-7

围护结构部位和环境条件		α_w /[W/(m^2·K)]	α_n /[W/(m^2·K)]	R_w 或 R_n /(m^2·K/W)
外墙和顶棚的内表面、内墙和楼板的表面、地面的上表面	冻结间、冷却间设有强力鼓风装置时		29	0.034
	冷却物冷藏间设有强力鼓风装置时		18	0.056
	冻结物冷藏间设有鼓风的冷却设备时		12	0.083
	冷间无机械鼓风装置时		8	0.125
地下为通风架空层		8		0.125

注：地面下为通风加热管道和直接铺设于土壤上的地面，以及半地下室外墙埋入地下的部位，外表面传热系数均可不计。

为防止水蒸气在围护结构的表面凝结，有一个限定的 R_{min}，围护结构的总热阻 R 必须大于 R_{min}。

$$R_{min} = \frac{\theta_g - \theta_d}{\theta_g - \theta_l} b R_w \tag{5-6}$$

式中　R_{min} ——围护结构的最小总热阻，m^2·K/W；

θ_g ——围护结构高温侧的气温，℃；

θ_d ——围护结构低温侧的气温，℃；

θ_l ——围护结构高温侧空气的露点温度，℃；

b ——热阻的修正系数，围护结构热惰性指标 $D \leqslant 4$ 时，$b=1.2$；其他围护结构 $b=1.0$；

R_w ——围护结构高温侧表面的放热阻，m^2·K/W。

在实际工程中围护结构的总热阻可以参考表 5-8～表 5-12 中的 R_0 选取。在确定围护结构构造时，其总热阻必须大于或等于 R_{min} 和 R_0。

表 5-8　冷间外墙、无阁楼的屋面、有阁楼的顶棚的总热阻 R_0　　单位：m^2·K/W

室内外温差/℃	单位面积热流量/(W / m^2)				
	8	9	10	11	12
90	11.25	10.00	9.00	8.18	7.50
80	10.00	8.89	8.00	7.27	6.67
70	8.75	7.78	7.00	6.36	5.83
60	7.50	6.67	6.00	5.45	5.00
50	6.25	5.56	5.00	4.55	4.17

续表 5－8

室内外温差/℃	单位面积热流量/（W / m^2）				
	8	9	10	11	12
40	5.00	4.44	4.00	3.64	3.33
30	3.75	3.33	3.00	2.73	2.50
20	2.50	2.22	2.00	1.82	1.67

表 5－9　冷间隔墙的总热阻 R_0　　单位：$m^2 \cdot K/W$

隔墙两侧室名及设计室温	单位面积热流量/（W / m^2）	
	10	12
冻结间－23 ℃—冷却间 0 ℃	3.80	3.17
冻结间－23 ℃—冻结间－23 ℃	2.80	2.33
冻结间－23 ℃—穿堂 4 ℃	2.70	2.25
冻结间－23 ℃—穿堂－10 ℃	2.00	1.67
冻结物冷藏间－20 ℃～－18 ℃—冷却物冷藏间 0 ℃	3.30	2.75
冻结物冷藏间－20 ℃～－18 ℃—冰库－4 ℃	2.80	2.33
冻结物冷藏间－20 ℃～－18 ℃—穿堂 4 ℃	2.80	2.33
冷却物冷藏间 0 ℃—冷却物冷藏间 0 ℃	2.00	1.67

表 5－10　冷间楼面的总热阻 R_0

楼板上下冷间设计温度差 /℃	R_0 /（$m^2 \cdot K/W$）
35	4.77
23～28	4.08
15～20	3.31
8～12	2.58
5	1.89

表 5－11　直接铺设在土壤上的冷间地面总热阻 R_0

冷间设计温度 /℃	R_0 /（$m^2 \cdot K/W$）
－2～0	1.72
－10～－5	2.54
－20～－15	3.18
－28～－23	3.91
－35	4.77

表 5－12　铺设在架空层上的冷间地面总热阻 R_0

冷间设计温度 /℃	R_0 / （m^2・K/W）
－2～0	2.15
－10～－5	2.71
－20～－15	3.44
－28～－23	4.08
－35	4.77

（2）货物热流量

$$Q_2 = Q_{21} + Q_{22} + Q_{23} + Q_{24}$$
$$= \frac{1}{3.6} \times \left(\frac{m(h_1 - h_2)}{t} + mB_b \frac{C_b(\theta_1 - \theta_2)}{t} \right) + \frac{m(q_1 + q_2)}{2} + (m_z - m)q_2 \tag{5-7}$$

式中　Q_2——货物热流量，W；

Q_{21}——食品放热量，W；

Q_{22}——包装材料和运载工具热流量，W；

Q_{23}——货物冷却时的呼吸热流量，W；

Q_{24}——货物冷藏时的呼吸热流量，W；

m——冷间的每日进货量，kg。应按下列规定取值：

①冷却间或冻结间应按设计冷加工能力计算；②存放果、蔬的冷却物冷藏间按不大于该间冷藏吨位的8%计算；存放鲜蛋的冷却物冷藏间，应不大于该间冷藏吨位的5%；③有从外库调入货物的冷库，其冻结物冷藏间每间每日进货量应按该间冷藏吨位的5%计算；无外库调入货物的冷库，按该库每日冻结量计算，但不应大于库容量的5%；当冻结量较大时，可根据具体情况按比例分摊入库。

h_1——货物进入冷间初始温度时的比焓，kJ/kg；

h_2——货物在冷间内终止降温时的比焓，kJ/kg；

t——货物冷加工时间，h；对冷藏间取24h，对冷却间、冻结间取设计冷加工时间；

B_b——货物包装材料或运载工具质量系数，按表5－13取值；

C_b——包装材料或运载工具的比热容，kJ/（kg・K），参考表5－14；

θ_1——包装材料或运载工具进入冷间时的温度，℃。按下列规定取值：

①在本库进行包装的货物，其包装材料或运载工具温度的取值按夏季空气调节日平均温度乘以生产量大的月份的温度修正系数，该系数按表5－15取值；②自外库调入已包装的货物，其包装材料温度应为该货物进入

冷间时的温度，其运载工具温度按夏季空气调节日平均温度乘以生产量大的月份的温度系数计算。

θ_2 ——包装材料或运载工具在冷间内终止降温时的温度，宜为该冷间的设计温度,℃；

q_1 ——货物冷却初始温度时的呼吸热，W/kg；

q_2 ——货物冷却终止温度时的呼吸热，W/kg；

m_z ——冷却物冷藏间的冷藏质量，kg。

注：鲜水果、鲜蔬菜冷藏间仅计算 Q_{22} 和 Q_{23} 。

表 5－13　货物包装材料和运载工具质量系数

序号	食品类别	质量系数 B_b	
1	肉类 鱼类 冰蛋类	冷藏	0.1
		肉类冷却或冻结（单轨叉挡式）	0.1
		肉类冷却或冻结（双轨叉挡式）	0.3
		肉类、鱼类、冰蛋类（搁架式）	0.3
		肉类、鱼类、冰蛋类（吊笼式或架子式手推车）	0.6
2	鲜蛋类	0.25	
3	鲜水果	0.25	
4	鲜蔬菜	0.35	

表 5－14　包装材料或运载工具的比热容

材料名称	比热容/[kJ/(kg·K)]	材料名称	比热容/[kJ/(kg·K)]
木板类	2.51	布类	1.21
铁皮类	0.42	竹器类	1.51
玻璃容器类	0.84	黄油纸类	1.51
瓦楞纸类	1.47	铝皮	0.88
黄铜	0.39		

表 5－15　包装材料或运载工具进入冷间时的温度修正系数

进入冷间月份	1	2	3	4	5	6	7	8	9	10	11	12
温度修正系数	0.10	0.15	0.33	0.53	0.72	0.86	1.00	1.00	0.83	0.62	0.11	0.20

（3）通风换气热流量

$$Q_3 = Q_{31} + Q_{32} = \frac{h_w - h_n}{3.6} \times \left(\frac{nV_n \rho_n}{24} + 30n_r \rho_n\right) \tag{5-8}$$

式中　Q_3 ——通风换气热流量，W；

Q_{31} ——冷间换气热流量，W；

Q_{32} ——操作人员需要的新鲜空气热流量，W；

h_w ——室外空气的比焓，kJ/kg；

h_n ——室内空气的比焓，kJ/kg；

n ——每日换气次数，可采用 2～3 次；

V_n ——冷间内净体积，m^3；

ρ_n ——冷间内空气密度，kg/m^3；

24——每日小时数，h；

30——每个操作人员每小时需要的新鲜空气量，m^3/h；

n_r ——操作人员数量。

注：有操作人员长期停留的冷间如加工间、包装间等，应计算操作人员需要新鲜空气的热流量 Q_{32}，其余冷间可不计。

（4）电机运行热流量

$$Q_4 = 1\,000 \sum P_d \xi b \tag{5-9}$$

式中　Q_4 ——电动机运转热流量，W；

P_d ——电动机额定功率，kW；

ξ ——热转化系数，电动机在冷间内时取 1；电动机在冷间外时取 0.75；

b ——电动机运转时间系数，对冷风机配用的电动机取 1，对冷间内其他设备配用的电动机可按实用情况取值，如按每昼夜操作 8h 计，则 $b=8/24$。

（5）操作管理热流量

$$Q_5 = Q_{51} + Q_{52} + Q_{53} = q_d A_d + \frac{1}{3.6} \times \frac{n_m n_k V_n (h_w - h_n) \beta \rho_n}{24} + \frac{3}{24} n_r q_r \tag{5-10}$$

式中　Q_5 ——操作管理热流量，W；

Q_{51} ——照明热流量，W；

Q_{52} ——每扇门开门热流量，W；

Q_{53} ——操作人员热流量，W；

q_d ——每平方米地板照明热量。冷却间、冻结间、冷藏间、冰库和冷间内穿堂取 2.3 W/m^2，操作人员长时间停留的加工间、包装间等取 4.7 W/m^2；

A_d ——冷间地板面积，m^2；

n_m ——门樘数；

n_k ——每日开门换气次数；

β ——空气幕效率修正系数，取 0.5；不设空气幕时，取 1；

3/24——每日工作时间系数；

q_r ——每个操作人员每小时的产热流量，冷藏间设计温度高于或等于 −5 ℃时，取 279 W，温度低于 -5 ℃时取 395 W。

注：冷却间、冻结间不计此项热流量。

3. 冷库冷却设备负荷和机械负荷的确定

（1）冷间冷却设备负荷 Q_s

为了满足食品工艺的要求，库房冷却设备应能及时带走各种热源产生的热量。即使在各种不利因素出现时，冷却设备也能正常工作，使库温保持在工艺要求的范围内。为此，在计算冷却设备负荷时，要按各种热流量的最大值加以考虑。冷间冷却设备负荷按下式计算：

$$Q_s = Q_1 + \eta Q_2 + Q_3 + Q_4 + Q_5 \tag{5-11}$$

式中，η 为货物热流量系数。对冷却间、冻结间和货物不经冷却而进入冷却物冷藏间的货物热流量系数取 1.3，其他冷藏间取 1。

（2）机械负荷 Q_j

库房各热流量是按最不利的生产条件下计算求得的，而在实际生产中，各种最不利因素同时出现的情况是较少的。如生产旺季不一定是气温最高的季节；一台或一组压缩机承担多个库房的负荷时，各库房不一定同时使用。此外，前面计算的热流量都是以库房为基础，对库房外面的供液、回气等低温管道及设备的耗冷量均未计算在内，这部分耗冷量对冷却设备影响不大，但对压缩机却是不可忽略的一部分负荷。为此，应对 $Q_1 \sim Q_5$ 按不同情况加以修正，机械负荷应分别根据不同蒸发温度按下式计算：

$$Q_j = (n_1 \sum Q_1 + n_2 \sum Q_2 + n_3 \sum Q_3 + n_4 \sum Q_4 + n_5 \sum Q_5)\Psi \tag{5-12}$$

式中 Q_j ——机械负荷，W；

n_1 ——围护结构热流量的季节修正系数，宜取 1；

n_2 ——货物热流量折减系数，应根据冷间的性质确定。冷却物冷藏间宜取 0.3～0.6（公称体积为大值时取小值）；冻结物冷藏间宜取 0.5～0.8（公称体积为大值时取大值）；冷加工间和其他冷藏间应取 1；

n_3 ——库房同期换气系数，宜取 0.5～1.0；

n_4 和 n_5 ——冷间用的电动机同期运转系数 n_4 和冷间的同期操作系数 n_5，应按表 5-16 规定采用；

Ψ ——制冷系统中各设备与管道等冷量损耗系数，直接冷却系统 $\Psi = 1.07$，间接冷却系统 $\Psi = 1.12$。

表 5-16　冷间用的电动机同期运转系数 n_4 和冷间的同期操作系数 n_5

冷间总数	n_4 或 n_5	冷间总数	n_4 或 n_5
1	1	≥5	0.4
2～4	0.5		

注：①冷却间、冷却物冷藏间、冻结间 n_4 取 1；其他冷间按本表取值。②冷间总间数应按同一蒸发温度且用途相同的冷间间数计算。

4. 制冷负荷的估算

负荷估算法是冷库建设规划阶段或扩初阶段常用的工程计算手段，特别是制冷工程技术人员在接受咨询或洽谈业务的情况下，快捷的估算法就显得特别有用，以下摘录了商业部设计院编制的有关估算图表（见表5－17、表5－18），仅供参考。

表5－17　小型冷库单位制冷负荷

库号	冷间名称	冷间温度/℃	单位制冷冷负荷／（W/t）	
			冷却设备负荷	机械负荷
1. 肉、禽、水产品				
1	50t 以下冷藏间	－15～－18	195	160
2	50～100t 冷藏间		150	130
3	100～200t 冷藏间		120	95
4	200～300t 冷藏间		82	70
2. 水果、蔬菜				
1	100t 以下冷藏间	0～2	260	230
2	100～300t 冷藏间		230	210
3. 鲜蛋				
1	100t 以下冷藏间	0～2	140	110
2	100～300t 冷藏间		115	90

注：①表中的机械负荷，已包括管道等冷损耗补偿系数7%；②－18～－15℃冷藏间进货温度按－15～－12℃，进货量按5%计算，如果进货温度为－5℃时，需要适当增大表中的数值。

表 5－18　土建式冷库单位面积比及单位制冷负荷

制冷剂	公称吨位/t	室外计算温度/℃	冷间名称	温度/℃	公称容积/m³	容积利用系数	冷间容量/t	每 m² 冷间净面积与冷却设备表面积之比	单位制冷负荷/(W/t)		备　注
									设备负荷	机械负荷	
氟利昂 R22	20	33.8	冷藏间	－2 ＋10	121	0.49	20	1：7.40	1190 800	1000 680	气调库，一次进货，按 4 天降温
	50	29	冷藏间	0	153	0.41	16	1：1.22	370	360	每天进货量按 8%
			冷藏间	－15	240	0.44	50	1：1.0	100	100	
			冻结间	－20	62		1.6	1：10.0	7130	5800	
	270	23	冷藏间	－20	1035	0.435	270	1：1.4	80	75	冻结时间按 44h 计算，共有 3 间
			冻结间	－30	178		5.6	1：8.1	4260	3700	
			穿　堂	0				1：1.0			
氨	30	32	冷藏间	－15	183	0.44	30.2	1：1.22	150	120	
			冻结间	－18	60		1.92	1：6.9	7090	5910	
	50	32	冷藏间	0	108	0.5	17	1：0.67	250	220	共有 2 间
			冷藏间	－15	108	0.42	17	1：1.29	150	120	
			冻结间	－18	106.4		3	1：7.52	8660	6610	
	100	32	冷藏间	0	158	0.52	26.3	1：0.66	220	200	
			冷藏间	－15	476	0.42	75	1：1.27	120	110	
			冻结间	－18	154		5	1：7.8	8140	6660	
	500	32	冷藏间	－18	805	0.56	213	1：0.84	60	50	共有 2 间
			冷藏间	－18	805	0.5	100	1：0.84	60	50	
			冻结间	－23	180		3	1：8.89	7560	5820	
			冻结间	－23	185		7	1：8.64	7560	5820	

第三节　装配式冷库

装配式冷库近年来得到了较快的发展，主要由于优质廉价的耐火防腐金属板材和优良隔热性能的保温夹心板的广泛应用。这些材料应用于冷库建筑，使冷库建筑走上了工业化生产的道路。目前我国冷库的建筑已从土建为主转为大力发展装配式冷库。

一、装配式冷库的建筑结构

装配式冷库为单层库，其作用、使用条件和结构要求均与土建式冷库相似。装配式冷库的承重结构多为薄壁型钢骨架，在现场只需用螺栓连接或铆接，砖石工程仅限于地基和混凝土地面。装配式冷库具有下列建筑特点：

（1）抗震性能好。由于复合隔热板的抗弯强度高、弹性好、重量轻，所以由这种板材构成的库体重量大为减轻，对基础的压力也大大减小，使整体的抗震性能好。

（2）库体组合灵活，随意。由于整个冷库是由一块块复合隔热板拼装而成，因此，可根据不同安装场地拼装成不同外形尺寸和高度的冷库。而且可安装在楼上、地下室、船上、试验室等各种不同要求的场地。

（3）可拆装搬迁。冷库的安装、拆除、搬迁都很方便。由工厂预制的复合隔热板，可通过火车、汽车、轮船等交通工具运输。拆迁时可做到不损坏或基本不损坏，并可根据安装场地重新组合。

（4）施工方便、简捷。由工厂预制的复合隔热板，其安装只需要简易的设备和工具，一般小型冷库全部安装调试完毕只需 7 天左右的时间。

（5）可成套供应。对于确定了型号、规格的装配式冷库，其中制冷设备、电控元件等都已设计配置完整，只要有符合要求的电源和水源，便可使用。

二、装配式冷库的结构形式

装配式冷库按结构特点分为室外型和室内型。

室外型装配式冷库为独立建筑，有基础、地坪、站台、机房等辅助设施。常用钢结构框架，也有用钢筋混凝土框架，多为外承重结构。冷库的防潮隔热及降温等性能要求类同于土建式冷库。冷库容量一般为 500～1 000 t，大的可达 5 000 t，适用于商业和食品加工业。结构如图 5－9 所示。

室内装配式冷库又称活动装配冷库，设于室内，采用可拆装结构。由顶板、墙板、底板组成。采用偏心钩连接或粘结连接，无框架，有良好的隔热性、气密性。其容量一般为 5～100 t，可采用组合装配，容量可达 500 t 以上。基本结构如图 5－10 所示。

根据室内装配式冷库的库温控制范围分为 L 级、D 级和 J 级，其性能参数见表 5－19。室内装配式冷库标记示例：NZL－20（D）表示库内公称体积为 20 m^3、库温为－18～－10 ℃的 D 级冷库。

室内装配式冷库适合宾馆、饭店、菜场及商业食品流通领域使用，具有结构简单、安装方便、施工期短、轻质高强度及造型美观等特点。

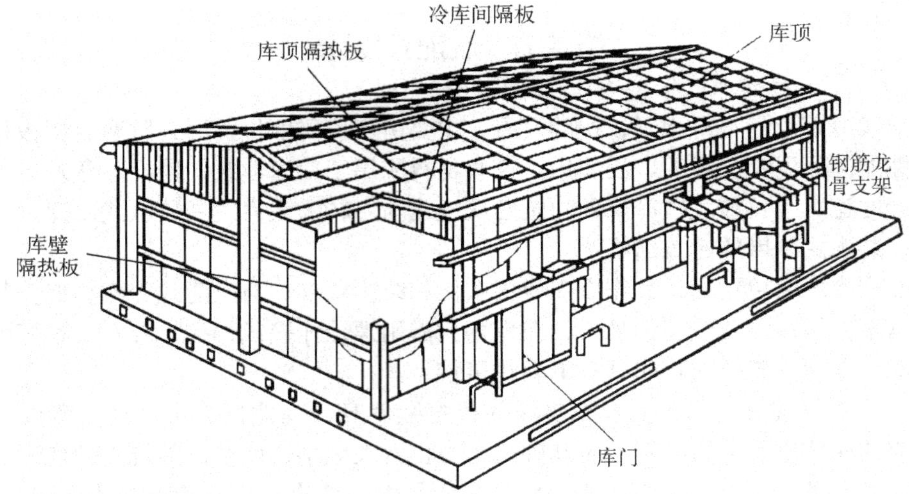

图 5－9　室外装配式冷库的结构示意图

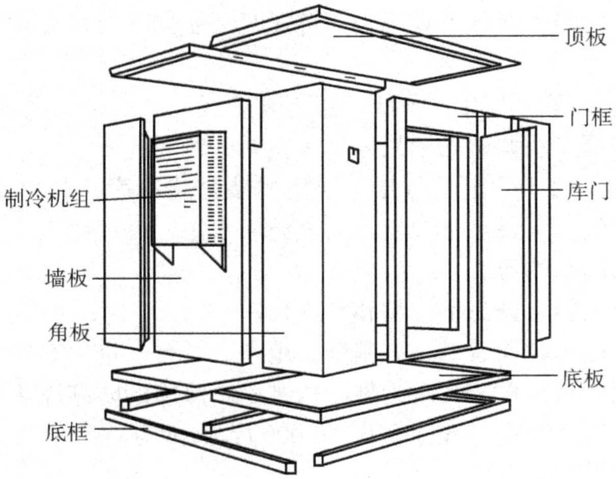

图 5－10　室内装配式冷库的结构示意图

表 5－19　室内装配式冷库主要性能参数

库级	L 级	D 级	J 级
库温范围/℃	－5～5	－18～－10	－23～－20
公称比容积/（kg/m^3）	160～250	160～200	25～35
进货温度/℃	≤32	热货≤32，冻货≤－10	≤32

续表 5－19

库级	L 级	D 级	J 级
冻结时间/h	18～24		
库外环境温度/℃	≤32		
隔热材料的导热系数/［W/（m^2·K)］	≤0.028		
制冷剂	R22		
电源	三相交流，380 V，50 Hz		

三、预制复合隔热板

1. 预制复合隔热板的构造和性能

装配式冷库的隔热板为预制复合隔热板（简称预制板），由内面板、外面板和硬质聚氨酯或聚苯乙烯泡沫塑料等隔热芯材组成，表 5－20 为隔热芯材性能指标。

表 5－20　预制板隔热芯材性能指标

密度/(kg/m^3)	导热系数/[W/（m·K)]	抗压强度/(N/cm^2)	抗弯强度/(N/cm^2)	抗拉强度/(N/cm^2)	吸水性/($g/100cm^2$)	自熄性/s
40～55	≤0.029	≥20.0	≥24.5	≥24.5	≤3	≤7

预制板的内、外面板应有足够的机械强度和耐腐蚀性。材料多采用镀锌钢板和涂塑钢板，亦有采用聚酯塑料板、玻璃钢板、铝合金板和不锈钢板。表 5－21 为彩色镀锌钢板硬质聚氨酯泡沫夹芯板的性能测试数据。冷库以预制板作墙体，其内、外面板既起到机械保护作用，也起到防潮的作用，因此不必另设防潮层。

表 5－21　预制复合隔热板性能数据

密度/(kg/m^3)	导热系数/[W/（m·K)]	抗压强度/kPa	抗弯强度/kPa	抗拉强度/kPa	粘结强度/kPa	吸水性/($g/100cm^2$)
45	0.020	210	510	290	210	0.65

2. 预制复合隔热板的规格和形式

（1）预制板的规格

厚度：40，50，80，100，120，160，（150），200，250 mm；

宽度：0.4，0.8，1.0，（0.98），1.05，1.2 m；

长度：1.98，2.00，2.40，3.00，6.00，8.00，12.00 m。

（2）预制板的形式

有平板（墙板）、转角板、顶底板和瓦楞形顶板等。

四、制冷负荷计算

1. 设计条件

对于室内型装配式冷库，设计条件选用如下：

（1）冷库外的环境温度为32 ℃，相对湿度为80%；

（2）冷库内设计温度按表5－19取值；

（3）食品进货温度：①L级冷藏库：30 ℃；②D、J级冷藏库：15 ℃；

（4）冷藏库的堆货有效体积是库内公称体积的60%，贮藏果蔬时再乘以0.8的修正系数；

（5）每天的货物进库量为冷库容量的8%～10%；

（6）制冷压缩机工作时间系数为50%～75%。

对于室外型装配式冷库，有效体积的计算与室内型相同，其他设计条件与土建式冷库相同。

2. 冷负荷计算

（1）冷却设备的负荷计算

装配式冷库冷却设备负荷的计算原理与土建式冷库基本相同，其计算公式为：

$$Q_s = \frac{1}{3}Q_1 + PQ_2 + Q_3 + Q_4 + Q_5 \qquad (5-13)$$

式中 Q_s——冷间冷却设备负荷，W；

Q_1——围护结构热流量，W；

Q_2——货物热流量，W；

Q_3——通风换气热流量，W；

Q_4——电动机运转热流量，W；

Q_5——操作管理热流量，W；

P——货物热流量系数，冷却间和冻结间取1.3，其他冷间取1。

对于室内型装配式冷库，食品为短期贮藏，通风换气热量可以略去。冷却设备负荷按下式计算：

$$Q_s = \frac{1}{3}Q_1 + Q_2 + Q_4 + Q_5 \qquad (5-14)$$

室内型冷库可以不考虑太阳辐射热，因此 Q_1 可按下式计算：

$$Q_1 = K_w A_w (32 - \theta_n) \qquad (5-15)$$

式中 K_w——围护结构的传热系数，W/（$m^2 \cdot K$）；

A_w——围护结构的传热面积，m^2；

θ_n——围护结构内侧的计算温度，℃。

对于室外型装配式冷库，Q_1 按下式计算：

$$Q_1 = K_w A_w \alpha (\theta_w - \theta_n) \qquad (5-16)$$

式中 α——围护结构两侧温差修正系数，对于围护结构的外侧加设通风空气层，外

墙 α =1.3，屋顶 α =1.6；对于外侧不加设通风空气层，外墙 α =1.53，屋顶 α =1.87；

θ_n、θ_w——围护结构内、外侧的计算温度，℃。

（2）机械负荷计算

对于室内型装配式冷库，由于进出货频繁，进货温度较高，导致了冷负荷变化较大，在负荷计算中对各项热量可不进行折减或修正，并把制冷装置和管道等冷损耗补偿系数取为1.1。机械负荷可按下式计算：

$$Q_j = 1.1 \times (\frac{1}{3}Q_1 + Q_2 + Q_4 + Q_5) \tag{5-17}$$

五、制冷负荷估算

装配式冷库的制冷负荷也可按表5－22和表5－23进行估算。

表5－22　小型装配式冷库制冷负荷　　单位：W

公称体积/m³	公称吨位/t	2℃冷藏		－12℃冷藏，每天进货量/(kg/d)					－18℃冷藏，每天进货量/(kg/d)				
		一般操作	频繁操作	0	136	340	680	1 360	0	136	340	680	1 360
3.6	0.7	675	820	791				1 407	908	1554			
6.3	1.3	997	1 201	1 084	1 700				1 230	1 876			
10.2	2.0	1 319	1 641	1 407	2 022	2 960			1 524	2 169	3 135		
12.2	2.4	1 495	1 876	1 524	2 140	3 077	4 631		1 699	2 345	3 312	4 924	
15.0	3.0	1 700	2 140	1 699	2 316	3 253	4 807		1 876	2 520	3 488	5 100	
17.4	3.5	1 905	2 374	1 847	2 462	3 399	4 953		2 052	2 696	3 663	5 275	
20.6	4.1	2 140	2 667	2 023	2 638	3 575	5 129		2 227	2 873	3 839	5 451	
23.5	4.7	2 374	2 931	2 170	2 784	3 722	5 275		2 403	3 048	4 015	5 627	
30.6	6.1	2 842	3 517	2 491		4 045	5 598	8 704	2 784		4 396	6 008	9 232
37.4	7.5	3 253	4 074	2 784		4 338	5 891	8 997	3 166		4 778	6 390	9 613
42.3	8.5	3 546	4 454		3 019	4 572	6 126	9 232	3 370		4 983	6 594	9 818
47.3	9.5	3 839	4 807	3 195		4 747	6 301	9 408	3 575		5 187	6 779	10 023
50.0	10.0	3 957	4 953	3 312		4 865	6 419	9 525	3 693		5 304	6 916	10 140
55.9	11.1	4 250	5 335	3 517		5 071	6 623	9 730	3 957		5 568	7 180	10 404
57.7	11.5	4 308	5 451	3 575			6 683	9 789	4 044			7 269	10 493
65.4	13.1	4 631	5 832	3 810			6 916	10 023	4 308			7 532	10 755
72.1	14.4	5 011	6 301	4 103			7 210	10 316	4 572			7 796	11 019
81.7	16.3	5 334	6 741	4 367			7 473	10 580	4 865			8 087	11 313

注：①表中室外计算温度按32℃，冷间温度2℃时，每天开机16h；－12℃及－18℃时，每天开机18h。

②表中推荐值只适用于有保温层的地坪，进货温度按4℃计算。

表 5－23　装配式冷库单位面积比及单位制冷负荷

制冷剂	公称吨位/t	室外计算温度/℃	冷间名称	温度/℃	公称体积/m^3	体积利用系数	冷间容量/t	每 m^2 冷间净面积与冷却设备表面积之比	单位制冷负荷/（W/t）		备　注
									设备负荷	机械负荷	
氨	4	28	冷藏间 冻结间	－18 －23	17 53	0.5	4 4	1：2.46 1：13.95	350 7940	290 6110	采用小车盘装冻虾，设地轨
	50	29	冷藏间	－18	217.6	0.49	50	1：1.56	195	160	每天进货量按10%
	100	30	冷藏间 平板冻结间	－18	472.2	0.7	100 15	1：1.9	110 29080	90 29080	每台4h冻1t，共3台
	200	28	冷藏间 平板冻结间	－20	450	0.45	95 21	1：1.06	115 20350	90 20350	共2间 每台7h冻2.1t，共5台
	500	30	冷藏间	0～12	1281	0.55	162	1：1.5	215	185	每天进货量按8%，共有3间
	200	30	冷藏间 冷藏间	0 －18	1170 1206	0.705 0.653	215 315	1：1.76 1：1.71	160 100	100 70	每天进货量按5%，共有2间 每天进货量按10%，共有6间
	2300	28	冷藏间	－20	2960	0.53	589	1：1.68	75	50	每天进货量按3%，共有4间

第四节　气调库

一、气调储藏

气调贮藏（Controlled atmo－sphere storage，简称为 C. A. 贮藏）是英国科学家凯得（F. Kidd）和韦斯特（C. West）早在 1918 年首先提出的一种水果蔬菜保鲜贮藏方法。它是同时利用低温和调节气体介质成分对果蔬生理活动的抑制作用，与普通冷藏相比，可以更好地保持果蔬的鲜度与商品价值，延长贮藏期。目前，国外气调贮藏极为普及，气调库在水果库中已占到 30%，美国高达 75%，法国约占 40%，英国约占 30%。我国气调贮藏技术起步较晚，目前的贮藏水平还很低，如水果的气调贮藏量还不足 5%。随着我国国民经济的发展和人们对果蔬保鲜要求的提高，果蔬气调贮藏和气调库在我国将得到大力的推广应用。

果蔬在采摘后仍然具有生命活动，是生命的有机体。所以果蔬的储藏首先需要保持果蔬的生命，维持及延缓果蔬的生命活动是提高果蔬的耐储存性、抗病性，延长贮藏期的重要手段。故了解果蔬采摘后的生理变化及影响因素是气调贮藏的基础。

二、果蔬采摘后的生理变化及影响因素

1. 呼吸作用

果蔬采摘后，同化作用基本停止，呼吸作用成为新陈代谢的主导方面。呼吸作用直接、间接地联系着各种生理、生化过程，因此，也影响着果蔬的储存性、抗病性的发展变化。呼吸作用越旺盛，各种过程和变化越快，生命终止也越早。所以抑制果蔬在贮藏期和运输期的呼吸作用和代谢强度是延长贮藏期的重要手段之一。

果蔬的呼吸作用在不同的氧气供应量下分为有氧呼吸与缺氧呼吸两种类型。

1）有氧呼吸

有氧呼吸是果蔬等植物从空气中吸收氧气，在体内进行有生命活动的生化反应，呼吸的最终产物是二氧化碳和水，并放出热量。有氧呼吸是果蔬的主要呼吸形式，以葡萄糖为基质时，可用下列反应式表示：

$$C_6H_{12}O_6 + 6O_2 \rightarrow 6CO_2 + 6H_2O + 2\,822\ \text{kJ}$$

2）缺氧呼吸

缺氧呼吸是果蔬在缺氧条件下的异常呼吸形式。缺氧呼吸基质不彻底氧化，而产生各种分解的中间产物，如酒精、乙醛、乳酸等，以葡萄糖为基质时，可用下列反应式表示：

$$C_6H_{12}O_6 \rightarrow 2CO_2 + 2C_2H_5OH + 117\ \text{kJ}$$

以葡萄糖为基质时，可以看出有氧呼吸所产生的能量是缺氧呼吸的 24 倍，所以如果需要维持相同的能量而保证生命活动，缺氧呼吸所消耗的葡萄糖为有氧呼吸的 24 倍。另外，缺氧呼吸所产生的酒精、乙醛、乳酸等物质在果蔬中过多地积累，对果蔬的细胞组织起毒害作用，加速了果蔬的变质。因此，除个别利用缺氧呼吸改进果蔬质量的案例

外（如将柿子中的可溶性单宁与乙醇作用转变成不可溶性单宁以去除涩味），储藏过程中要防止果蔬缺氧呼吸。

3）环境因素对果蔬呼吸作用的影响

（1）温度因素

呼吸强度也称为呼吸速度，呼吸速度的快慢表示呼吸作用的强弱。温度对果蔬的呼吸强度有很大影响。温度高时，呼吸强度大；温度低时，呼吸强度小。食品温度每增加10℃，其化学变化或化学反应速度上升的倍数称为温度系数，用 q_{10} 表示。表5－24与表5－25给出了部分水果与蔬菜的温度系数。

表5－24　部分水果呼吸速度的温度系数

种类	温度范围/℃				
	0～10	11～21	16.6～26.6	22.2～32.2	33.3～43.3
葡萄	3.35	2	1.45	1.65	2.5
橘子	3.3	1.8	1.55	1.6	
柠檬	3.95	1.7	1.95	2	
桃子	4.1	3.15	2.25		
草莓	3.45	2.1	2.2		

表5－25　部分蔬菜呼吸速度的温度系数

种类	温度范围/℃	
	0.5～10	10～24
马铃薯	2.1	2.2
黄瓜	4.2	1.9
番茄	2	2.3
莴苣	1.6	2.8
胡萝卜	3.3	1.9
菜椒	2.8	2.3
菠菜	3.2	2.6
豆角	5.1	2.5
豌豆	3.9	2
芦笋	3.7	2.5

从上表可以看出在常用的储存温度范围内，随着温度的降低，呼吸系数 q_{10} 增大，化学反应速度明显减慢，呼吸速度减弱，对果蔬的储藏有利。

（2）相对湿度对呼吸的影响

由于采摘后的果蔬中有较高的水分，如果贮藏环境的相对湿度较低，果蔬内的水解酶的活性会由于果蔬的失水现象而得到增强。果蔬内部的营养物水解为糖的反应加强，使得呼吸的基质更充分，从而加强了呼吸作用，导致缩短了贮藏期。不过对于不同的品种，较大的相对湿度可能会增加呼吸速度。以洋葱为例，贮藏在相对湿度为 40%～50% 的环境下呼吸速度较低，减少了由于发芽所带来的损失。同样原理，柑橘在相对湿度较高的环境下贮藏也会发生由于呼吸作用增强而导致浮皮果的增加。所以，对于不同种类的蔬果应采用不同的相对湿度。

（3）气体成分对呼吸的影响

空气中的主要成分有氧气、氮气和少量的二氧化碳。如果降低氧气的浓度或者增加二氧化碳的浓度，呼吸强度将减弱。但是如果氧气降低到某个数值限后呼吸作用的性质会发生改变，以有氧呼吸为主的呼吸方式改变为无氧呼吸为主的方式，图 5－11 中给出了这种变化。对于大多数水果而言，呼吸发生质变的氧浓度转折点在 1%～5% 之间。故提高二氧化碳的浓度不但能降低呼吸强度，还能推迟呼吸跃变的启动和呼吸高峰的出现，而且二氧化碳还能延缓内源乙烯的合成，延缓叶绿素的分解，保持水果原有的鲜嫩感。二氧化碳的浓度也不是越高越有利，过高的二氧化碳浓度及过低的氧气浓度会导致果蔬的生理障碍。对于不同的果蔬采用合适的二氧化碳和氧气浓度能取得较理想的贮藏效果。

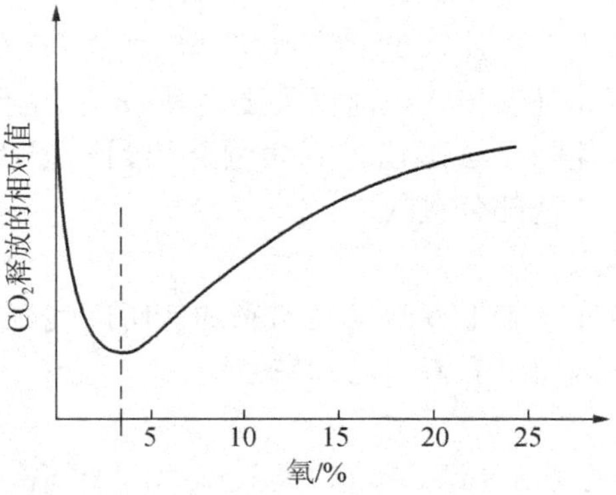

图 5－11　植物组织在氧浓度变化时释放 CO_2 示意图

4）乙烯对果蔬具有强烈的催熟作用

果蔬在成熟和后熟过程中自身会产生并释放出乙烯，属于植物类激素。因此，在果蔬的贮藏中抑制乙烯的产生及消除库内乙烯的积累能明显延长果蔬的贮藏期。

2. 蒸发作用

由于新鲜的果蔬体内含有 65%～95% 的水分，所以具有坚挺脆嫩、富有弹性和光泽的特点。但是水果内部的空气相对湿度可以近似地被认为是饱和的，而贮藏环境中的相对湿度不可能总是饱和的。由于水蒸气分压差的存在，导致了水果内部的水分不断向环境扩散，其扩散强度及速度可以被认为与水蒸气分压成正比。当失水量达到果蔬总量的5%以上时，果蔬的生理活动及储藏性能受严重影响。

三、气调方法

气调贮藏的本质就是在保持适宜的温、湿度下，适时提供合适的氧含量和二氧化碳浓度的贮藏环境，并清除环境气调中的乙烯。在实际操作中主要有下列几种方法。

1. 自然降氧

在密闭环境中，由于果蔬的呼吸作用，氧气的比例慢慢减少而二氧化碳所占的比例逐渐上升。不需要任何辅助的装置，自然降氧的也无需消耗动力，但是对气调间的维护结构的气密性能的要求也特别严格。如果氧气的泄露速度大于或等于果蔬消耗氧气的速度，气调间内的氧气浓度就很难降下来。另外，自然降氧的速度很慢，一般需要2～3周或者更长的时间。此外，对二氧化碳浓度的增加也缺乏有效的控制。

2. 人工快速降氧

人工快速降氧，可分为开式循环和闭式循环两种。开式循环降氧系统是利用制氮机制取浓度为95%～99%的氮气送入气调间置换内部气体达到降氧的目的。而闭式循环降氧系统则是从气调间内抽取气体，送入制氮机内进行氧、氮分离，经分离出来的富氮重新送回气调间，氧气排放到外界。由于人工快速气调要求快速降温和快速降氧，因此需要耗用较大的制冷量和配备高效的降氧设备才能达到，贮藏成本也较高。

3. 混合降氧法

经过实践证明，采用人工快速降氧法降低气调间内的氧气浓度在开始时效率较高，但是把较低氧浓度的气调间进一步降低时就需要耗费较大的能量。为提高效率、降低成本，在开始时使用人工快速降氧法迅速将氧含量降低到比合适浓度高2%～3%，再利用果蔬本身的呼吸作用消耗这部分氧气。

四、气调库的结构特点

气调库是在传统的冷库基础上逐步发展出来的，所以气调库既有与普通冷库相似之处，但由于有功能的区别因而又有着自己的特点。

1. 严格的气密性

普通冷库对气密性几乎没有特殊要求，而气调库对于气密性来说至关重要。由于气调库内的气调成分与环境大气有所不同，为创造和长时间维持库内各气体的浓度，减少设备动力损耗，严格的气密性是首要的条件。气调库施工质量验收的一个重要方面是气密性试验。目前广泛应用的是压力测试法，采用正压测试法，统计“半降压时间”，是国外常用的气密性试验标准和结果的表示方式。所谓半降压时间，是指从计时起，试验压力下降到起始压力的一半时所需要的时间。世界各国现有的气密标准中，最高的要求是：气压为294 Pa（30 mmH_2O），半压降时间等于或超过30 min为合格，否则为不合格。此标准只有意大利等少数国家的部分厂商采用。国内的厂家一般采用试验压力10 mm水柱，半降压时间不少于1min。为保证气调库的气密性，每个气调间需设置气密门。气密门设有压紧装置，将门扣在门框上，门边上设有密封条保证门缝处不漏气。一般在气密门的下半部设置透明的活动窗，目的在于观察库内状况和取样进行质检（人员进出需带氧气面罩）。

2. 气调库的结构安全

在气调库的建筑设计中还必须考虑气调库的安全性。这是由于气调库是一种密闭式冷库，当库内温度升降时，其气体压力也随之变化，会使库内外形成气压差。当库外温度高于库内温度 1 ℃时，外界大气将对维护库板产生 40 Pa 压力，温差越大，压力差越大。此外，在气调设备运行、加湿及气调库气密性试验过程中，都会在维护结构的两侧形成气压差。若不将压力差及时消除或控制在一定范围内，将危害维护结构安全。为此，必须在气调库上安装调压袋和安全阀，以使压力差限制在安全范围内。

气压平衡袋又称为调压袋，体积为库房容积的 0.5%～1.0%，采用不透气的质地柔软的材料制成，放置于库外且与库内连通，当库内为正压力时，库内气体进入袋内；当库内为负压时，袋内气体进入库内。在一些国家如荷兰，通过给贮藏室定期充氮气，使调压袋一直处于半膨胀状态，保持恒定的正压，有助于减少大气渗漏到贮藏室中。

当库内外压力差过大，调压袋不能满足要求时，为防止库体结构发生破坏，每间库房还应安装一个气压平衡安全阀。安全阀是利用水封原理制成的，其原理如图 5－12 所示。在气调库中，水封柱高一般为 25 mm H_2O 较为合理。

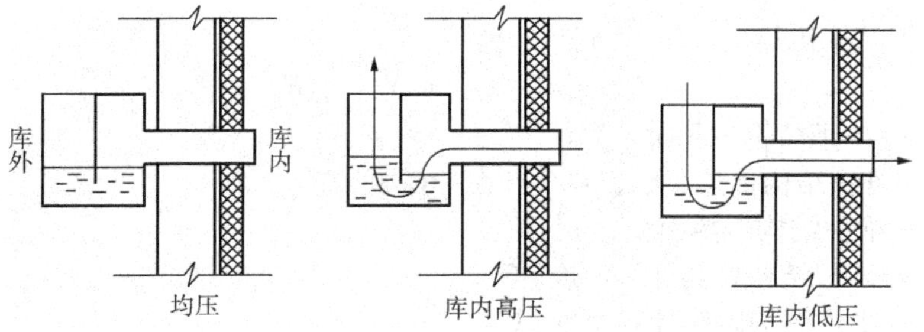

图 5－12　安全阀原理图

3. 气调库一般应建成单层建筑

一般果蔬冷库根据实际情况，可以建成单层或多层建筑物，但对气调库来说，几乎都是建成单层地面建筑物。这是因为果蔬在库内运输、堆码和贮藏时，地面要承受很大的荷载，如果采用多层建筑，一方面气密处理比较复杂，另一方面在气调库使用过程中容易造成气密层破坏。较大的气调库的建筑高度一般在 7 m 左右。

4. 设置技术走廊

为了方便管理人员进行观察检查、设备维护和系统操作，气调库一般在穿堂上方设置技术走廊。观察窗、安全阀均设置在技术走廊两边的墙板上，各种工艺管道、阀门、电器线管等一般安装在技术走廊上。分散式安装制冷和气调设备的气调库的制冷设备与气调设备也安装在技术走廊上。所以，对于气调库来讲，技术走廊的设置可以简化管路系统，节省初投资和维护成本。

5. 设置包装挑选间

由于气调库的贮藏成本较高，入库的大量果蔬需要首先进行挑选，分级整理、装箱再入库；另外，气调库需要快速进出，会造成进出量与装车搬运之间需要较大的缓冲场地。为提高效率，降低成本，包装挑选间必不可少。

五、气调库的冷负荷计算

为了确定气调库制冷设备的制冷能力和选配库内的冷风机等制冷设备，必须对气调库的冷负荷进行确定。气调库冷负荷的计算方法与普通果蔬冷库的计算基本相同，但是也有其特点。

在一般情况下，气调库内的冷却设备负荷计算公式如下：

$$Q = Q_1 + Q_2 + Q_3 + Q_4 + Q_5 + Q_6 \tag{5-18}$$

式中 Q——库内冷却设备负荷，W；

Q_1——维护结构热负荷，W；

Q_2——果蔬冷却和呼吸形成的热负荷，W；

Q_3——库内外气体交换形成的热负荷，W；

Q_4——操作管理形成的热负荷，W；

Q_5——库内加湿形成的热负荷，W；

Q_6——气调设备形成的热负荷，W。

（1）维护结构传热量可按下列公式计算：

$$Q_1 = kF(\theta_w - \theta_n) = q_A F \tag{5-19}$$

式中 Q_1——维护结构传热量，W；

k——维护结构传热系数，W/（m^2·℃）；

F——维护结构传热面积，m^2；

θ_w——维护结构外侧计算温度，℃；

θ_n——维护结构内侧计算温度，℃；

q_A——单位面积传热量，W/m^2。

传热系数及单位面积传热量可按表5－26选取。

表5－26 传热系数及单位面积传热量

冷间温度/℃		－5～5
装配式冷库	传热系数/[W/(m^2·℃)]	0.4
	单位面积传热量/(W/m^2)	≤12.8
土建冷库	传热系数/[W/(m^2·℃)]	0.33
	单位面积传热量/(W/m^2)	≤10.5

（2）果蔬冷却和呼吸形成的热负荷 Q_2 可按下列公式计算：

$$Q_2 = Q_{2a} + Q_{2b} + Q_{2c} \tag{5-20}$$

式中　Q_2——果蔬冷却和呼吸形成的热负荷，W；

Q_{2a}——果蔬冷却形成的热负荷，W；

Q_{2b}——果蔬包装材料冷却形成的热负荷，W；

Q_{2c}——果蔬呼吸形成的热负荷，W。

其中：

$$Q_{2a} = Mc(\theta_c - \theta_n)/t \tag{5-21}$$

式中　M——气调库果蔬一次入库量，kg；

c——果蔬比热，J/（kg·℃）；

θ_c——果蔬初温，℃；

θ_n——果蔬终温，℃；

t——果蔬冷却时间，s。

$$Q_{2b} = M_b c_b(\theta_c - \theta_n)/t \tag{5-22}$$

式中　M_b——每次入库包装材料量，kg；

c_b——包装材料比热容，J/（kg·℃），可从表5-14中查出；

θ_c——包装材料初温，℃；

θ_n——包装材料终温，℃；

t——果蔬冷却时间，s。

$$Q_{2c} = M(q_1 - q_2)/2 \tag{5-23}$$

式中　M——每批果蔬一次入库量，kg；

q_1——果蔬处于初温时的呼吸热，W/kg；

q_2——果蔬处于终温时的呼吸热，W/kg。

由于气调库进行了气密性处理，气体交换产生的换热量很少，可以忽略不计，即 $Q_3 = 0$。

（4）气调库操作管理形成的热负荷 Q_4

气调库操作管理形成的热负荷一般由四部分组成：

$$Q_4 = Q_{41} + Q_{42} + Q_{43} + Q_{44} \tag{5-24}$$

式中　Q_{41}——库内操作人员形成的热负荷，W；

Q_{42}——开库门形成的热负荷，W；

Q_{43}——库内照明形成的热负荷，W；

Q_{44}——冷却设备的通风机形成的热负荷，W。

考虑到气调库很少进人和开灯，进出货物开门的时间很短，前三项可以忽略不计，则上式可以改写为：

$$Q_4 = Q_{44} = 1\,000Nn/\eta \tag{5-25}$$

式中　N——所配冷风机电机的轴功率，W；

n——冷风机的台数；

η——冷风机电机的效率。

一般情况下当电动机功率介乎于0.75～7.5 kW 时，η 按0.8～0.88 选取。

（5）库内加湿形成的热负荷 Q_5

$$Q_5 = Wi \tag{5-26}$$

式中　W——库内加湿时单位时间内加入库内的水蒸气量，kg/s；

i——水蒸气的焓值，J/kg。

一般情况下，采用细小喷雾的水进行加湿时，水的焓值很小，可以认为喷雾加湿不会增加库内热负荷，即 $Q_5 = 0$ 。

（6）气调设备形成的热负荷 Q_6

$$Q_6 = G_q c_q(\theta_c - \theta_n) \tag{5-27}$$

式中　G_q——气调设备产气量，kg/s；

c_q——气体的比热，J/（kg·℃）；

θ_c——气体在气调库进口处的温度，℃；

θ_n——库内温度，℃。

当 $\theta_c - \theta_n$ 大于15 ℃ 时，为避免增大库内温度波动，应将气体进行冷却再送入库内。

六、气调库常用设备

气调库常用的气调设备主要包括制氮设备、二氧化碳洗涤设备、乙烯脱除设备。

1. 制氮设备

气调库中的制氮设备使用最频繁，所以显得更为重要。依据制氮设备的工作原理，可以将其分为三种类型，即燃烧降氧制氮、吸附分离式制氮和膜分离制氮。

燃烧制氮法利用燃料燃烧耗氧的原理去除库内气体中的氧气，再利用去除二氧化碳设备将燃烧产生的二氧化碳气体去除。因燃烧时温度高，燃料费用高，同时产生二次污染，故该法目前较少采用。

吸附分离式制氮利用分子筛选择性吸附的特性，当压缩空气通过吸附器时，分子筛吸附空气中的氧而将氧、氮分离。当分子筛吸附饱和后，需要进行脱附，将氧从吸附剂中驱逐出去才能继续进行制氮。一般的吸附分离式制氮机运用加压吸附、减压解吸的原理将氮和氧分离。为保证连续制氮，吸附分离式制氮机一般需要两个或多个吸附器切换使用。

膜分离制氮的工作原理是先将空气经压缩机压缩过滤后进入高分子膜过滤器，由于各种气体在膜中的相对渗透速率不同，根据这一特性，可将各种气体分为“快气”和“慢气”，当混合气体在膜两侧压力差的作用下，渗透速率相对快的气体，如氢气、氦气、硫化氢、二氧化碳等透过膜后，在膜的渗透侧富集，而渗透速率相对较慢的气体，如甲烷、氮气、一氧化碳和氩气等气体则滞留在膜的另一侧被富集，从而达到分离混合气体的目的。如果将分离膜做成中空的纤维管束，将空气送入管内，渗透能力强的氧气很快透过管壁聚集在管外，而渗透能力弱的氮气在管内继续流动从而将氧、氮分离。这种制氮设备称为中空纤维膜制氮机。

中空纤维膜制氮机价格较高，配套设备投资较高，单位产气能耗较高。碳分子筛制氮机更换吸附剂比更换膜组件便宜，兼有脱除乙烯功能等优点，而工艺流程相对复杂、占地面积较大、噪声也较大，运转稳定性不及中空纤维膜制氮机。

2. 二氧化碳洗涤设备

在气调贮藏过程中，因果蔬呼吸而放出 CO_2，将使库内 CO_2 浓度逐渐升高，当 CO_2 浓度提高到一定数值时，将会导致果蔬受伤害，并产生一系列不良症状，最终使之腐烂变质。因此，CO_2 洗涤设备在气调贮藏中是不可缺少的设备。

二氧化碳洗涤装置分间断式和连续式两种。将库内二氧化碳浓度较高的气体送到吸附装置中，经活性炭吸附二氧化碳后，再将吸附后的低二氧化碳浓度气体送回库房，达到脱除二氧化碳的目的。当工作一段时间后，活性炭因吸附二氧化碳而达到饱和状态，再不能吸附二氧化碳，这时另外一套循环系统启动，将新鲜空气吸入，使被吸附的二氧化碳脱附，并随空气排出，如此吸附、脱附交替进行，即可达到脱除库内多余二氧化碳的目的。

二氧化碳脱附再生后的空气中含有大量的二氧化碳，必须排出室外。进出气调库的进气和回气管道必须向库体方向稍微倾斜，以免冷凝水流到脱除机内，造成活性炭失效。

3. 除乙烯设备

脱除乙烯的方法有多种，如水洗法、稀释法、吸附法、化学法等，目前被广泛用来脱除乙烯的方法主要有两种，即高锰酸钾氧化法和高温催化分解法。前一方法是用饱和高锰酸钾水溶液（通常使用浓度为5%～8%）浸湿多孔材料（如膨胀珍珠岩、膨胀蛭石、氧化铝、分子筛、碎砖块、泡沫混凝土等），然后将此载体放入库内、包装箱内或闭路循环系统中，利用高锰酸钾的强氧化性将乙烯氧化脱除。这种方法脱除乙烯虽然简单，但由于脱除效率低，故一般用于小型或简易贮藏。

高温催化分解法除乙烯装置中，其核心部分是特殊催化剂和变温场电热装置。所用的催化剂为含有氧化钙、氧化钡、氧化锶的特殊活性银。变温场电热装置可以产生一个从外向内温度逐渐升高（15 ℃→250 ℃）的变温度场，从而使除乙烯装置的气体进出口温度不高于15 ℃，但是反应中心的氧化温度可达250 ℃，这样既能达到较理想的反应效果，又不给库房增加明显的热负荷，避免了库内温度的剧烈波动。这种乙烯脱除装置一般采用闭环系统。高温催化分解法除乙烯装置与高锰酸钾氧化法除乙烯装置比较，前者投资费用要高得多，但脱除乙烯的效率很高。高温催化分解法除乙烯装置还兼有脱除其他挥发性有害气体和消毒杀菌的作用。

4. 气体成分分析系统

气调库的运行管理过程中必须对库内的气体成分进行监测，以便于精确控制其成分。其中对于二氧化碳、氧气、乙烯的浓度的监测尤为重要，常见的气体成分检测仪器有：奥氏气体分析仪、顺磁式氧气分析仪、红外二氧化碳测定仪、乙烯测定仪等。其中奥氏气体分析仪是利用化学吸收法按容积测定气体成分的手工检测仪器。虽然其操作麻烦，但是由于高可靠性及优越的经济性能，一直作为气调库必不可少的检测仪器之一。顺磁式氧气分析仪是根据氧气的体积磁化率比一般气体高得多，在磁场中具有极高顺磁性的原理制成的一类测量气体中氧含量的仪器。红外二氧化碳测定仪和乙烯测定仪是根据比尔定律及不同气体对红外线的选择性吸收原理制成的。有条件的气调库应尽量采用在线式的气体成分监测分析系统。

七、气调库的相关安全知识

在气调库的贮藏期间，气调间内一直保持低氧浓度、高二氧化碳浓度的环境。在这种环境下，人是无法生存的。因此一旦果蔬入库开始贮藏，人不宜入库，即使有氧气呼吸器，也只是在特殊情况下才短期进入库内工作。这就要求库内设备安全可靠，尽量避免在贮藏期间入库。操作和维修人员必须清楚，此时在没有呼吸工具的情况下，气调库内的气体是不能维持人的生命的，误入气调库，将导致生命危险。所以，气调库要配备呼吸工具，操作和维修人员要熟悉呼吸工具的使用、维护和保管事宜，在使用前后都要消毒。应定期检查氧气瓶内的存氧情况和吸收剂性能，要及时充氧和更换吸收剂，使氧气呼吸器处于完好的待用状态。至少应准备两套以上经过检验的呼吸装置。并且，气调库要有必备的安全措施：供管理和维护人员进入的小门和内部通道应有足够的尺寸，便于配备呼吸装置的人员可以顺利通过。需要进入气调库监测或维修设备时，至少要有两人同时带上呼吸装置，并保持一人留守在气密门外，监视入库人员动态。一旦入库人员发生意外，能立即采取相应救助措施。

第六章　真空冷冻干燥技术

第一节　真空冷冻干燥的原理

一、水的状态平衡图

物质有固、液、气三态。物质的状态与其温度和压力有关。水（H_2O）的状态平衡图如图 6－1 所示。图中 *OA*、*OB*、*OC* 三条曲线分别表示冰和水、水和水蒸气、冰和水蒸气两相共存时其压力和温度之间的关系，分别称为溶化线、沸腾线、升华线。此三条曲线将图面分成Ⅰ、Ⅱ、Ⅲ三个区域，分别称为固相区、液相区和气相区。三曲线的交点 *O*，为固、液、气三相共存的状态，称为三相点，其温度为 0.0098 ℃，压力为 610.5 Pa。在三相点以下，不存在液相。若将冰面的压力保持在 610.5 Pa 以下，且给冰加热，冰就会不经液相直接变成气相，这一过程称为升华，在升华时所吸收的热称为升华热。

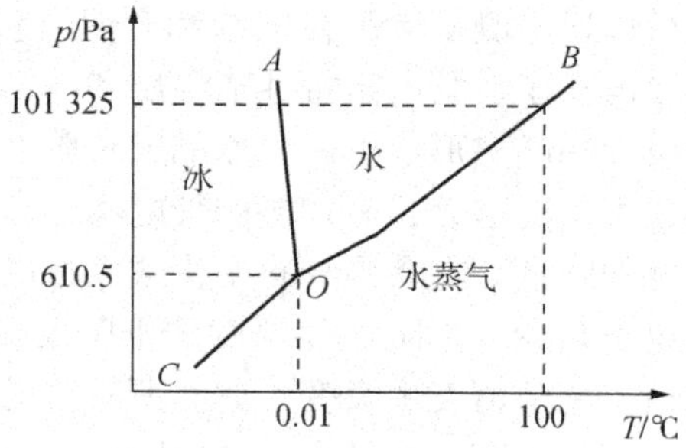

图 6－1　水的三相图

真空冷冻干燥是在 *OC* 线上进行的，故又称为冷却升华干燥。*OC* 线是固体冰的蒸汽压曲线。由图可知，冰的蒸汽压随温度的降低而降低。表 6－1 给出了不同温度下冰与水的饱和蒸汽压。

表 6－1　不同温度下冰与水的饱和蒸汽压

温度/℃	－80	－70	－60	－40	－30	－20	－10
压力/Pa	0.053	0.3	1.1	12.9	39.6	103.5	260
温度/℃	0	10	20	30	40	50	60
压力/Pa	610.2	1.22×10^3	2.33×10^3	4.23×10^3	7.36×10^3	1.23×10^4	1.99×10^4

二、基本概念

1. 真空冷冻干燥的原理

真空冷冻干燥的原理是将含水物料冻结后，在真空环境下加热，使物料中的水分从固态直接升华为气态，从而除去水分，使物料脱水干燥。

2. 共晶温度

几种物质组成的混合溶液，在冻结过程中，开始时某些组分结晶析出，使剩下的溶液浓度发生变化。当达到某一温度时，其液态和所形成的固态中的组分完全相同，这时的溶液称为共晶溶液，这时的温度称为该溶液的共晶点温度，它是产品在冷却过程中从液态结束转向固态的最高温度。共晶温度为冻干过程中预冻应达到的最高温度，一般预冻过程应低于其共晶温度 5 ～ 10 ℃。

3. 共溶温度

固态混合溶液在升温融化过程中，当达到某一温度时，固体中开始出现液态时的温度称为溶液的共溶点，或称开始溶化温度。它是产品升温过程中从固态开始出现液态的最低温度。在一次干燥中物料冻结层温度一定要低于共溶温度。因为冷冻干燥是在真空状态下进行的，当有部分液体存在时，在真空下水会迅速蒸发，液体的浓缩使得冻干食品的体积缩小，并且溶解在水中的气体会迅速冒出来，造成像液体沸腾的样子，使得冻干食品产生鼓泡现象。

共晶温度与共溶温度可以通过测量食品在冻结和升温过程中电阻值的变化来确定。在食品物料中水分子含有导电离子，其电阻特性随温度和冻结程度而变化。在食品冻结过程中，一般经历三个阶段，即晶核形成阶段、冰晶成长阶段和共晶区阶段。在晶核形成阶段，食品物料内部存在大量的水分，有较多的带电离子自由移动，此时，电阻值随温度的变化较小；随着温度的降低，在食品物料中生成大量的冰晶，物料内部水分被冻结使得可自由移动的带电离子减少，电阻值随温度的下降明显增大；当进入共晶区时，食品物料内水分被完全冻结，电阻值发生突变，此时所对应的温度就是共晶温度。对已冻结的食品进行升温，随温度的升高，冻结食品的电阻值几乎没有变化。但当温度升高到某一值时，电阻值突然降低，它表明冻结食品中已有液体产生，将此时的电阻值所对应的温度称为共溶温度。

通过测量食品在冻结与升温过程中的电阻与温度可作出食品的电阻与温度的关系图。虽然共晶点与共溶点是在冻结与升温两个相反的物理变化过程中电阻值发生突变时的温度值，但各自对应的温度值并不相等，即在电阻—温度曲线上，共晶点与共溶点并不重合，一般共溶温度比共晶温度略高。

4. 塌陷温度

冻干时物料中的冰晶消失，原先为冰晶所占据的空间成为空穴，因此冻干层呈多孔蜂窝状海绵体结构。此结构与温度有关。当蜂窝状结构体的固体基质温度较高时，其刚性降低。当温度达到某一临界值时，固体基质的刚性不足以维持蜂窝状结构，空穴的固形物基质壁将发生塌陷，原先蒸汽扩散的通道被封闭，此临界温度称为冻干物料的崩溃温度或塌陷温度。

三、真空冷冻干燥的特点

(1) 干燥温度低。物料干燥是在低温下并且处于真空状态下进行，因此，特别适合于高热敏性和极易氧化物料的干燥，能最大限度地保留食品的色、香、味和营养成分。

(2) 产品不变形。真空冷冻干燥能最好地保存原有食品物料的外形，由于物料在升华脱水前先经冻结处理，形成稳定的固体骨架，冰晶升华后，固体骨架基本维持不变，因此固体食品物料经冷冻干燥后获得的冻干食品，能够保持新鲜食品的外形。

(3) 冻干食品具有良好的复水性。由于食品物料中的水分在预冷后以冰晶的形式存在，升华后溶于水中的无机盐等溶解物就地析出，避免了一般干燥方法中物料内部水分向表面迁移，携带的无机盐等成分在表面析出的现象，因此，冻干食品无表面硬化现象，且具有多孔组织，食用时能迅速复水还原成冻干前的新鲜状态。

(4) 冻干食品清洁卫生。由于食品物料是在低温真空状态下干燥，因此物料中的易氧化成分不会氧化变质，同时能有效地灭菌或抑制某些细菌的活力，加工出的产品清洁卫生。

(5) 脱水彻底，产品重量轻，适宜长期保存。冻干食品的含水量较低（0.5%～5%），在常温下采用真空包装或冲氮包装，保质期可达3～5年，并且运输、贮藏、流通和销售均可在常温下进行。

冷冻干燥的主要缺点是设备投资大、干燥时间长、运行费用高，生产成本高。冻干食品的生产需要一整套高真空设备和低温制冷设备，因此，设备的投资费用较大。此外，为了防止物料中冰晶的融化，升华温度不宜太高。然而，真空状态下多孔性物料的导热系数低，传热速率低，致使本来温度就不高的冰晶升华速率变得更低，所以，冷冻干燥的时间一般较长。在如此长的时间内，设备一方面要不停地制冷，另一方面要不停地供热，还要不停地抽真空，致使设备的运行费用较高。所有这些，导致了冻干食品的生产成本较高。

第二节　真空冷冻干燥设备

真空冷冻干燥设备（简称冻干设备）是由干燥箱、制冷系统、加热系统、真空系统和控制系统等组成，它具有多种形式，按运行方式可分为间歇式和连续式两种类型。

一、间歇式真空冷冻干燥设备

间歇式真空冷冻干燥设备是指物料以批次性方式进入干燥箱进行干燥的冻干设备。图6-2是间歇式真空冷冻干燥装置示意图。在干燥箱内有多层搁板用于放置干燥的食品，同时在干燥箱内有制冷系统的蒸发盘管和加热系统，在食品预冷时蒸发盘管向干燥箱提供冷量，在食品脱水时加热系统向食品提供升华热量和解析热量。

冷冻干燥过程如下：将食品物料放入干燥箱，开启制冷系统对食品进行预冷，当食

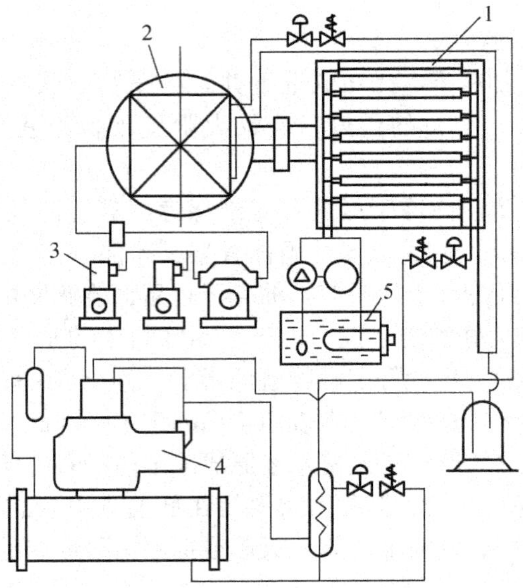

图 6－2　间歇式真空冷冻干燥装置示意图

1—冷冻干燥箱；2—水气凝结器；3—真空系统；4—制冷系统；5—加热系统

品温度达到共晶点温度以下，冷阱温度达到约 －40 ℃时，开启真空系统使干燥箱真空度达到工艺要求值，干燥箱内停止制冷，由加热系统通过搁板向食品加热，食品中的水分升华为水蒸气并在冷阱中被冻结，直至冷冻干燥结束。

如果食品已经为冻结食品，在食品托盘放入干燥箱之前，必须对冷阱与干燥箱进行空箱降温，避免已冻结食品融化，并能及时启动真空系统。

二、连续式真空冷冻干燥设备

连续式真空冷冻干燥设备适用于产量大、原料充足的产品生产。它所处理的食品物料必须先在冷冻室进行冻结。按结构连续式真空冷冻干燥设备可分为水平隧道式和垂直螺旋式。

1. 水平隧道式真空冷冻干燥设备

图 6－3 是一种水平隧道式食品真空冷冻干燥设备的结构示意图。食品物料首先在预冷间被冻结，然后在装料间装入运输车。在隧道式冷冻干燥装置中设有装料隔离室和卸料隔离室，隔离室与干燥室之间通过闸阀控制。当装料车进入装料隔离室之前，闸阀关闭，使得装料隔离室与干燥室隔开，此时打开装料隔离室，推进装料车，关闭装料隔离室。由于打开装料隔离室推进装料车时，装料隔离室内的真空被破坏，其真空度远远大于干燥室的真空度，为此对装料隔离室抽真空。当装料隔离室的真空度达到干燥室的真空度时，闸阀开启，装料车进入干燥室进行干燥。

卸料隔离室主要目的是保证在取出已干燥好的食品物料时不破坏干燥室的真空度，

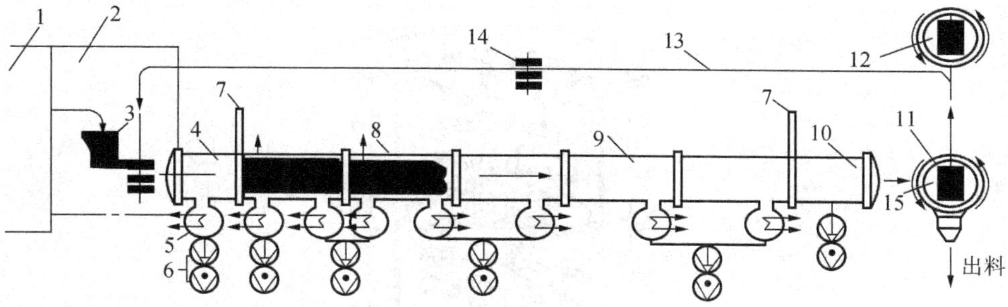

图 6－3　水平隧道式连续冷冻干燥机简图

1—冷冻室；2—装料室；3—装盘；4—装料隔离室；5—冷阱；6—抽气系统；7—闸阀；8—冷干隧道；9—带有吊装与运输的加热板；10—卸料隔离室；11—卸料室；12—产品出口；13—清洗装置；14—传送运输器的吊车轨道；15—吊装运输器

因此当已干燥好的食品物料在装料车中进入卸料隔离室时，闸阀关闭，使得卸料隔离室与干燥室隔离，然后打开卸料隔离室，推出装料车。关闭卸料隔离室，将卸料隔离室抽真空。当卸料隔离室的真空度达到干燥室的真空度时，闸阀开启，将已干燥好的食品物料通过装料车运进卸料隔离室，闸阀关闭，推出装料车，如此往复循环。

2. 垂直螺旋式真空冷冻干燥设备

垂直螺旋式真空冷冻干燥设备主要适用于颗粒状食品的干燥加工，图 6－4 是垂直螺旋式冷冻干燥机的结构示意图。

垂直螺旋式真空冷冻干燥设备的干燥箱主要由多层不同直径的圆盘构成。在干燥室上部有两个交替开启的进料口，在干燥室下部有两个交替开启的出料口。在干燥室两侧有两个相互独立的冷阱，通过大型的开关阀门与干燥箱相连，两个冷阱交替工作，实现交替融霜，从而实现干燥箱连续工作的目的。

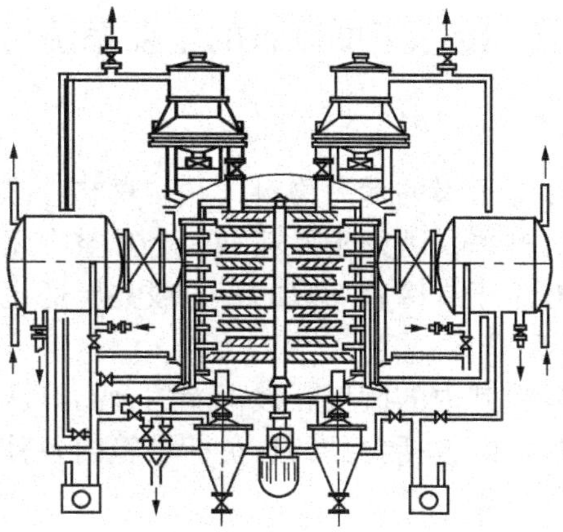

图 6－4　垂直螺旋连续式冷冻干燥机结构简图

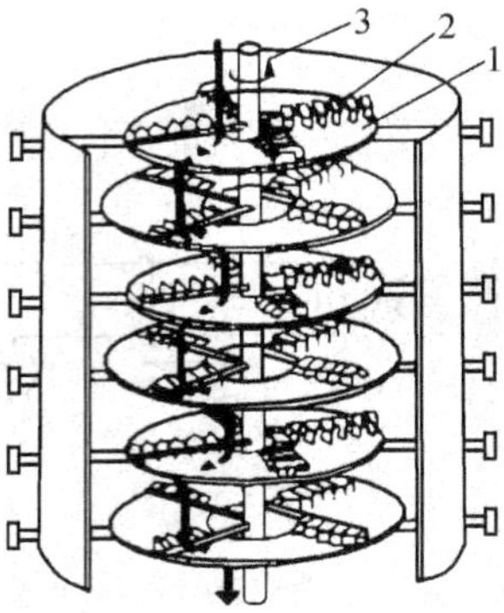

图6－5　垂直螺旋连续式冷冻干燥机原理图

1—加热盘；2—料铲；3—立轴

图6－5为垂直螺旋连续式冷冻干燥机原理图。在干燥箱内装有两种直径不同的中空不锈钢盘，称为干燥盘。干燥盘是静止的，在中空的干燥盘内可通入加热介质，加热介质形式有饱和蒸汽、热水和导热油。加热介质由干燥盘的一端进入，从另一端导出。小的干燥盘有内边圈，大的干燥盘有外边圈，交替安置。在盘中央有一根垂直的回转轴，在轴上装有径向臂和单排的耙。其工作过程如下：经过预冻结的颗粒食品物料从干燥箱顶部的两个交替开启的进料仓门落到顶部的干燥盘上，在盘中央的回转轴转动，带动单排的耙不断搅动物料，并使物料向干燥盘的外边缘移动，使得物料从干燥盘外边缘落入直径较大的下一块干燥盘上。在大的干燥盘上耙迫使食品物料向盘中心方向移动，在大盘上物料被输送到内缘后落到下面的小盘上，在小盘上物料又被耙向外边缘。落到大盘上，大小干燥盘上下交替排列，物料得以连续地流过整个干燥盘，直到从最底下的干燥盘上落下，进入出料仓。在这种干燥机中物料的运动轨迹是一个螺旋线。

第三节　冷冻干燥设备的主要系统与部件

一、干燥箱

干燥箱是用于放置被冷冻干燥的食品物料，并在真空冷冻干燥过程中提供冷量以冻结食品、提供热量以使水分升华，因此干燥箱是一个真空密闭容器，内部有搁置食品物料的搁板，一般在搁板内有用于制冷和加热的管道或夹层通道。

1. 干燥箱的热负荷计算

在降温阶段，干燥箱需将其内的搁板和被干燥的食品等从室温降到冻结所需的最低温度，因此，干燥箱的热负荷既包括食品的热负荷、箱内各种部件的热负荷、载冷剂的热负荷以及维护结构的热负荷等。

（1）被冻食品的热负荷 Q_1 ：

被冻食品的热负荷是指被冻食品从室温降到冻结所需的最低温度时所需的冷量，它由两部分组成，其一是产品包装和托盘的热负荷 Q_{11} ，其二是被冻食品的热负荷 Q_{12} 。

$$Q_{11} = \frac{\sum m_{1i}c_{1i}(\theta_{c1} - \theta_{d1})}{Z} \tag{6-1}$$

式中　m_{1i} ——托盘、瓶子、瓶塞等包装物的质量，kg；

c_{1i} ——托盘、瓶子、瓶塞等包装物的比热容，kJ/（kg·℃）；

θ_{c1} ——被冻食品的初始温度，℃；

θ_{d1} ——被冻食品的终温，℃；

Z ——降温时间，s。

$$Q_{12} = \frac{m(c_y\theta_{c1} + r - c_g\theta_{d1})}{Z} \tag{6-2}$$

式中　m ——被冻结食品的质量，kg；

c_y ——食品的液体比热容，kJ/（kg·℃），一般可按水的比热容计算；

c_g ——食品的固体比热容，kJ/（kg·℃），一般可按冰的比热容计算；

r ——食品的凝固潜热，kJ/kg，可按水的凝固潜热计算，即 r = 335 kJ/kg。

被冻食品的热负荷：

$$Q_1 = Q_{11} + Q_{12} \tag{6-3}$$

（2）干燥箱箱壁与箱内零部件的热负荷 Q_2 ：

$$Q_2 = \frac{\sum m_{2i}c_{2i}(\theta_{c2} - \theta_{d2})}{Z} \tag{6-4}$$

式中　m_{2i} ——箱壁、搁板等箱内零部件的质量，kg；

c_{2i} ——箱壁、搁板等箱内零部件的比热容，kJ/（kg·℃）；

θ_{c2} ——箱壁与箱内零部件的初温，℃；

θ_{d2} ——箱壁与箱内零部件的终温，℃。

（3）载冷介质的热负荷 Q_3 ：

$$Q_3 = \frac{m_f c_f(\theta_{f1} - \theta_{f2})}{Z} \tag{6-5}$$

式中　m_f ——载冷介质的质量，kg；

c_f ——载冷介质的比热容，kJ/（kg·℃）；

θ_{f1} ——载冷介质的初温，℃；

θ_{f2} ——载冷介质的终温，℃。

（4）维护结构的热负荷 Q_4 ：

$$Q_4 = KF(\theta_h - \theta_n) \tag{6-6}$$

式中　K ——围护结构的传热系数，kW/（m^2·℃）；

F ——维护结构的面积，m^2；

θ_h ——环境温度，℃；

θ_n ——箱内空气温度，℃。

（5）载冷介质循环泵所产生的热量 Q_5：

$$Q_5 = \eta N \tag{6-7}$$

式中　η——循环泵的效率；

N——循环泵的功率，kW。

（6）其他冷损产生的热负荷 Q_6：

考虑到载冷剂容器、管道降温等冷损，其产生的热负荷 Q_6 约为全部热负荷的15%。

（7）干燥箱的热负荷 Q_g：

$$Q_g = Q_1 + Q_2 + Q_3 + Q_4 + Q_5 + Q_6 \tag{6-8}$$

2. 干燥箱的结构

干燥箱应具有良好的密封性以防止抽真空和干燥过程空气的渗入，同时应具有足够的强度以防止抽真空时箱体发生变形。干燥箱的形状主要有圆柱形和矩形两种结构，如图6－6与图6－7所示。由于圆柱形结构强度较高，在一定的长度与直径之比范围内不需要设置加强筋，因此圆柱形结构是目前较为广泛使用的形式。

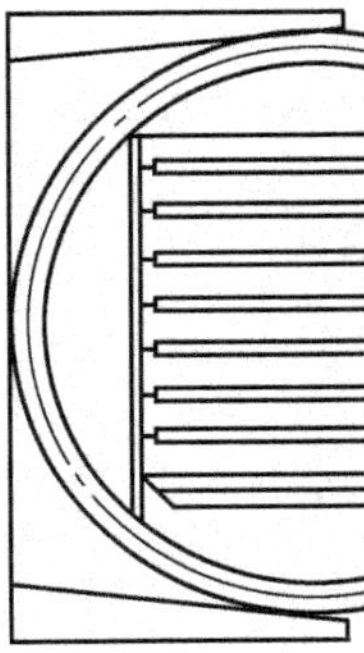

图6－6　圆柱形干燥箱体

图6－7　矩形干燥箱体

二、水汽凝结器（冷阱）

在食品物料的冷冻干燥过程中，被冻结的水分是以水蒸气的形式从食品中升华出来，固体的冰变为水蒸气时其体积会急剧增大。例如，在压力为103 Pa和温度为－20 ℃条件下，1 g的冰将升华为1 m^3 的水蒸气。假如在干燥过程中每秒钟有10～100 g的冰升华，将产生10～100 m^3 的水蒸气。要抽出如此大量的水蒸气对于真空泵而言是非常困难的，为了保证干燥箱的真空度和真空泵的正常工作以及减少真空泵的工作数量，在真空泵进口前设置一个水汽凝结器（又称为冷阱），专门用于将水蒸气冻结成冰，并保存在水汽凝结器上。

1. 水汽凝结器表面温度及蒸发温度的确定

在冻干过程中，制冷系统的目的主要是为水汽凝结器提供冷量，以使得干燥箱中的食品物料升华的水蒸汽能在水气凝结器上冻结，并保持干燥箱内的真空度。因此，在冻干过程中，水汽凝结器表面温度应与水蒸气升华压力相适应，它的大小是由食品物料的升华温度和水蒸气从食品物料中升华界面到水汽凝结器表面流动所需的压力差决定，而这个压力差也就是食品物料升华温度所对应的升华压力与水汽凝结器表面温度所对应的水蒸气压力之差，故水汽凝结器表面温度 θ_1 可表示为：

$$\theta_1 = \theta_2 + \Delta\theta_2 \tag{6-9}$$

式中　θ_1 ——水汽凝结器表面温度，℃；

θ_2——食品物料的升华温度，℃；

$\Delta\theta_2$ ——食品物料的升华温度与水汽凝结器表面温度之差值，℃。

任何食品物料在冷冻干燥过程中都存在一个共溶点，它是制定食品冻干曲线的重要参数。食品物料中水分的升华温度必须低于共溶温度，否则食品在冻干过程中会发生融解（或称为崩解）而报废。食品物料的共溶点温度因品种和成分的不同而不同，也因产地和季节的不同而有差别。但是对于大多数食品，其共溶点温度都在 -25 ℃以上。因此，在设计上取食品物料的升华温度 $\theta_2 = -25$ ℃，对应的水蒸气压力为 63 Pa，即可满足大多数食品的冻干需要。

水蒸气从升华界面流动到水汽凝结器表面需要克服干燥层阻力和从干燥层表面到水汽凝结器表面之间的流动阻力。在设计上总阻力不大于 35 Pa，对应的温度差为 -8 ℃。故一般水汽凝结器表面温度为 $\theta_1 = -25 + (-8) = -33$（℃）。

在蒸发盘管内流动的制冷剂与水汽凝结器表面存在一个传热温差，这个温差随水汽凝结器表面结冰层厚度的增加而增大。若水汽凝结器内的蒸发盘管采用圆管且忽略传热管传热热阻，则制冷系统的蒸发温度 θ_0 可用下式表示：

$$\theta_0 = \theta_1 - \Delta\theta_1 = \theta_1 - \frac{Q_0}{\frac{1}{2\pi\lambda L}\ln\frac{R+\Delta R}{R}} \tag{6-10}$$

式中　θ_0 ——制冷剂蒸发温度，℃；

Q_0 ——换热量，W；

λ ——冰的导热系数，W/（m·℃）；

L ——传热管的长度，m；

R ——传热管的外径，m；

ΔR ——结冰层的厚度，m。

对于水汽凝结器，一般传热管外径为 16 mm，如取冰层厚度为 15 mm 左右，$\theta_1 = -33$ ℃，通过计算可得蒸发温度为 $\theta_0 = -40 \sim -35$ ℃。这与实际工程的应用是吻合的。

2. 水汽凝结器的结构

水汽凝结器按结构形式可分为立式和卧式，按水蒸气凝结的表面性状可分为单螺旋管式、多层螺旋管式、蛇管式、壳管式和板式等。图 6-8 是单螺旋管式冷阱示意图，图 6-9 是多层螺旋管式冷阱的结构示意图，螺旋管可采用铜管或紫铜螺纹管。单螺旋管式冷阱可根据凝结水量的多少确定在筒内安装若干个相同节距和中径的螺纹管，在图

6－8 中设置了 4 个单螺旋管。在冷冻干燥过程中，制冷剂进入单螺旋管中蒸发制冷，使得冷阱内的温度达到 －60～－40℃，在干燥室中的空气与水蒸气在真空泵的作用下进入冷阱，在流过单螺旋管时水蒸气被冻结在螺旋管的外表面上，仅有空气通过中间的管道排出冷阱。

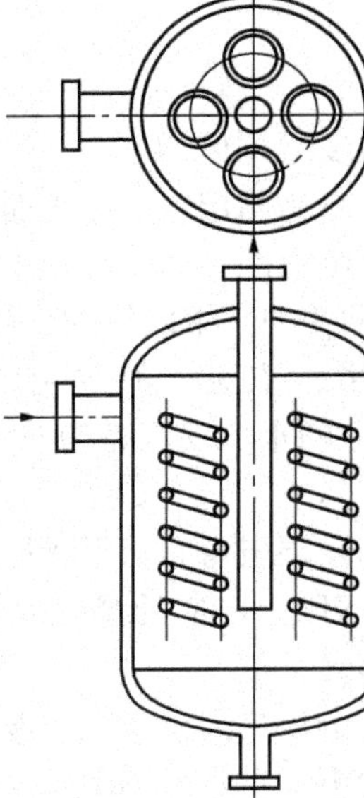

图 6－8　单螺旋管式水汽凝结器

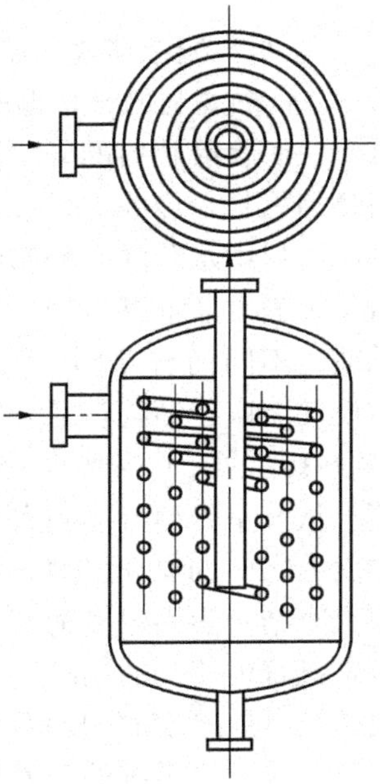

图 6－9　多层螺旋管式水汽凝结器

三、制冷系统

在真空冷冻干燥设备中制冷系统主要向干燥箱和冷阱提供冷量。根据冷干设备的大小和食品预冷的方式，干燥箱与冷阱可以共用一套制冷系统，也可以用各自独立的制冷系统。通常较大型的真空冷冻干燥设备采用两套制冷系统，并且干燥箱采用间接冷却系统，冷阱采用直冷式循环。图 6－10 是一台真空冷冻干燥设备的制冷系统图。制冷剂为 R22，使用两台 3FV7B 型单机双级制冷压缩机。

在图 6－10 所示的真空冷冻干燥装置中采用两套制冷系统，各自相对独立。制冷系统采用两级压缩一次节流中间不完全冷却制冷循环。从蒸发器 1 出来的低压制冷剂蒸汽进入压缩机的低压级进行压缩，低压级排气与来自中间冷却器的中间压力下的饱和蒸汽混合后进入高压级进行压缩，高压级排气经油分离器后进入冷凝器进行冷凝，冷凝后的液体经电磁阀 6 后分为两路：一路液体经膨胀阀 7 节流至中间压力并进入中间冷却器对另一路高压液体进行冷却，其蒸气与低压级排气混合后进入压缩机的高压级；经中间冷却器冷却的另一路高压液体成为冷凝压力下的过冷液体，该过冷液体经热力膨胀阀 8 节流至蒸发压力，进入蒸发器 1 吸热蒸发，使得载冷介质冷却。这一套制冷系统专供在预

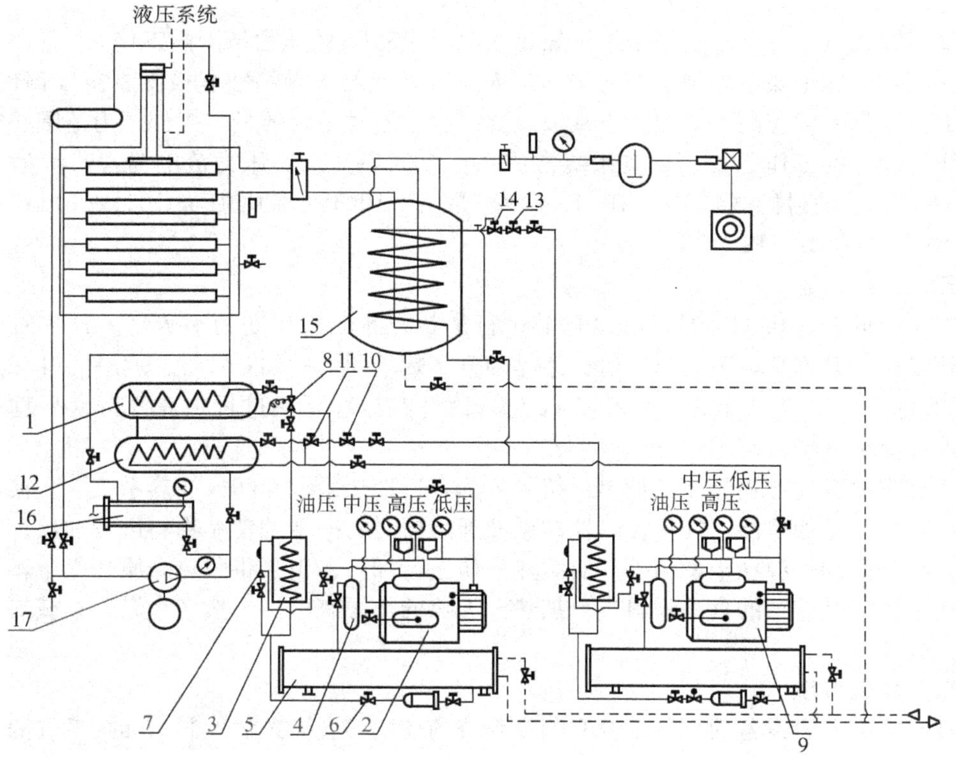

图 6－10　真空冷冻干燥装置制冷系统图

1—载冷介质蒸发器；2、9—制冷压缩机；3—中间冷却器；4—油分离器；5—冷凝器；6、10、13—电磁阀；7、8、11、14—热力膨胀阀；12、15—水汽凝结器；16—电加热器；17—载冷（热）介质循环泵

冷时干燥箱所需的冷量。

另一套制冷系统采用相同的制冷循环，所不同的是当真空冷冻干燥装置对干燥箱的食品进行预冷时，电磁阀 10 打开 13 关闭，经中间冷却器冷却后的高压液体，经热力膨胀阀 11 节流进入蒸发器 12 对载冷介质进行冷却，此时两套制冷系统同时冷却载冷介质，加速对干燥箱中食品的预冷；当预冷结束后开始干燥时，电磁阀 10 关闭 13 打开，经中间冷却器冷却后的高压液体，经热力膨胀阀 14 节流进入水汽凝结器 12 的蒸发盘管中对冷阱进行冷却，使冷阱的温度降至 －40 ℃以下，以使得冷阱在干燥过程中对水蒸气进行冻结。

四、真空系统

在真空冷冻干燥系统中，水的升华主要取决于冷阱的温度，冷阱的温度一般为 －60 ～ －40 ℃，对应的冰的饱和蒸汽压力为 10.7 ～ 12.4 Pa。为了维持系统的真空要求，必须采用真空泵不断地排出系统中的空气与不凝性气体。

真空系统由真空泵、真空阀和管路等组成。真空系统应满足：

①在 12 min 内使干燥箱压力从大气压力达到 133Pa 以下；

②间歇式真空冷冻干燥设备的干燥箱在 13～133Pa 的压力范围内工作。

在真空冷冻干燥系统中主泵的选择是依据所设定的干燥箱空载极限真空度值确定。主泵的极限真空度应高于干燥箱空载极限真空度。同时主泵的最佳工作压力范围必须满足干燥箱设定的工作压力。真空系统常用真空泵的最佳工作压力范围为：蒸汽喷射泵 10^2～10^5 Pa；油封机械泵 10～10^5 Pa；罗茨泵 1～10^2 Pa；油增压泵 10^{-1}～1 Pa；油扩散泵 10^{-4}～5×10^{-2} Pa。

五、加热系统

当压力低于 610.5 Pa 时对冻结食品进行加热，冰晶直接变为水蒸气。升华时所吸收的热量称为升华热。不同温度时，冰晶的升华热不同。例如 0 ℃时，冰晶的升华热为 2839 kJ/kg，－40 ℃时升华热为 2755 kJ/kg。因此在冷冻干燥过程中需要对食品物料进行加热以提供升华所需的热量。

按提供热量的方式分类，加热系统可分为直接加热系统和间接加热系统。直接加热系统一般采用电加热器、红外加热器和微波加热器对已冻结的食品物料进行加热；间接加热系统是由加热源在干燥箱外部对载热介质进行加热，由泵将载热介质送入干燥箱内的搁板中，对已冻结的食品物料进行加热。加热的热源有电、天然气和煤等，载热介质有水、硅油、乙二醇等。

六、控制系统

真空冷冻干燥设备的控制主要有制冷系统的控制、真空泵的控制、加热系统的控制和时间控制等。在设备运行过程中需要检测和记录物料、干燥箱、冷阱等的温度，以及干燥箱和冷阱的真空度等参数，以便即时调控，使得干燥过程能顺利完成。

控制系统有手动控制及自动控制两大类。在自动控制中以 PLC 可编程序控制较为先进，现在已有专用的冻干程序控制仪使用，它是在 PLC 基础上按冻干食品的工艺要求而设计的，能自动完成冻干过程中复杂的控制操作，并且有储存数据的功能。

第四节　真空冷冻干燥工艺

真空冷冻干燥工艺主要包含冻结、升华干燥和解吸干燥。

一、食品物料中的水分

一般食品物料中含有大量的水分，同时还含有其他成分。食品物料中的水分以三种形式存在于食品中：机械结合水、物化结合水和化学结合水。

1. 机械结合水

机械结合水主要包含食品物料表面润湿水分、空隙中的水分和毛细管水分等。这种水分与物料组织的结合强度较弱，可通过升华干燥去除这部分水分。

2. 物化结合水

物化结合水是指以吸附、渗透于物料的细胞或纤维皮壁及生物胶体纤维毛细管中的结构水分。这种水分与物料的结合强度较大，一般靠解吸干燥除掉一部分，而升华干燥则较难实现干燥要求。

3. 化学结合水

食品物料主要是由蛋白质、糖类、维生素、纤维素等组成，在它们的大分子团中并没有化合形态结合水分子，但在制品的添加剂、盐类或一些化合物中，往往有结晶形态的水，如葡萄糖化钙（$C_6HO_6Ca(OH)_2H_2O$）、石膏（$CaSO_4 \cdot 2H_2O$）等，这种结合水不能用冻干法去除。

二、冻结

食品在冷冻干燥之前必须被冻结。冻结的目的在于将食品物料中的自由水固化，防止抽真空干燥时食品起泡、收缩和浓缩等不可逆变化发生，保证干燥前后食品的形态不变。食品物料的冻结温度要低于其共晶点温度 5～10 ℃。

食品物料的冻结可分为快速冻结和慢速冻结。快速冻结是指食品迅速通过其最大冰结晶生成区，并使平均温度达到 -18 ℃。大多数食品在温度降到 -1 ℃时开始冻结，最大冰结晶生产区在 -5～-1 ℃之间，快速冻结可使食品在此阶段的冻结时间大大缩短。

冻结速度决定了冻结过程中生产的冰结晶的数量和大小。冻结速度越快，形成的冰结晶就越细小和均匀，能保持原有食品的营养价值和色香味。缓慢冻结形成较大的冰结晶会刺伤食品的细胞，破坏组织结构，影响食品的质量。但是，冰结晶大小是影响冻干速率的重要因素。食品物料快速冻结能形成均匀细小的冰结晶，因而在干燥过程中，细冰晶在升华后留下的间隙较小，已干层所形成的通道细小，使得下层水蒸气逸出阻力大，干燥的速度慢。而物料在慢速冻结中形成较大的冰结晶，因此在干燥过程中已干层所形成的空隙通道大，水蒸气逸出阻力小，干燥速度快。因此采用快速冻结还是选择慢速冻结取决于食品物料的性质。对于冻结速度比较敏感的食品如草莓、青刀豆等，必须采用快速冻结。

对于间歇式真空冷冻干燥设备，食品物料的冻结可以采用两种方法进行，一种方法是食品物料与干燥箱同时降温并被冻结；另一种方法是待干燥箱搁板降温至 -40 ℃左右，再将食品物料放入冻结。前一种方法相当于慢冻，后一种方法则介于速冻与慢冻之间，因而常被采用。但是后一种方法的缺点是食品物料入箱时，空气中的水蒸气将迅速地凝结在搁板上，因而在升华初期，若搁板升温较快，由于大面积的升华将有可能超越冷阱的正常负荷。

三、升华干燥

升华干燥又称为第一阶段干燥。被冻结的食品物料在干燥箱内被加热，由于干燥箱处于真空状态，箱内压力低于 100 Pa，因而物料中的冰结晶升华为水蒸气逸出而使物料脱水干燥。干燥是从物料的外表面开始逐步向内推移的。已干燥层在冰晶升华后所留的空隙成为内层升华水蒸气的逸出通道。已干燥层和冻结部分物料的分界面称为升华界面，物料中冰的升华就是在升华表面进行的，将单位时间内每平方米升华界面冰结晶升华的数量称为升华速率。升华速率与搁板的加热温度和通过已干层水蒸气逸出的速度有关。

当全部冰晶去除时，升华干燥就完成了。升华干燥可除去食品物料中水分的90%左右。升华时所需要的热量是由加热设备（通过搁板）提供。

食品物料升华时受以下几个温度限制：

①冻结部分的温度应低于物料的共溶点温度。

②干燥部分的温度要低于物料的崩解温度或容许的最高温度（不烧焦或性变）。大部分食品物料的崩解温度低于60℃。

③最高搁板温度。一般加热板温度范围为20～120℃。不同的食品物料其共溶点温度和崩解温度也不同，因此加热搁板的最高温度受到食品物料的共溶点温度和崩解温度的限制。

四、解吸干燥

在升华干燥结束后，在食品物料的毛细管壁和极性基团上还吸附有一部分水分，而这些水分未被冻结。当达到一定含量，这些水分就为微生物的繁殖与生长和某些化学反应提供了条件，为保证食品物料的品质与贮藏期，必须除去这部分水分，因此解吸干燥（又称为解析干燥）就是将聚集在食品毛细管和极性基团上的未被冻结的水分经过加热变为水蒸气从食品中逸出。

对于吸附水，其吸附能量高，如果不提供足够的能量，水就不可能从吸附中解析出来。因此，解吸干燥的温度应足够的高，只要不超过允许的最高温度，不烧毁产品和不造成产品过热而变性即可。同时，为了使解吸出来的水蒸气有足够的推动力逸出食品物料，必须使物料内外形成较大的蒸气压差，因此这一阶段干燥箱体内要保持较高的真空。当食品物料中残留的水分含量达到要求时，解吸干燥结束。

解吸干燥约占总干燥时间的35%，排出的水分占含水量的2%～3%。

五、食品冻干工艺举例

龙眼果实风味独特，富含粗纤维、维生素A、维生素B_1、维生素B_2、维生素C、烟酸、蛋白质、脂肪和矿物质等，有很高的营养价值和保健功能，深受人们的喜爱。但是龙眼皮薄多汁，含糖高而酸度低，成熟季节高温多湿，采后果品极易腐烂，然而在产地以鲜果销售的数量仅占20%左右，大量的果品依赖于加工和保鲜外运，在此以龙眼为例说明冷冻干燥工艺。

1. 龙眼共晶点温度和共溶点温度的测量

龙眼共晶点温度和共溶点温度的测量采用电阻法。将去核去皮的龙眼果肉进行冻结。在冻结过程中龙眼果肉的电阻随温度发生改变。在冻结初期，龙眼果肉中存在大量水分，有较多的带电粒子可自由移动，因而电阻随温度的降低变化较小。随着大量冰晶的生成，龙眼内部水分大量被冻结，电阻值随之增大。当龙眼内部水分全部被冻结时，电阻值发生突变，急剧增大到某一值，此时相应的温度称为龙眼的共晶点温度。共溶点温度的测量则是对已冻结的龙眼进行加热升温，在升温初期由于龙眼中的水分全部冻结，因而电阻值随温度的升高几乎不变。当龙眼温度升高到某一值时电阻值突然大幅降低，将这一温度称为龙眼的共溶点温度。根据电阻法得出龙眼的共晶点温度为 -26 ℃，共溶点温度为 -20 ℃。

2. 龙眼的冷冻干燥工艺

将龙眼果肉剪半冻结。研究认为：为防止龙眼物料温度超过共溶点温度，在干燥过程中加热搁板起始温度宜低于 100 ℃，加热搁板的降温幅度对冻干品色泽和形态保持率没有显著影响，但温降幅度为 10 ℃时可节约生产成本。为使龙眼冻干品的形态保持率、色泽和品质效果最佳，升华阶段龙眼物料的最高温度应控制在 50 ℃。干燥箱的压力控制在 60 ～ 70 Pa。

龙眼的冷冻干燥工艺：加热搁板温度设定 95 ℃，干燥时间 7 h；搁板温度为 85 ℃，干燥时间 1 h；搁板温度为 75 ℃，干燥时间 1.5 h；搁板温度为 65 ℃，干燥时间 3 h；搁板温度为 55 ℃，干燥至结束。

第五节　食品高压冷冻冷藏技术

随着人们生活水平的提高和科学技术的发展，人们对食品贮藏的品质要求也越来越高。作为常规的贮藏方式，冷冻冷藏可以最大限度地保存食品的色、香、味和营养成分，但是对于高水分、易冻裂食品，采用传统的常压冷冻冷藏方式，即使采用速冻的方法，冻品的性质也会出现不可逆的变化，如表面破裂、汁液流失等，从而造成食品品质的降低。而高压冷冻冷藏技术不仅解决了常压冷冻冷藏高水分易冻裂食品的贮藏难题，而且研究表明，当压力超过 100 MPa 时，高压对部分微生物有杀死和抑制作用，因而在保证了食品品质的同时，大大提高了食品的贮藏期。

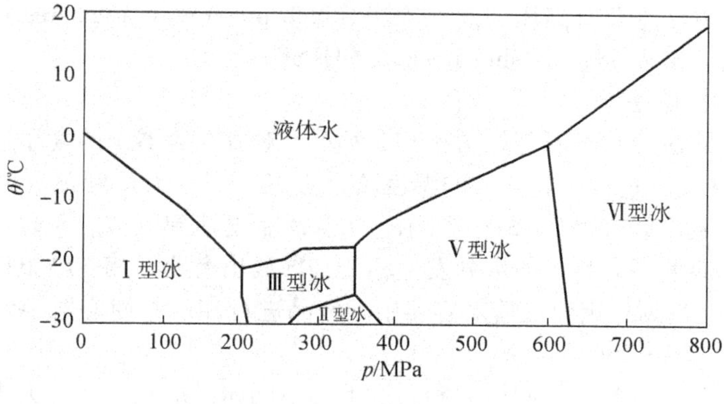

图 6 - 11　高压水的固—液相平衡图

一、高压下水的相图

图 6 - 11 给出了高压下水的固—液相平衡图。从图中可知：在常压下水的冰点是 0 ℃，随着压力的升高，水的冰点下降，在压力为 209.9 MPa 时，水的冰点为 21.99 ℃。在高压下，水会出现多种冰晶形式，除了常见的冰Ⅰ外，还有冰Ⅱ、冰Ⅲ、冰Ⅴ和冰Ⅵ

等形式。在实际应用中，压力一般为0.1～700 MPa，温度0～-30℃，涉及的冰晶形式主要有冰Ⅰ型、冰Ⅱ型、冰Ⅲ型、冰Ⅴ型和冰Ⅵ型。对于不同的冰型，冰的比重不同。冰Ⅰ型的比重为0.92 g/cm^3，冰Ⅲ型的比重为1.14 g/cm^3，冰Ⅴ型的比重为1.23 g/cm^3，冰Ⅵ型的比重为1.31 g/cm^3。

在不同压力范围内，冻结点的变化规律也不同。在0～209.9 MPa范围内，水的冻结点随压力的提高而降低，冻结点的温度变化范围为-21.99～0℃，在此范围内形成的冰晶形式为冰Ⅰ型；在压力为209.9～350.1 MPa范围内，水的冻结点温度随压力的提高而上升，相应的温度变化范围为-21.99～-16.99℃，形成冰Ⅲ型冰晶；在压力为350.1～632.4 MPa范围内，水的冻结点温度随压力的升高而上升，相应的温度范围为-16.99～0.16℃，形成冰Ⅴ型冰晶；当压力高于632.4 MPa时，压力在632.4～2 216 MPa范围内，水的冻结点温度随压力升高而上升，且温度高于0℃，温度范围为0.16～81.85℃，形成冰Ⅵ型冰晶。

在食品的传统冷冻贮藏工艺中，冷冻速率对冷冻食品的质量影响很大。当冷冻速率过慢时，在食品中会产生较大的冰晶，从而对食品造成机械损伤；由于传热过程需要一定的时间，食品的冻结是由外向内，因而存在一个时间差。当冷冻速率过大时，食品的外层迅速冻结，在随后内部发生冻结时，会因体积增大而使外部冻结层破裂。根据理论计算，冻结膨胀压最高可达8.5MPa，当外层承受不了内压时食品表层就会破裂。如果在一定压力下，使食品处于不冻结区域，即-21.99～0℃温度范围内，然后卸压，则食品内部各点可获得相同的过冷度，而且同时获得非常大的冷冻速率，在食品内部形成很细的冰晶，从而有效地解决传统速冻中食品外表冻裂的问题。

二、高压冷冻的方法

高压冷冻的方法主要有高压辅助冷冻法（high pressure assisted freezing，HPAF）和高压切换冷冻法（high pressure shift freezing，HPSF）。

1. 高压辅助冷冻法

高压辅助冷冻法的基本原理如图6-12所示。对放在容器中的食品进行加压，如过程1—2所示，在加压过程中，食品的温度略有上升，当压力达到预定值时对食品进行预冷、冻结和降温，如过程2—3—4所示，当食品温度达到冻结点3时，食品中有冰晶产生，并且在此温度下食品中的水分发生相变，释放出潜热。相变结束后将食品进一步冷却到温度点4。达到预定温度后对容器中的食品进行卸压，使容器中食品的压力达到常压，卸压过程如4—5所示。

高压辅助冷冻法可利用不同压力和温度下的不同冰晶形式，获得大小、形状和密度不同的冰晶，从而提高冷冻食品的质量。

图6-12中所示的高压冷冻过程所获得的冰晶形式为Ⅰ型，除Ⅰ型冰晶外，其他型的冰晶的密度均大于水的密度，因此在冷冻过程中可避免或减小冰晶对食品的机械破坏。为了获得其他型的冰晶，作为高压辅助冷冻法只需将压力提高到冰晶类型所对应的压力范围内，然后预冷、冻结、降温和卸压即可，如图6-13所示。

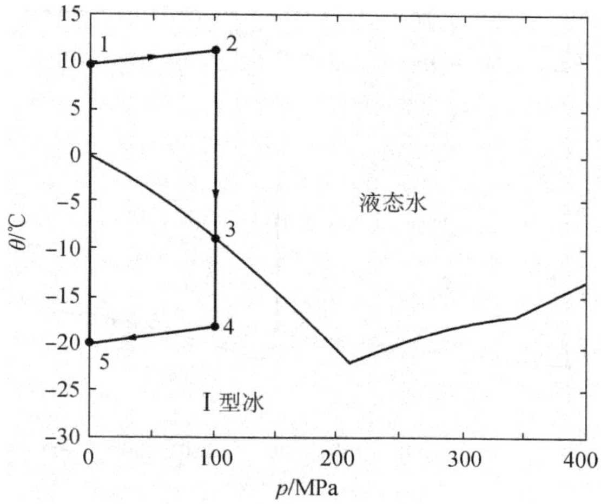

图 6-12　高压辅助冷冻法Ⅰ型冰晶

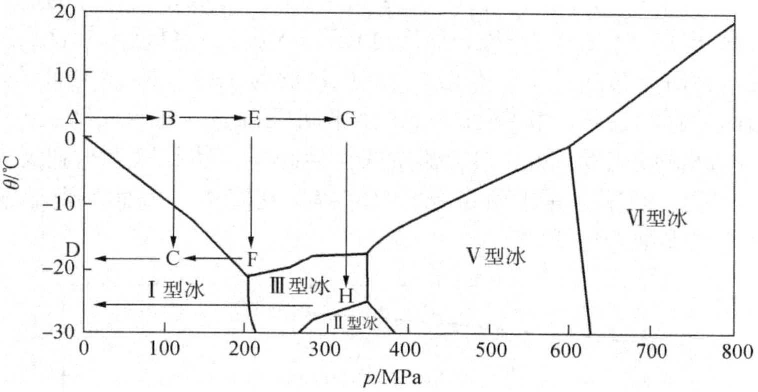

图 6-13　高压辅助冷冻法其他晶型

2. 高压切换冷冻法

高压切换冷冻法的基本原理如图 6-14 所示。首先对容器中的食品进行加压，如过程 1—2 所示，当压力达到预定值时对食品进行预冷，预冷过程如 2—3 所示，预冷结束时 3 点的温度应高于该压力下所对应的冻结点温度，即使食品处于不冻结温度区域。然后释放压力，使容器中食品的压力降到大气压，如过程 3—4 所示。在降压结束后，容器中的食品处于很大的过冷度，水分开始结晶并释放潜热，相变平台处于大气压下的初始冻结点 4，相变结束后食品温度达到冷冻温度点 6，其相变冷冻过程为 4—5—6。采用高压切换冷冻法可使食品处于等压状态，食品内外部各点有着相同的过冷度，因此在冻结过程中形成的冰晶大小均匀，且冰晶呈球形状。

高压切换冷冻法一般是在大气压下完成相变冷冻过程，当然也可以在某一压力下完

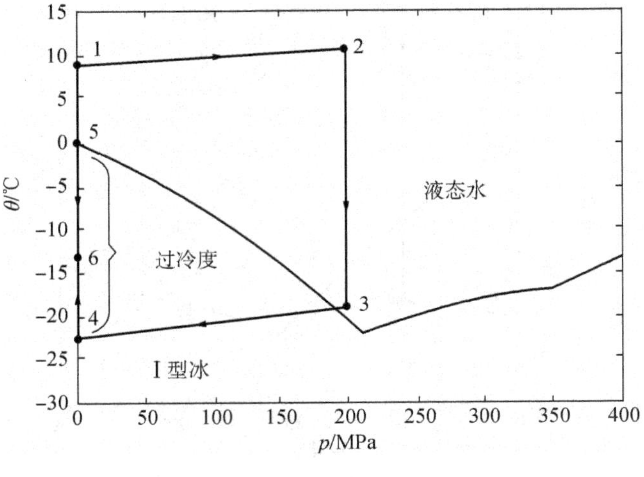

图 6－14　高压切换冷冻法

成相变冷冻过程。图 6－15 给出了食品在某中间压力下完成相变冷冻的原理示意图。在对容器中的食品完成加压过程 1—2 和预冷过程 2—3 后，对容器中的食品进行降压，当压力达到预定压力时，食品处于状态点 4，降压过程为 3—4。在该中间压力下，食品中的水分开始结晶并释放潜热，相变平台处于该中间压力下的初始冻结点 5，相变结束后食品温度达到冷冻温度点 6，然后对容器中的食品卸压，使其压力达到大气压力，卸压过程为 6—7。采用中间压力完成相变冷冻时应确保在降压后容器中食品的温度低于其中间压力所对应的冻结点温度。

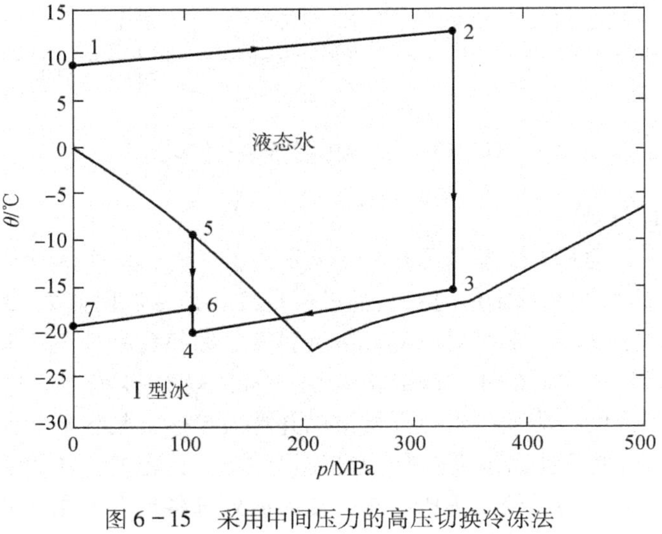

图 6－15　采用中间压力的高压切换冷冻法

3. 高压解冻

高压解冻可看成是高压冷冻的逆过程。高压解冻有两种方法：高压辅助解冻法和高压诱导解冻法。

高压辅助解冻法是将已冻结的食品放入加压容器中，对冻结食品进行加压，当压力达到某一定值时冻结食品的温度低于该压力下的冻结点温度，停止加压，然后对食品进行加热解冻，即对冻结食品加压至相变点前升温解冻，其过程如图 6 - 16 中 A→B→C→D 所示。

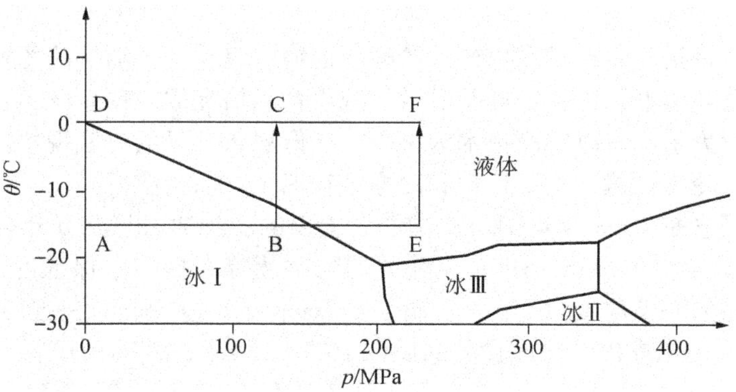

图 6 - 16　高压解冻方法与过程

高压诱导解冻法是对冻结食品加压至相变点解冻后再升温，其过程如图 6 - 16 中 A→E→F→D 所示。

与传统常压解冻方法相比，高压解冻的相变温度远离 -5 ～ -1 ℃最大冰晶生成带。高压解冻可大大缩短解冻时间，能有效地抑制微生物的生长和降低酶的活力，减少液汁的流失，能较好地保持食品的色泽与硬度等指标，并且避免了加热解冻造成食品热变性以及食品解冻时在最大冰晶带停留时间长的问题。

4. 高压低温不冻冷藏

通过图 6 - 1 可以看出：在 0 ～632. 4 MPa 范围内，高压使水的冻结点（冰点）下降，形成一个低于 0 ℃、温度范围为 -21. 99 ～0 ℃的不冻结区域。如果将压力控制在该范围内，就可以实现食品的无冻结（相变）低温贮藏，其贮藏温度可通过压力在 -21. 99 ～0 ℃温度范围内调节。对于食品中的水分而言，由于溶质，特别是低分子化合物的存在，会使其冻结点下降，因此实际食品的无冻结贮藏区域比纯水的还要大。

在 0 ～209. 9 MPa 压力范围内，相应的温度范围为 -21. 99 ～0 ℃，贮藏温度越低，所需的压力就越高。在压力为 209. 9 ～632. 4 MPa 范围内，相应的温度范围为 -21. 99 ～0. 16 ℃，贮藏温度越高，所需的压力越大。

高压低温不冻冷藏是将食品放入容器中加压，然后在保持压力的条件下对食品降温冷却，直至所需的温度，在此压力与温度下将食品贮藏。食品中的水分依然保持液体状态。

当贮藏结束时，应先对食品进行升温，然后卸压。

第七章　食品冷藏链

第一节　概　述

食品冷藏链是指易腐食品在生产、贮藏、运输、销售直至消费前的各个环节中始终处于规定的低温环境下，以保证食品质量、减少食品损耗的一项系统工程。冷藏链是以食品冷冻工艺学为基础，以制冷技术为手段，在低温条件下的物流现象。食品冷藏链主要由冷冻加工、冷冻贮藏、冷藏运输和冷冻销售四个方面构成。

冷藏链的概念是1908年英国与法国学者提出的。到20世纪30年代，欧洲和美国的食品冷藏链已经初步建立。1958年美国的阿萨德等人提出了保证冷冻食品的3T概念，即冷冻食品的保藏时间（Time）、温度（Temperature）和容许变质或耐藏性（Tolerance）；美国的左尔提出了冷冻食品品质保证的3P概念，即冻前原料（Products）、处理工艺（Processing）和包装（Package）；后来又有人提出了3C概念，即食品的保护（Care）、清洁卫生（Clean）和冷却（Chilling）。这些概念不仅成为低温食品加工流通与冷藏链设施建设所遵循的理论技术依据，而且奠定了低温食品与冷藏链发展与完善的理论基础。

1. 预冷保鲜

冷藏品的预冷保鲜是冷藏链第一个十分重要的环节。冷藏链食品的好坏在很大程度上取决于冷藏品预冷环节的质量。预冷是指在水果、蔬菜采收之后，预备贮藏与运输之前，除去其田间热，迅速将其冷却到适宜温度的过程。从某种意义上而言，预冷是食品冷藏链这种在低温条件下物流现象的第一环。

水果、蔬菜在采摘后，仍然是有生命的生物体，且继续进行呼吸作用，靠自身的物质消耗来维持生命的代谢活动可继续完成成熟、衰老、死亡等过程。呼吸作用是指水果、蔬菜从外界环境中获取氧，在酶的参与下，将自身积累的碳水化合物等氧化分解为维持生命所需的物质和能量。呼吸作用产生的能量，一部分用于自身的新陈代谢，另一部分以热的形式散发出去。呼吸作用放出大量的呼吸热，呼吸热的大小与所处的环境温度成非线性关系，环境温度增大时，呼吸热以更快的速度增加。同时，蒸发作用亦使得水果、蔬菜失去水分。

预冷是保证水果、蔬菜贮运质量的重要技术措施，具有良好的经济效益和社会效益。未经预冷的水果、蔬菜在运输途中的腐烂率高达25%左右，而预冷后的腐烂率低于5%。同时，预冷可抑制微生物的生长繁殖，对防止腐败、变质也是十分有利的。

预冷的方法主要有真空冷却法、碎冰冷却法、冷风冷却法和冷水冷却法。

2. 冷冻加工

冷冻加工主要包含肉类、鱼类的冷却与冻结，水果、蔬菜的预冷、速冻与真空冷冻干燥，各种速冻食品的加工等内容。食品冷冻加工的主要装置有：自然对流式冷冻装置、强制通风型冷冻装置、接触型冷冻装置、浸液型冷冻装置和液氮或二氧化碳喷淋式冷冻装置。

3. 冷冻贮藏

食品的冷冻贮藏是指食品的冷藏与冻结品的冷藏，它包含高温冷藏、低温冷藏和果蔬的气调贮藏。冷藏的设备主要有冷库、冷藏柜和家用冰箱等。

4. 冷藏运输

食品冷藏运输技术是将易腐食品从一个地方通过特殊的运输工具和在特殊的运输条件下迅速完好地把食品送到另一个地方的专门技术。冷藏运输包括食品的中、长途运输和短途送货等。冷藏运输技术主要包含公路冷藏运输、铁路冷藏运输、水路冷藏运输和冷藏集装箱技术等。常用的运输工具有铁路冷藏车、公路冷藏车、冷藏船和冷藏集装箱等。

5. 冷冻销售

冷冻销售包括冷冻食品的批发和零售等，是由生产商、批发商和零售商共同完成的。在销售流通环节中要求冷冻食品必须处于冷冻冷藏状态。近年来，冷冻食品的销售主要在城市中的超级市场，因此常用的冷藏销售设备有用于速冻食品的岛式陈列柜、用于乳制品和肉制品等的货架式陈列柜以及适用于不同食品的各类冷藏陈列柜。

第二节　食品冷藏运输装置

一、运输用冷藏装置的要求及特点

运输用冷藏装置是与交通工具相结合的冷藏装置，可以看成是移动的冷库，主要用于在低温条件下运输易腐败的物品，它是整个“冷链”的一个重要环节。运输用冷藏装置目前主要有冷藏汽车、铁路冷藏车、冷藏集装箱、冷藏船等。由于同交通工具相结合，因而运输用冷藏装置具有如下特点。

（1）厢体采用金属结构。运输用冷藏装置的厢体采用金属骨架，内外侧多采用薄钢板或铝合金板，中间填充隔热材料。厢体要有足够的强度与刚度，在装卸货物时经受重压，同时还要便于叉车或吊车的使用。

（2）装备负荷变化大。运输冷藏装备可以随运输工具昼夜行进，白天环境温度高而且厢体还要受到太阳的照射。因此，在白天，冷藏装置的负荷大，夜晚环境温度低，冷藏装置的负荷小，此外，冷藏装置的载货品种与装载量的变化大，货物的热容量也不同，这样也导致装置的负荷变化大。

（3）制冷方式多。运输用冷藏装置可以用于长途运输，也可以用于短途运输。因而其制冷方式多种多样。冷藏装置有采用制冷机组的机械制冷式，有采用蓄冷剂的冷板式，有采用冰或冰盐混合物的冰冷式，也有采用向厢内喷液的一次扩散式等制冷方法。

（4）隔热层具有良好的防潮措施。运输用冷藏装置运载货物的周期短，操作频繁，舱厢内的空气温度易受装卸货物的影响，使得舱厢内空气的温度可能高于隔热层表面的温度，使与此表面接触的空气含水量达到饱和程度，水蒸气分压高于隔热层内部的水蒸气分压，这就可能使水蒸气渗入隔热层中，影响隔热层的隔热性能。因此，隔热层必须具有良好的防潮措施。

运输用冷藏装置的工作条件差，要保证装置的正常工作以及运输货物的质量，对冷藏装置提出了一些特殊要求。

①制冷装置要适应运输工具的特点。制冷装置应能适应运输工具的摇摆和振动，也应能适应高温高湿的外部环境条件。

②厢体内温度分布应均匀。运输用冷藏装置受运输工具以及道路的限制，其厢体多为长方体，厢内温度分布是否均匀取决于制冷方式、空气流动方式和货物的堆放方式。例如当铁路冷藏车采用车厢两端放置冰箱（装有冰块的金属容器）的方式保温时，由于依靠空气的自然对流进行交换而且冷空气的循环路径长，因此，厢体内冰箱下部的温度较低而靠近车门处上部的温度最高，两处的温度差有时达到 10 ℃以上，这样大的温差对易腐败物品的质量影响极大。果蔬类的冷藏对温度的要求严格。例如，桃和梨最适宜的贮运温度为 0 ℃，香蕉的贮运温度为 12 ～ 14 ℃ ，番茄的贮运温度为 0 ～ 0. 5 ℃。当温度太低时水果与蔬菜会冻坏，当温度太高时果蔬又会因增强呼吸作用和微生物的繁殖而腐烂。所以，运输用冷藏装置其厢内的温度分布要均匀。

③制冷系统能适应较大的负荷变化。由于运输用冷藏装置的负荷变化大，因此设计的制冷系统应具有一定的余量和灵活性。

④厢体的气密性要好。在运输过程中风速较大，很小的缝隙会引起较大的漏冷损失，因此运输用冷藏装置厢体的气密性要好。

⑤厢体要有足够的强度与刚度。运输用冷藏装置要有足够的强度与刚度，能承受得起一定的重压。如冷藏集装箱不仅要在吊车装卸时不变形，而且还要在相互叠压放置时不变形。

二、铁路冷藏车

利用铁路运输易腐食品的专用冷藏车称为铁路冷藏车。这种冷藏车具有较大的运输能力，适合于长途运输。

铁路冷藏车通常采用焊接的金属骨架，两侧为薄钢板、铝合金板或玻璃钢，中间填有隔热材料，隔热材料一般为聚氨酯硬质泡沫塑料。厢壁厚度约为 200 mm，车顶为 200 ～ 250 mm，底板为 140 mm，平均传热系数应小于 0. 4 W/（m^2 · K）。按冷却方式的不同，铁路冷藏车可分为加冰冷藏车（又称冰保车、冰冷车）、机械冷藏车（又称机冷车）、冷板式冷藏车三种类型。

1. 加冰冷藏车

加冰冷藏车是在隔热车厢内贮存一定数量的冰，利用冰的溶化潜热来吸收车厢内的热量。为了使车厢内的温度能降到 0 ℃以下，常采用冰盐混合物。

冰保车按盛冰容器的位置可分为端框式和顶箱式两种，如图 7－1 所示。

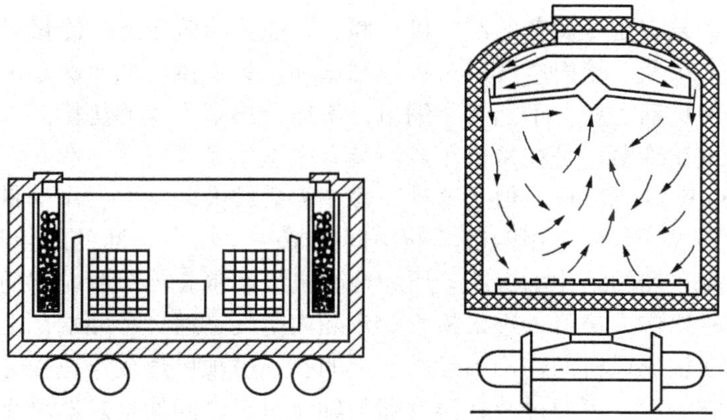

(a) 端框式　　(b) 顶箱式

图 7－1　冰冷车结构示意图

端框式是在车厢两端各设置两个栅框（又称冰箱），每个栅框可盛碎冰块 2 t 左右，栅框下部约 1/3 的容器内只加冰不掺盐，上部约 2/3 的容积内加入冰盐混合物。加料口设置在车厢顶上。车厢内的热空气通过循环挡板和车顶之间的进气口进入栅框与冰盐混合物表面接触而进行热交换，融化的盐水先流到下面的无盐冰层，再落入底盘中，然后经虹吸管排出。这种冷藏车常采用空气自然对流的方式换热，因而车厢内温度分布很不均匀。栅框下部的温度较低而靠近车门处上部的温度较高，两处的温差有时达 10 ℃ 以上。这样大的温差对于保证易腐败货物的质量极为不利。因此，为了改善厢内温度分布的不均匀性，在车厢内设置风机以加强空气循环。

端框式冷藏车的主要缺点是栅框所占面积较大，使得载货面积减少约 25%。栅框设于两端使车厢内温度很不均匀，车厢内空气与冰盐直接接触，因而卫生条件较差。

顶箱式冷藏车是在车厢顶部均匀地布置 6 对金属板焊成的马鞍形的盛冰容器。每个冰箱可装冰盐约 0.5 t，加冰口也设置在车厢顶上。冰箱的底板向外倾斜，融化的盐水经排水管排出。这种结构使得空气的循环路线比端框式短，因而车厢内的温度分布也比端框式冷藏车均匀，一般各处温差为 2～3 ℃，但由于溶化的盐水从溢水孔排出，使实际传热面积下降，冰箱底部易积存杂物而导致传热效果下降。车内温度最低只能维持 －6～－5 ℃。

加冰冷藏车结构简单，造价低，与机械冷藏车相比具有售价低、运费低的优势；无固定配属，单节运用，调拨方便，但沿途需要加冰，同时为提高降温能力，采用冰盐混合冷却方式，含盐分的冷却水对车辆和线路具有较严重的腐蚀。

2. 机械冷藏车

机械冷藏车是由制冷机冷却的冷藏车。按供冷方式分为整列车厢集中供冷和每个车厢分散供冷两种类型。

集中供冷的整列冷藏车常挂有 12 节、21 节或 23 节车厢，设有一个装内燃发电机的动力车厢和一个装有制冷设备的制冷机车厢，其他为冷藏车厢。冷量是通过管道用低温盐水输送到每个车厢。箱内空气用风机强制循环。集中供冷的冷藏车可以保持车厢内温度均匀，但使用机动性差，不能任意编组，不适合小宗货物的运输。

分散制冷的机械冷藏车是在每个车厢内装有氟里昂制冷机。一般一节车厢装有两台标准制冷量为 18 kW 的制冷机，但是这种冷藏车需要较大的动力，车辆带动的电动机已不能满足电力的要求，因而采用四节车厢中间夹带一个动力车厢的编组形式。图 7－2 表示 5 节机冷冷藏车厢的结构示意图。压缩冷凝机组通常装在车厢端部的机器间中，机器间有门，停站时操作人员可以进入检查。车厢内空气是通过车厢端部上方的空气冷却器冷却，冷空气在轴流风机的作用下经端墙上的孔、吊顶风道或天花板分配到车厢的各个部分。蒸发器结霜后，可通过装在蒸发器与轴流风机之间的电热器融霜，同时电热器也可用于车厢的加温。

机械冷藏车温控范围广，如我国 B19 型机械冷藏车其厢内温度调控范围为 －18 ～ 14 ℃。

3. 冷板式冷藏车

铁路冷板式冷藏车是在冰保车的基础上研制生产的，同冰保车与机冷车相比，其具有一些明显的优点：结构简单，车辆造价比机冷车低；无盐水腐蚀，使用寿命长；一次充冷可保持厢内温度恒定达 120h 左右。

我国生产的 Bsy 型冷板车的制冷方式如图 7－3 所示，在车顶装有冷板和温度调节板。冷板中装有共晶溶液 EM－185（硝酸钠盐含量为 37% 的溶液），其冻结温度为 －18.5 ℃，溶解热为 67 kJ/kg。温度调节板的隔热材料为聚苯乙烯。Bsy 型冷板车有 52 个温度调节孔，其中 26 个设在靠车体中心的位置供热气流向上流动，26 个设在靠侧壁位置供冷气流向下运动。运送货物时依靠冷板放冷，即共晶溶液吸热融解来保证车厢内处于低温。调温隔板主要控制调温孔口的开闭以控制厢内空气同冷板间的换热量，保证车厢内温度恒定。

Bsy 型冷板车车内温度调节范围为 －10 ～ 8 ℃，冷板充冷时间为 18 h。冷板车携带 7.4t EM－185 低共晶溶液时，所蓄冷量可维持车内温度为 －10 ℃，时间可达 110 h 以上。

冷板式冷藏车的缺点是要求车站设置充冷站，而充冷站的设置又涉及投资与合理布局等问题。为了克服冷板车的缺点而产生了机械冷板式冷藏车。

机械冷板式冷藏车是在车上设置制冷机组，靠车站地面电源供电，驱动制冷机组为冷板充冷。制冷机组采用风冷式压缩冷凝机组。在冷板中装有蒸发器并与制冷机组相连。充冷时只需开启制冷机即可使冷板中的低共晶溶液冻结。

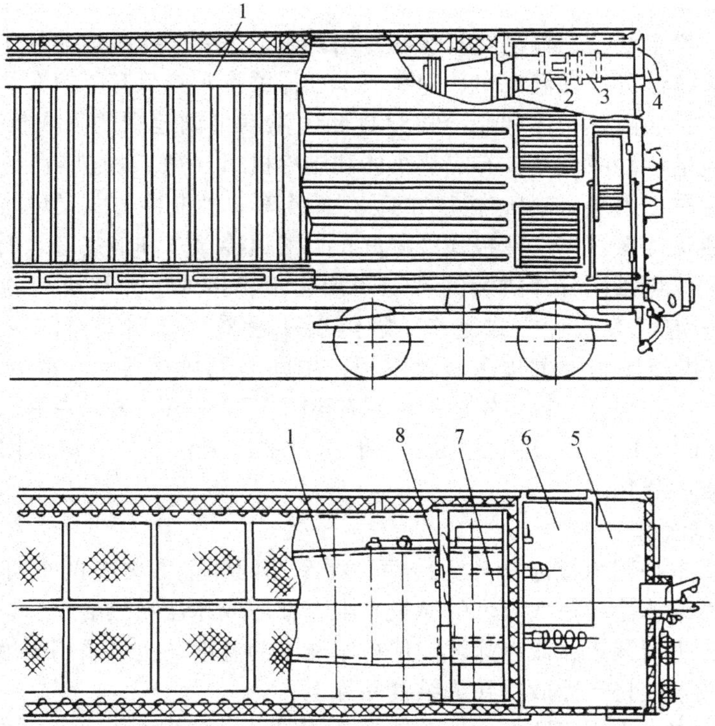

图7－2　5节机冷冷藏车厢结构示意图

1，3—风道；2，8—通风机；4—新鲜空气入口；5—机器间；6—压缩冷凝机组；7—空气冷却器

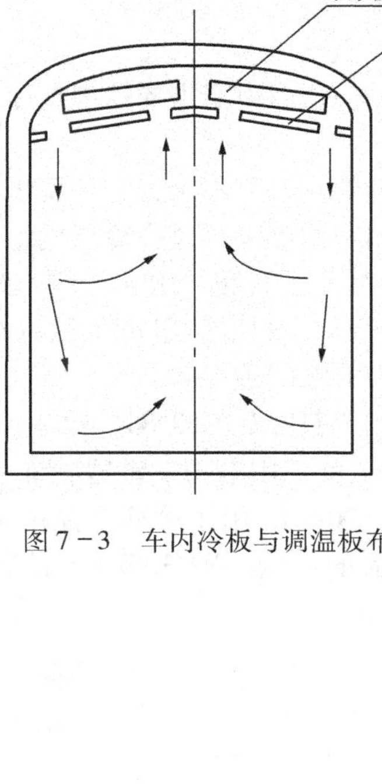

图7－3　车内冷板与调温板布置示意图

三、冷藏汽车

冷藏汽车广义上泛指运输易腐货物的专用汽车，是公路冷藏运输的主要工具，按专用设备功能可将其细分为保温汽车、冷藏汽车和保鲜汽车：只有隔热车体而无制冷机组的称为保温汽车；有隔热车体和制冷机组且厢内温度可调范围的下限低于 -18 ℃，用来运输冻结货物的称冷藏汽车；有隔热车体和制冷机组（兼有加热功能），厢内温度可调范围在 0 ℃左右，用来运输新鲜货物的称保鲜汽车。按制冷方式又可将冷藏汽车分为冰冷冷藏车、机械冷藏汽车、冷板式冷藏汽车、液氮冷藏车和液态 CO_2 冷藏车等。

冷藏车的厢体可采用分片拼装的“三明治”板粘接式、分片拼装的注入发泡式和整体骨架注入发泡式等三种方式制作。隔热层一般采用硬质聚氨酯发泡材料。其中“三明治”板是指板的内外蒙皮为玻璃钢板，中间为隔热材料。一般要求厢体传热系数，$k \leqslant 0.4$ W/（m^2·K），较为先进的达到 $k = 0.35$ W/（m^2·K）左右，而国际先进水平 $k < 0.3$ W/（m^2·K）。冷藏车的厢体一般为一室，也有二、三室结构，以便运送不同贮藏温度要求的货物。

1. 冰冷冷藏汽车

冰冷冷藏汽车是用冰或冰盐作为冷源。在车厢两侧上方装有两个可拆卸的三角形箱，箱内装有冰或冰盐。每次装入的冰量有限，在冰或冰盐吸热溶化后，需要将箱内的水或盐水倒出，重新装入冰或冰盐才能保持车厢内的温度。也可采用干冰保温，干冰可放入干冰箱中或直接将干冰放置在冻结食品垛上。

在果蔬运输中也采用碎冰作为冷源进行冷却保温。如荔枝的运输，在我国对于荔枝贮运应用较为成熟的方法是荔枝预冷后放入泡沫箱密封加冰运输技术。这种方法是在清水中加冰，水温控制在 4～8 ℃，将荔枝泡入水中 30min 左右，并不断加冰，使果体温度降到接近 6 ℃，然后将果皮上的水分沥干。在泡沫箱的对角各放一个碎冰瓶，然后将荔枝放入箱中，加盖密封，装入保温汽车即可进行运输，一般经 3 个昼夜运输后，荔枝可保持原色原味，达到良好的效果。

冰冷冷藏汽车结构简单，操作方便，但由于需要途中加冰，故只适用于短途运输。

2. 机械冷藏汽车

机械冷藏车是目前使用较为普遍的一种冷藏车，它采用机械制冷来冷却车厢内的货物并保持厢内的低温。制冷机组采用小型氟利昂风冷冷凝机组。风冷冷凝机组一般装在驾驶室的顶上，或装在驾驶室与车厢之间的厢体上部。空气冷却器（蒸发器与风机）安装在车厢前部的上方，如图 7 -4 所示。制冷机组可采用汽车引擎驱动或专用发电机驱动。制冷机组采用的制冷剂一般为 R134a 或 R404a。

机械冷藏汽车也可实现双温控制。THERMOKING（冷王）生产的 VM300/305 冷藏汽车的结构如图 7 -5 所示。制冷机组可采用电力驱动或汽车引擎驱动，车厢分隔为两个区，一个区为低温区，温度可达 -20 ℃，用于冷冻食品的运输；另一个区温度可控制在 0 ℃，用于冷藏食品和保鲜食品的运输。VM300/305 冷藏汽车和 VM300/305MAX 冷藏汽车的制冷能力如表 7 -1 所示。

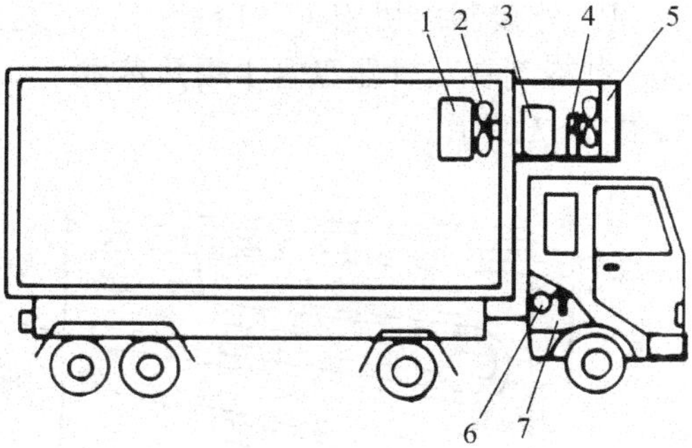

图 7－4　机械冷藏汽车

1—蒸发器；2—风机；3—压缩机；4—冷凝风机；5—冷凝器；6—发电机；7—传动机构

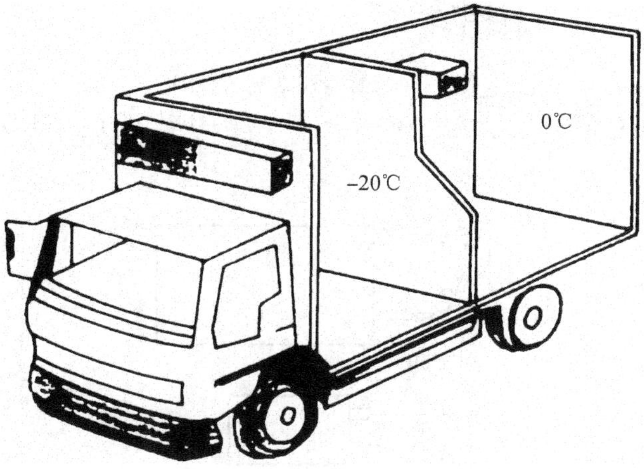

图 7－5　VM300/305 冷藏汽车

表 7－1　VM 冷藏汽车的制冷能力　　单位：W

蒸发器入口温度/℃	驱动方式	VM300/305	VM300/305MAX
0	引擎	3180	4000
－20		1430	2200
0	电力	2180	3100
－20		825	1500

3. 冷板式冷藏汽车

冷板式冷藏汽车采用在车厢内安装蓄冷板，依靠冷板中被冻结的共晶溶液吸热融解特性吸收厢内物体的热量，实现制冷降温和保温的目的。蓄冷板采用铝合金做成 50～100 mm 厚的中空壳体，内装蓄冷剂。在蓄冷板中设有制冷的蒸发器盘管，其结构如图

7－6 所示。蓄冷板充冷时只需外接制冷机组，蓄冷板中的蒸发器通过快速接头与制冷机组相连。开启制冷机后，制冷剂在蒸发器盘管中吸热蒸发，从而使得蓄冷剂被冻结以贮存冷量，其充冷过程如图 7－7 所示。

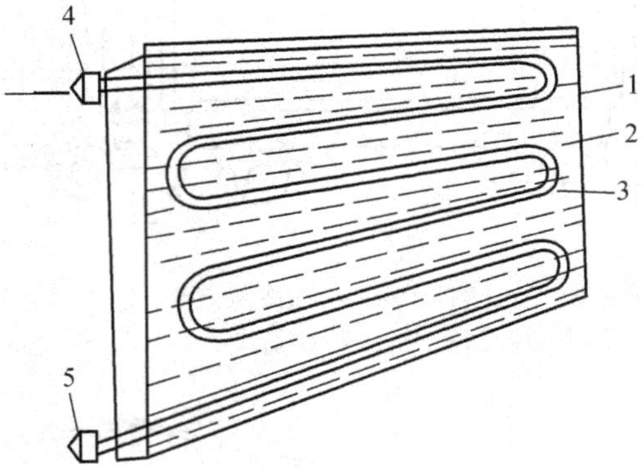

图 7－6　蓄冷板结构示意图

1—蓄冷板外壳；2—蓄冷液；3—蒸发器盘管；4—制冷剂进口快速接头；5—制冷剂出口快速接头

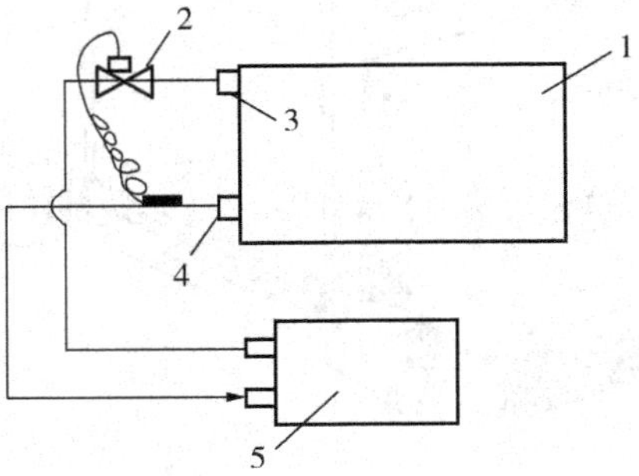

图 7－7　蓄冷板充冷工作原理图

—蓄冷板；2—热力膨胀阀；3—进口快速接头；4—出口快速接头；5—压缩冷凝机组

蓄冷板在车厢内的布置方式有三种：前置式、顶置式和侧置式，如图 7－8 所示。蓄冷板通过厢内空气的自然对流来冷却厢内货物并保持低温状态。

冷板式冷藏汽车具有结构简单、操作维护方便、投资低等优点，其缺点是冷藏运输距离受蓄冷板蓄冷量的限制，长途运输时需在途中充冷，因而要求定点设置充冷站。为了克服冷板式冷藏汽车的缺点产生了机械冷板式冷藏汽车。类似于机械冷藏汽车，机械冷板式冷藏汽车带有小型氟利昂风冷冷凝机组，制冷机组所需动力由地面电源供给。因而充冷时只需将冷藏车停靠在有电源的地方，将制冷机组通上电源即可对蓄冷板充冷。

4. 液氮或液体 CO_2 喷淋冷藏汽车

液氮或液体 CO_2 喷淋冷藏汽车是采用液氮或液体 CO_2 向厢内喷淋，液体吸热汽化从而使得厢内货物冷却降温。

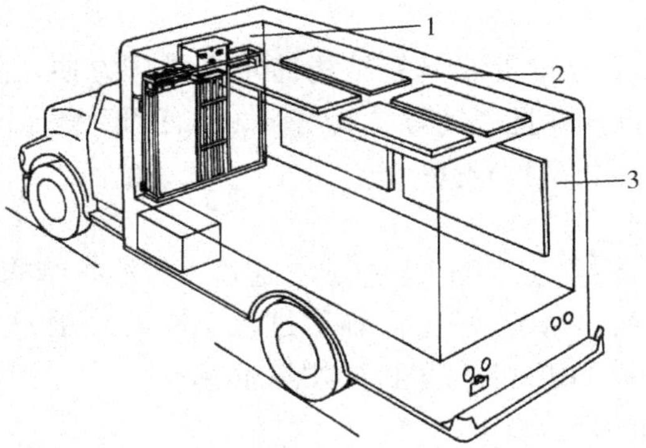

图 7 - 8　蓄冷板式冷藏汽车

1—前置式；2—顶置式；3—侧置式

图 7 - 9 是液氮喷淋冷藏车的冷却系统图。在车厢内放置有液氮杜瓦容器，用蒸发器 9 与压力调节阀 3 维持液氮压力恒定（约比大气压高 50 ~ 100 kPa），沿车厢长度设置分配集管与喷头 1。厢内的温度由温度控制器控制。当需要冷却时，温控器 6 使得电磁阀 4 打开，液氮进入分配集管通过喷头向厢内喷淋。仪表盘装在车厢外，其上设有充液氮的接头。

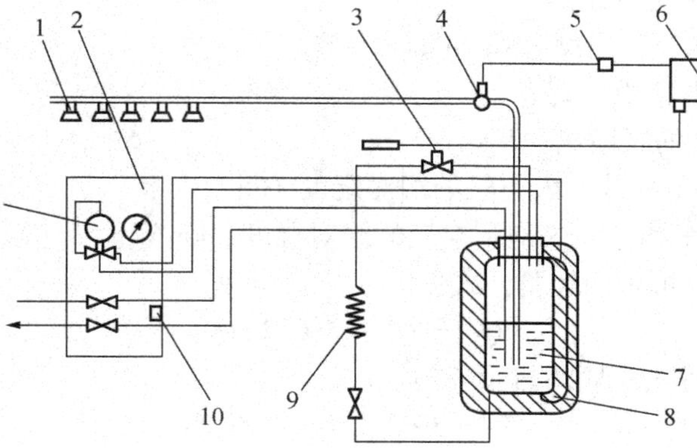

图 7 - 9　液氮喷淋冷藏车的冷却系统图

1—分配集管与喷头；2—仪表盘；3—压力调节阀；4—电磁阀；5—停止开关（在门上）；6—温度控制器；7—液氮；8—杜瓦容器；9—蒸发器；10—安全阀；11—液位计

在常温常压下，二氧化碳气体无色、无味、无毒、不燃不爆，是一种化学性质相对稳定的惰性气体，在工业中常被用作保护气，在易腐货物的贮藏运输中是一种非常理想的气调保鲜气体。二氧化碳的标准沸点为 - 78.5 ℃。在常压下液态 CO_2 是无色透明、易于流动的液体，无毒不爆，是一种十分安全的制冷剂。二氧化碳的臭氧衰减指数 ODP = 0，温室指数 GWP = 1。二氧化碳由工业废气回收而得，不增加环境负担，成本低廉，无需回收使用。

液氮或液体 CO_2 喷淋冷藏汽车具有结构简单，操作方便，降温快，温度范围广、工作可靠、无噪音等特点，并且氮气与二氧化碳气体有利于食品的贮藏，但是液氮与液体 CO_2 价格较高，因而运行费用较高。

5. 冷藏车的热负荷计算

冷藏车的热负荷 Q_0 是由以下几部分组成：通过箱体维护结构传入的热量 Q_1 、车厢各处缝隙泄漏传入车厢的热量 Q_2 、太阳辐射进入车厢的热量 Q_3 、车内食品的呼吸热 Q_4 、开门漏热量 Q_5 和车厢内照明与风机的发热量 Q_6 。

（1）箱体维护结构的传热量 Q_1 ：

$$Q_1 = KF(\theta_h - \theta_n) \tag{7-1}$$

式中 K ——箱体结构的传热系数，W/（m^2 · ℃）；

F ——箱体外表面面积，m^2；

θ_h ——环境空气温度，常按使用环境最高温度计算，℃；

θ_n ——车厢内空气温度，℃。

（2）车厢各处缝隙泄漏传入车厢的热量 Q_2 ：

$$Q_2 = \frac{1}{3\,600}\beta \rho V[c_\rho(\theta_h - \theta_n) + r(\phi_1 d_1 - \phi_2 d_2)] \tag{7-2}$$

式中 β ——车厢漏气倍数；

ρ ——车厢内空气密度，kg/m^3；

V ——车厢内容积，m^3；

r ——水蒸气的凝固热，J/kg；

ϕ_1 、ϕ_2 ——车厢外、内空气的相对湿度，%；

d_1 、d_2 ——车厢外、内饱和空气的绝对湿度，kg/kg。

实际计算时，也可采用经验公式：

$$Q_2 = (0.1 \sim 0.2)Q_1 \tag{7-3}$$

（3）太阳辐射进入车厢的热量 Q_3 ：

$$Q_3 = KF_f(\theta_f - \theta_n)Z_f/24 \tag{7-4}$$

式中 F_f ——车厢表面受太阳辐射的面积，一般取车厢总传热面积的 30% ~ 40%，m^2；

θ_f ——车厢外表面受太阳辐射的平均温度，$\theta_f = \theta_h + 20$ ℃，℃；

Z_f ——每昼夜日照小时数，常取 12 ~ 16h。

（4）车内食品的呼吸热 Q_4 ：

$$Q_4 = M \times \Delta H \times t \tag{7-5}$$

式中 M ——车内食品的质量，kg；

ΔH ——单位质量的食品在单位时间内的呼吸热，W/（kg · h）；

t ——车内食品的保冷时间，h。

（5）开门漏热量 Q_5：

$$Q_5 = \alpha Q_1 \tag{7-6}$$

式中，α 为开门频度系数，运输途中不开门时，$\alpha=0.25$；开门六次以下时，$\alpha=0.5$；开门次数为 7～12 次时，$\alpha=0.75$；开门次数为 12 次以上时，$\alpha=1$。

（6）车厢内照明灯与风机电机产生的热量 Q_6：

$$Q_6 = \sum P_i t_i/24 \tag{7-7}$$

式中　P_i——照明灯、风机电机等的功率，W；

t_i——运输时照明灯和风机等每天使用的小时数，h。

（7）冷藏车的热负荷 Q_0：

$$Q_0 = Q_1 + Q_2 + Q_3 + Q_4 + Q_5 + Q_6 \tag{7-8}$$

四、冷藏船

用于冷藏运输的船舶按其对货物的服务方式可分为冷藏运输船和渔业冷藏船。冷藏运输船主要用于易腐货物的运输，它的货舱可以全部用作冷藏舱，也可以部分用作冷藏舱。渔业冷藏船可对捕获的鱼进行冷加工和短期的冷藏。

船舶冷藏舱对绝热结构要求高。一般船体采用金属材料制造，金属骨架深入到绝热结构中，容易形成“冷桥”，导致较大的漏冷损失。冷藏船的维护结构一般采用软木板作为绝热材料，绝热层厚度为 200～250 mm，平均传热系数为 0.5～0.7 W/（m^2·K）。目前也采用硬质聚氨酯泡沫塑料作为绝热材料的夹层板。

冷藏船制冷系统可分成两种基本形式：直接蒸发冷却系统和间接冷却系统。直接蒸发冷却系统和间接冷却系统的系统图如图 7－10 所示。

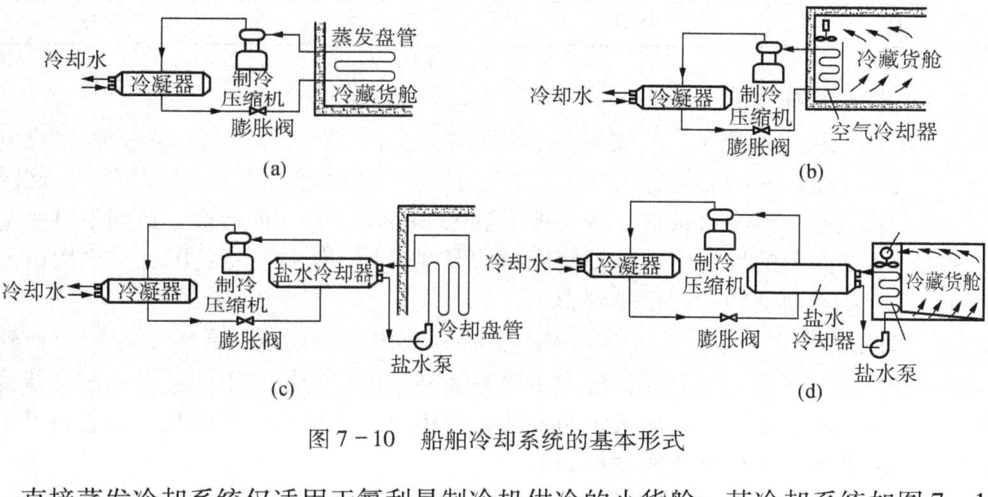

图 7－10　船舶冷却系统的基本形式

直接蒸发冷却系统仅适用于氟利昂制冷机供冷的小货舱，其冷却系统如图 7－10a、b 所示。在冷藏船所用的氟利昂制冷机适用于冷藏舱总舱容小于 1 000 m^3 时，制冷机所用的制冷剂有 R22、R502 和 R134a。

间接冷却系统图如图 7－10c、d 所示。在间接冷却系统中采用盐水作为载冷剂，载冷剂一般为氯化钙的水溶液。制冷系统通常为氨制冷系统，制冷剂为氨。

在舱内对货物的冷却有两种形式：自然对流冷却和强制对流冷却。自然对流冷却采用蒸发盘管冷却系统，盘管布置在冷藏舱的四壁和舱顶上，如图 7－10a、c 所示，舱内的空气依靠自然对流流动。强制对流冷却采用风机使舱内空气通过蒸发器冷却并强制在舱内循环，如图 7－10b、d 所示。

五、冷藏集装箱

冷藏集装箱是为运输易腐货物而专门设计制造的集装箱。它的箱体结构采用钢、铝合金和薄钢板，箱体的主承力框架由高强度的钢材构成，壁面用薄钢板或铝合金板，内壁面也可采用不锈钢板，内外壁面之间填入隔热材料，隔热材料一般采用硬质聚氨酯泡沫塑料现场发泡。箱体的平均传热系数为 0.4 W/（m^2·K）左右。

常见的冷藏集装箱尺寸符合国际标准。国际标准冷藏集装箱的尺寸见表 7－2。

表 7－2　国际标准冷藏集装箱的尺寸

型号	外形尺寸/mm		
	长	宽	高
IA	12 192	2 438	2 438
IAA	12 192	2 438	2 591
IB	9 125	2 438	2 438
IBB	9 125	2 438	2 591
ICC	6 058	2 438	2 591
ID	2 991	2 438	2 438

冷藏集装箱具有以下优点。

（1）易保证货物的质量。易腐败货物可以在发货地点装入集装箱直接运到收货单位，而中途即使经过多种运输方式（如汽车、铁路、海运等）也毋需对货物进行装卸。若不采用冷藏集装箱而将易腐物品从一种运输工具换装到另一种运输工具则不可避免地要将货物暴露在高温的环境中，这易使货物的温度回升，增强了货物的呼吸作用以及微生物的繁殖，从而使货物的质量受到影响。

（2）可减少装卸费用，有利于装卸作业的机械化和自动化。易腐货物从产地到市场销售一般要经过多种运输方式，途中多次装卸势必增加装卸费用。采用冷藏集装箱在不同运输作业之间联运时，仅对集装箱换装，而箱内的货物不需要倒装。集装箱可采用托盘装货使装卸作业的机械化程度提高。

（3）适用国际联运。随着世界海运事业的发展，船舶运输趋于专业化、大型化、自动化和装卸机械化。在船舶上有专门装运冷藏集装箱的货舱，有的船上有专供冷藏集装箱用电的电源插口，有的船上还有供给集装箱冷量的制冷设备，因此，利用冷藏集装箱进出口易腐货物很适合国际海运联运。

（4）适宜于小批货物的运输。小批货物的特点是量小但对运输条件要求高，因此，采用冷藏集装箱可将这类货物高质量地从产地运到销售地或加工地。

按照冷藏集装箱的制冷方式可将其分为冰冷冷藏集装箱、冷板式冷藏集装箱、低温液体喷淋式冷藏集装箱、机械冷藏集装箱、气调冷藏集装箱、低压冷藏集装箱和航空冷藏集装箱。

1. 冰冷式冷藏集装箱

冰冷式冷藏集装箱是采用冰或冰盐冷却的集装箱。在集装箱的顶部装有两个盛冰的冰箱，两个冰箱是互相联通的，从而使两个冰箱中的冰水或盐水保持在同一水平上。在集装箱顶部设有加冰口。

这种集装箱结构简单，造价便宜。但由于用冰和冰盐作冷源，所以沿途需加冰；箱内空气循环依靠自然对流，箱内温度不易均匀且不易控制；箱内只能保持 -8 ℃以上的温度。

2. 冷板式冷藏集装箱

冷板式冷藏集装箱类似于冷板式冷藏汽车，它的特点是箱内设有一个提供冷源的冷板。运输易腐货物时，用冷板散发的冷量以抵消外界传入的热量，保持箱内的低温状态。

冷板式冷藏集装箱有两种结构，一种是配置有制冷机组，充冷时接上电源即可；另一种是不配制冷机组，充冷工作在充冷站进行。冷板可安装在集装箱内的顶上或侧壁上。冷板可做成固定式和活动式。对于活动式冷板，需取下在充冷站或冷库进行充冷，并在运货时装上。一个冷板可装共晶溶液 220～560 kg，充冷时间约为 8 h。集装箱内的最低温度可达 -18 ℃。

冷板式冷藏集装箱的优点是结构简单、冷源可靠，制造成本低，维修费用少，但由于中途需充冷，故只适用于短途运输。

3. 低温液体喷淋式冷藏集装箱

低温液体喷淋式冷藏集装箱是指通过向箱内喷淋液氮（N_2）、液空、液体二氧化碳等物质，使箱内的温度降低的集装箱。在集装箱的一端设有贮液罐，罐中可装入液氮、液空或液体二氧化碳，由温控器控制喷液电磁阀可实现自动向箱内喷淋液体。由于贮液罐放置在地板上，要占据一定的面积，因而贮液罐容积不能太大，以免影响集装箱的装货量，这样贮液量有限，若途中不给予补充，这种集装箱只适合短途运输。

液氮喷淋式冷藏集装箱的优点是冻结迅速；能保持货物的外形、营养和味道，但液氮价格高，运营费用高。采用液体空气喷淋的冷藏集装箱的优点是没有窒息的危险，预冷后装货或到站卸货时不需要对箱体通风换气，既节省时间又减少冷耗，但液体空气具有爆炸性，应严禁与易燃烧或其他有机物一起存放。液体 CO_2 喷淋式冷藏集装箱的优点是操作简单可靠，维修费用低，但 CO_2 有窒息性，箱内 CO_2 含量超过 10% 时，对工作人员和货物会产生有害影响，因而在装卸前需将箱内 CO_2 气体排出。

4. 机械式冷藏集装箱

机械式冷藏集装箱采用小型氟利昂风冷冷凝机组为箱内货物提供冷量。机械式冷藏集装箱的结构与冷风循环方式如图7－11所示。压缩冷凝机组放置在箱体一端，在箱内装有冷风机，冷风通过风道送入箱中各部位。若箱体过长，为了保证箱体温度均匀，可采用两端送风方式。压缩机与风机所需动力可由自备柴油发电机或外接电源供给。

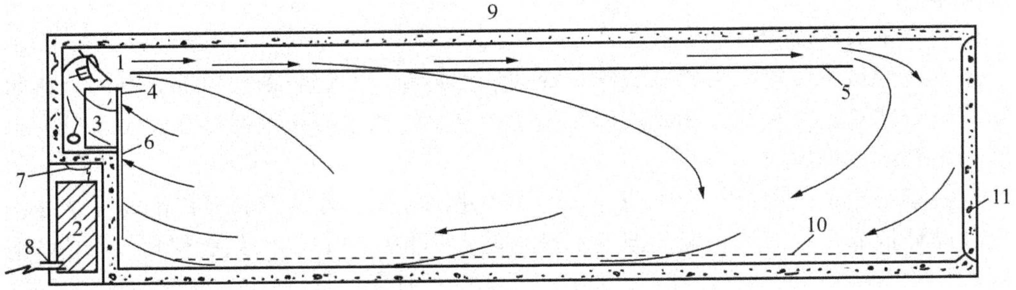

图7－11　机械式冷藏集装箱结构与冷风循环示意图

1—风机；2—压缩冷凝机组；3—蒸发器；4—送风口；5—软风管；6—回风口；7—新鲜空气入口；8—外接电源线；9—箱体；10—通风沥水格栅；11—箱门

箱内温度由温控器控制，根据设定的温度值自动停开压缩机。

蒸发器的融霜可采用定时电加热融霜方式，还可以采用薄膜式空气微压差控制器，根据霜层厚度决定融霜。这种微压差控制器有两根感压管，分别放置在蒸发器前后。当蒸发器结霜过厚，空气阻力增大到控制器的压差设定值时，则自动停止压缩机，开启电加热器自动融霜。融霜完毕后，自动切断电热器，制冷系统恢复正常工作。

机械式冷藏集装箱温控精度高，温度调节范围大，可在－25～25℃之间调控，但造价高。

我国研制的LJ－20型冷藏集装箱的主要技术参数外部尺寸（长×宽×高）为6 056 mm×2 438 mm×2 591 mm（属IC20ft系列）；隔热结构为83～100 mm厚聚氨脂泡沫塑料；箱体传热系数为0.38 W/（m·K）；箱内温度为－18～25℃；制冷压缩机为半封闭式；标准制冷量6 106 W；使用环境温度为－30～38℃。

5. 气调式冷藏集装箱

气调式冷藏集装箱主要由两个系统组成，即制冷系统和气调系统。制冷系统的作用是降低温度，控制细菌繁殖；气调系统的作用是抑制果蔬类的呼吸作用，防止其脱水氧化。

气调系统是调节贮运环境中的气体成分，主要是氧气（O_2）和二氧化碳（CO_2）的含量。对大多数果蔬，氧气含量控制在2%～4%、二氧化碳含量控制在0%～5%时能有效地抑制果蔬的呼吸作用，使其处于长期冬眠状态而延长保鲜时间。气调系统由氧气反应机、控制器和液氮罐组成。氧气反应机主要检测箱内氧气的含量，控制器根据氧气反应机所提供的信号决定是否向箱内注入氮气。

气调式冷藏集装箱的优点是保鲜时间长，但结构复杂，成本高。

6. 低压式冷藏集装箱

低压式冷藏集装箱由制冷系统、真空系统和加湿系统三部分组成。制冷系统向箱内提供冷量以保持箱内温度的需要。箱内温度由温控器控制，箱内温度调控范围为 -2～16 ℃。真空系统用于保持箱内的低压。箱内的气压为 10～80 mmHg，利用真空泵将箱内的空气抽出并排放到大气中。加湿系统由贮水箱、过滤器和电加热器构成，箱内空气的相对湿度一般为 90%～95%。

低压冷藏集装箱还能控制箱内的气体成分，箱内 O_2 的含量为 0.1% ±0.03%，为了限制乙烯和 CO_2 的含量，箱内需要定时换气。箱外空气经过专门的控制口并经过过滤后和压入的水蒸气混合，一同进入集装箱内。

这种集装箱的优点是能控制箱内的气体成分和相对湿度，抑制果蔬的呼吸作用，缺点是果蔬经低压贮藏后不能很好地成熟。

除上述几种冷藏集装箱外还有供船舶使用的通风集装箱和盐水冷却的集装箱。通风集装箱是由绝热结构的集装箱与冷风管系构成，集装箱的端部有进出风口，通过专用管与冷风机送回风管相连，由冷风机将冷风送入箱内。盐水冷却的冷藏集装箱内有冷却盘管，通过软管与盐水循环系统相接，利用低温盐水使箱内温度降低。这两种冷藏集装箱所需冷量依靠船上的制冷机提供。

7. 航空冷藏集装箱

近年来，随着食品、鲜货和花卉空运量的增加，出现了一种供飞机运输使用的航空冷藏集装箱。箱体采用夹层铝板结构，中间为隔热材料，隔热板厚为 50～60 mm，用超硬铝板作为底板及叉孔的垫板，以便于叉式提升机作业。

航空冷藏集装箱采用强制式热交换装置，制冷工质为干冰，其工作原理如图 7-12 所示。在集装箱内有一个热交换箱，热交换箱中放置一个装有干冰的换热容器，当集装箱内的货物需要冷却时，开启风机，箱内的空气被导入热交换箱内进行热交换，利用换热器中干冰的升华热而使空气冷却并送回到集装箱内，而升华后变为气体的 CO_2 不会混入集装箱内。风机是利用直流电源驱动。

瑞典 Frigotainer 公司生产的 LD3 型 RKN 冷藏集装箱，内部容积 3.2 m^3，制冷温度为 -5～10 ℃，干冰最大装载量为 80 kg，自重 250 kg。它在 30 ℃环境温度下保持箱内 -5 ℃温度 15 h 需干冰 34 kg。

第三节　商用冷柜与陈列柜

商用冷柜与陈列柜是食品冷藏链中重要的一环，它直接面对消费者（顾客）。随着科学技术的进步与人们生活水平的提高，商品零售业日趋活跃，超级市场与便利店得到迅速普及，销售的食品种类、规模与销售量也大幅提高。在食品销售方面不仅有常见的

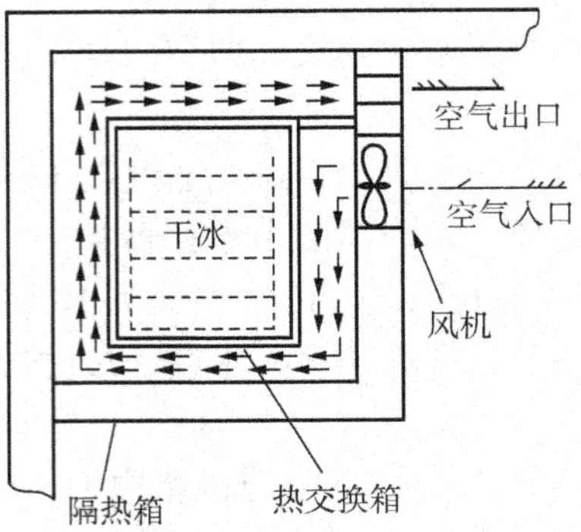

图 7－12　航空冷藏集装箱制冷系统原理图

水果、蔬菜、肉类、水产品、乳制品和禽蛋类等，而且增加了大量的各种速冻食品。为了保证食品的质量，商用冷柜与陈列柜得到了广泛使用。

一、商用冷柜

冷柜是一种有适当容积和制冷系统的绝热箱体，用消耗电能的手段来制冷，使柜内的温度达到食品冷藏或冷冻所需的温度，用于贮藏或冷冻各种食品。

1. 冷柜的分类

（1）按冷柜使用的环境气候分类

为了使冷柜的设计和使用更加经济合理，国际与国家标准规定，根据冷柜使用的气候环境条件，将冷柜分为亚温带型、温带型、亚热带型和热带型。

亚温带型（SN）使用的环境温度为 10 ～ 32 ℃，冷藏柜的温度应在 －1 ～ 10 ℃范围内，冷冻柜的温度应≤ －18 ℃；温带型（N）使用的环境温度为 16 ～ 32 ℃，冷藏柜的温度应在 0 ～ 10 ℃范围内，冷冻柜的温度应≤ －18 ℃；亚热带型（ST）使用的环境温度为 18 ～ 38 ℃，冷藏柜的温度应在 －1 ～ 12 ℃范围内，冷冻柜的温度应≤ －18 ℃；热带型（T）使用的环境温度为 18 ～ 43 ℃，冷藏柜的温度应在 0 ～ 12 ℃范围内，冷冻柜的温度应≤ －18 ℃。

（2）按冷柜的温度分类

根据柜内的使用温度，冷柜可分为冷藏柜、冷冻柜和冷藏冷冻柜。冷藏柜的柜内温度一般为 0 ～ 10 ℃，冷冻柜的柜内温度一般为 －18 ℃；冷藏冷冻柜是一个具有冷藏和冷冻两个室的冷柜，冷藏室的温度通常控制在 0 ～ 10 ℃之间，用于贮藏不需冷冻的食品、水果与饮料等，冷冻室温度通常控制在 －18 ℃以下，用于贮藏已冷冻好的食品。

（3）按冷柜的结构分类

冷柜在结构上可分为立式冷柜和卧式冷柜两种类型。立式冷柜一般采用中空玻璃门结构，能直观地显示所藏的食品或饮料。卧式冷柜通常为冷冻柜，柜门有单层发泡门、双层门和透明玻璃门。其中双层门结构是外部采用顶开式或折叠式发泡门，内部有一层玻璃拉门，可有效地保证柜内冷量不外泄。

2. 冷柜的结构

冷藏柜通常采用直冷式制冷系统，蒸发器为板管式结构；为了美观和搬运方便，冷凝器通常采用内藏板管式结构，对于外挂钢丝式的冷凝器已较少采用。一些冷藏柜采用间冷式制冷系统，设有自动融霜装置。冷冻柜一般采用直冷式制冷系统，蒸发器为板管式结构；冷凝器为钢丝式结构，一般放置在柜体底部。为了提高冷凝效果，在冷柜中也采用强制通风式冷凝器，它是将钢丝式冷凝器绕制成 3～5 排，并采用风扇吹风冷却。

图 7－13 给出的是一立式商用冷柜。立式商用冷柜通常为冷藏柜，采用搁架存放食品。为了充分展示食品的外观与花色，采用玻璃门结构。冷柜门几乎占据了柜体的正面，由于门的开启对柜内温度影响较大，因此门的大小与数量由冷柜的容积与用途来决定。对于大于 150 L 的冷柜，通常采用双门结构。立式冷柜可采用自然对流冷却或强制对流冷却。对于强制对流冷却的冷柜，打开门时风机停止运转。

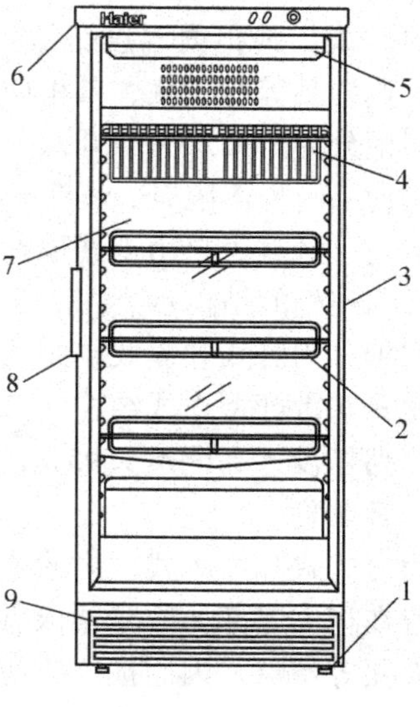

图 7－13　立式商用冷柜

1—底脚；2—搁物架；3—箱体；4—瓶栏框；5—照明灯；6—控制面罩；7—门；8—手柄；9—下护罩

图 7－14 给出了卧式商用冷柜的外观图。卧式商用冷柜一般采用自然对流冷却，箱体内胆采用不锈钢板或铝合金板，蒸发器为管板式结构，箱体的内胆壁面即为蒸发器板。在应用中，对于冷却瓶装饮料的卧式冷柜可使用冷水作为间接冷却介质，即在柜室中加入水，由蒸发器对水进行冷却使水成为温度低于 10 ℃的冷水，然后冷水对放入柜室内的饮料进行冷却。

二、陈列柜

1. 陈列柜的分类

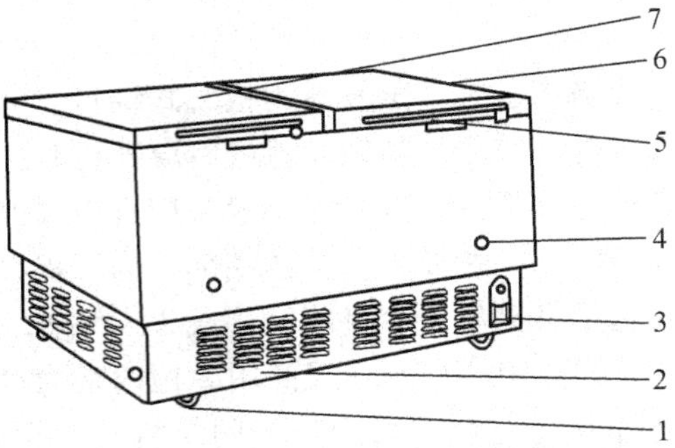

图 7 - 14　卧式商用冷柜

1—脚轮；2—机仓；3—控制面板；4—排水塞；5—门盖；6—冷冻室；7—冷藏室

陈列柜的形式很多，根据使用的温度范围可分为冷藏型和冷冻型。冷冻型陈列柜主要用于冻肉、冻鱼和速冻食品的贮藏，其柜内温度一般为 - 18 ～ - 12 ℃。冷藏型陈列柜主要用于饮料、水果、蔬菜、熟食品等的贮藏，其柜内温度高于 0 ℃。

按柜门的结构形式可将陈列柜分为封闭式和敞开式。封闭式陈列柜的四周封闭，柜门一般采用玻璃门结构，将柜内食品与外界隔开，图 7 - 15 给出了封闭式陈列柜的结构示意图。敞开式陈列柜不设置柜门，顾客可自由地选取食品，采用风幕将柜内食品与外界隔开，图 7 - 16 给出了敞开式陈列柜的结构示意图。

按柜体的结构形式可将陈列柜分为卧式和立式。卧式陈列柜主要有岛式和壁式等型式；立式陈列柜主要有封闭型立式和敞开型立式结构，其中敞开型立式陈列柜又称为多段式或货架式陈列柜。多段式陈列柜设计高度达 1. 95 m，在柜体上设有多层搁架用于摆放食品，采用风幕冷却，便于顾客取货。

按制冷方式可将陈列柜分为分体式和内藏式。内藏式陈列柜是将制冷机组与柜体做成一体结构，压缩冷凝机组放置在柜体底部，冷凝器依靠店内空气冷却。这种陈列柜具有结构紧凑、布置灵活、使用方便等特点，因而被广泛使用于中、小型便利店。由于冷凝器是通过店内空气冷却的，因此会增加店内的热负荷，故内藏式陈列柜不适用于有空调设施的大型超市，且柜体体积较小。

分体式陈列柜的制冷系统类似于分体式空调器，在柜体中仅装有蒸发器、风机和热力膨胀阀，压缩冷凝机组装在室外通风良好的地方，通过管路将两者相连。分体式陈列柜具有噪音低、柜体大、样式多等特点，适合于大型超市使用。分体式陈列柜柜体可达 4 m 长，制造商也可根据用户的需求，制作出超过 4 m 的柜体。目前应用分体式结构的陈列柜有岛式陈列柜和多段式陈列柜等。

2. 敞开式陈列柜的热负荷计算

敞开式陈列柜的热负荷由四部分组成：柜体维护结构传热量 Q_1 、从敞开口辐射进入的热量 Q_2 、柜内热负荷 Q_3 和风幕热负荷 Q_4。

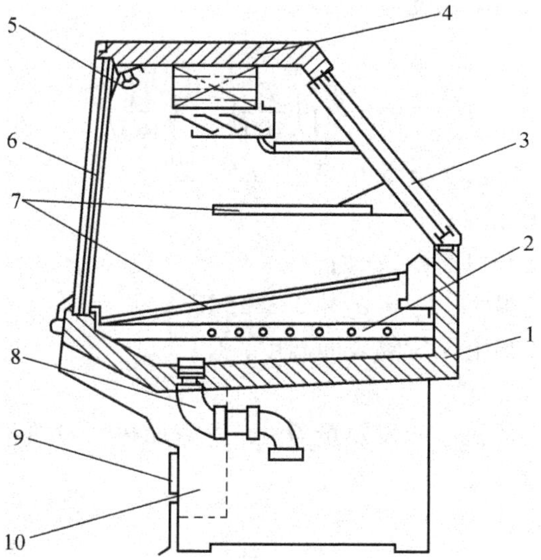

图 7－15　封闭式陈列柜的结构示意图

1—柜体；2—下蒸发器；3—玻璃门；4—顶部与上蒸发器；5—照明灯；6—前玻璃；7—货架；8—下水管；9—外装饰板；10—电器柜

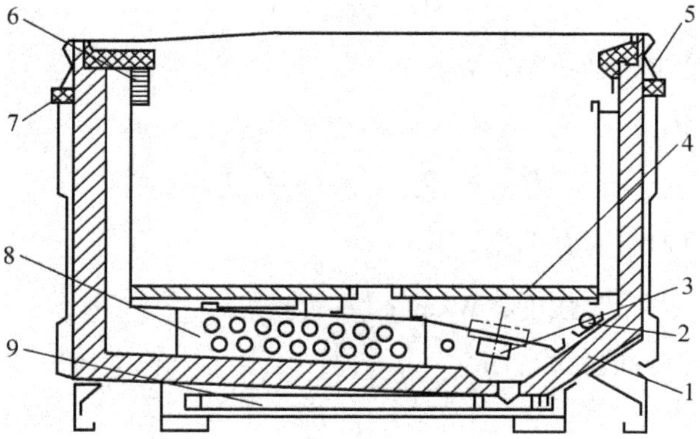

图 7－16　敞开式（岛式）陈列柜的结构示意图

1—柜体；2—融霜加热器；3—风机；4—底板；5—外装饰板；6—排风格栅；7—防碰条；8—蒸发器；9—排水管

（1）柜体维护结构传热量 Q_1 ：

$$Q_1 = KF(\theta_h - \theta_m) \tag{7-9}$$

式中　K ——柜体结构的传热系数，W/（m^2 · ℃）；

F ——柜体外表面面积，m^2；

θ_h ——柜外商店的环境温度,℃；

θ_m ——柜内空气平均温度,℃。

（2）辐射热量 Q_2：

$$Q_2 = \varepsilon C_O F_1 \left[\left(\frac{T_h}{100} \right)^4 - \left(\frac{T_w}{100} \right)^4 \right] \tag{7-10}$$

式中　ε ——陈列柜体黑度，$\varepsilon = 5.67\ W/(m^2 \cdot K^4)$；

C_O ——黑体辐射系数；

F_1 ——陈列柜敞开口面积，m^2；

T_h ——外界空气温度，$T_h = \theta_h + 273.15\ K$；

T_w ——柜内壁或最上层货物表面温度，K。

（3）柜内热负荷 Q_3：

柜内热负荷 Q_3 是由风机电机发热量 Q_{31}、防露加热器发热量 Q_{32}、照明发热量 Q_{33} 和融霜恢复热量 Q_{34} 所组成。

① 风机电机发热量 Q_{31}：

$$Q_{31} = \sum P_1 \tag{7-11}$$

式中　$\sum P_1$ ——风机电机总功率，W。

② 防露加热器发热量 Q_{32}：

$$Q_{32} = \sum P_2 \tag{7-12}$$

式中　$\sum P_2$ ——电加热总功率，W。

③ 照明发热量 Q_{33}：

$$Q_{33} = \sum P_3 + F_2 \times \sum P_4 \tag{7-13}$$

式中　$\sum P_3$ ——柜内照明总功率，W；

$\sum P_4$ ——室内照明强度，W/m^2；

F_2 ——陈列柜占地面积，m^2。

④ 融霜恢复热量 Q_{34}：

$$Q_{34} = m \times c_\rho \times \Delta\theta / Z_1 \tag{7-14}$$

式中　m ——柜内空气质量，kg；

$\Delta\theta$ ——融霜前后温差,℃；

c_ρ ——柜内空气比热容，J/(kg·℃)；

Z_1 ——冷却时间，s。

⑤ 柜内热负荷 Q_3：

$$Q_3 = (Q_{31} + Q_{32} + Q_{33} + Q_{34})\eta \tag{7-15}$$

式中　η ——修正系数，$\eta = 0.4 \sim 0.6$。

（4）风幕热负荷 Q_4：

$$Q_4 = M(h_h - h_f) \quad (7-16)$$

式中　M——通过风幕外界空气渗入量，kg/s；

h_h——外界空气的比焓，J/kg；

h_f——蒸发器出口空气的比焓，J/kg。

通过风幕外界空气的渗入量可根据陈列柜的融霜水量计算：

$$M = \frac{D}{Z(d_h - d_f)} \quad (7-17)$$

式中　D——一个周期的排水量，kg；

Z——一个周期的时间，h；

d_h——外界空气的含湿量，kg/kg；

d_f——蒸发器出口空气的含湿量，kg/kg。

（5）敞开式陈列柜的热负荷 Q_0：

$$Q_0 = (Q_1 + Q_2 + Q_3 + Q_4)\varepsilon \quad (7-18)$$

式中　ε——修正系数，$\varepsilon = 1.1 \sim 1.2$。

3. 陈列柜的冷风幕

与冷柜相比较，陈列柜具有良好的展示功能，有效容积大和冷冻能力强的特点。陈列柜主要应用于人员流动密集的大型超市，因此陈列柜应满足良好的展示食品和便于取放食品的要求，为此陈列柜通常采用敞开式结构，利用冷风幕冷却食品和隔离柜内食品与环境空气。

敞开式陈列柜的热负荷由四部分组成：柜体维护结构传热量 Q_1、从敞开口辐射进入的热量 Q_2、柜内热负荷 Q_3 和风幕热负荷 Q_4。其中通过风幕外界空气渗入带进陈列柜的热负荷 Q_4 占主要因素，研究表明风幕热负荷 Q_4 约占总热负荷的70%。

研究表明，风幕的流动与换热受许多因素的影响，如射流速度、射流温度、风幕宽度、敞口高度与宽度、风幕两侧压力与温度差等，其中主要影响因素为射流速度。

图7－17是卧式陈列柜风幕的结构示意图。对于卧式陈列柜，风幕的射流速度过大会增加冷量损失，速度过小会导致环境空气的浸入，与柜内冷空气混合，同样导致冷量损失。卧式陈列柜风幕的射流速度不能小于0.5m/s，否则无法形成风幕。

立式敞开式陈列柜采用双层或三层风幕设计可提高风幕的隔热效率。具有双层风幕的陈列柜含有两个独立的送风回路，内层风幕的空气流经过蒸发器冷却，而外层风幕的空气流不经蒸发器冷却。这种风幕设计具有如下优点：双层风幕可提高内层风幕的速度，减少柜内空气与食品的温差；风幕强度得到加强，环境空气的影响减弱，除霜次数减少；双层风幕使得食品在保持一定的温度下所需的冷量减少，达到节能的效果。三层风幕结构复杂，但隔热效率高。图7－18是三层立式风幕的结构示意图。外层风幕为环境空气风幕，出风口风速为2.2 m/s；中间层风幕为循环空气风幕，风速为2.8 m/s；内层风幕为经蒸发器冷却的冷空气风幕，风速为3.3 m/s。外层风幕风速低，以减少对环境空气的卷吸和内层空气的外溢，内层风幕风速高以增强对柜内食品的冷却和防止柜内

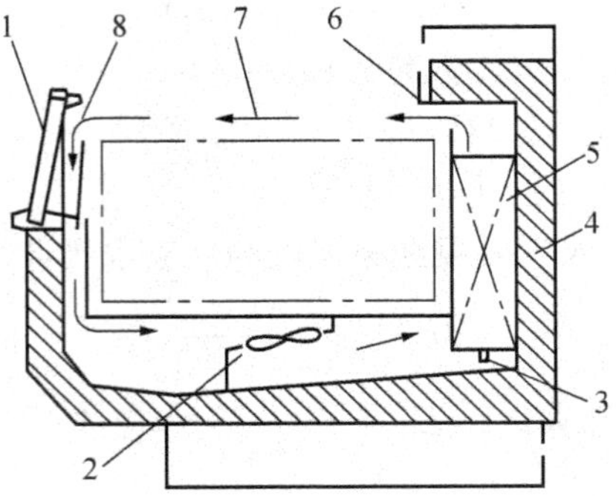

图 7－17　卧式陈列柜风幕结构示意图

1—玻璃；2—风机；3—融霜加热器；4—保温层；5—蒸发器；6—出风口；7—回风口；8—风幕气流

冷量的外溢。

4. 陈列柜的融霜

当陈列柜蒸发器表面温度低于 0 ℃时，空气中的水蒸气就会附着在蒸发器盘管上形成薄霜。如果温度进一步降低，霜层会累积成冰。冰层不仅会减少蒸发器表面的换热系数，而且会增加空气流过蒸发盘管的阻力，从而减小空气的流量，这对陈列柜性能的危害极大。由于霜层的累积会堵塞冷空气通道，使得风幕的送风速度随着陈列柜的运行时间增长下降很快，研究表明在陈列柜运行 6 h 时，送风速度从 0. 8 m/s 下降到 0. 23 m/s。结霜量与融霜周期和融霜时间有关，融霜周期与融霜时间越长，融霜水量越多，意味着结霜量越大；同时结霜量与环境的相对湿度有关，环境相对湿度越大，结霜量越多，并且呈指数关系。

陈列柜的融霜方式主要有电加热融霜和热气融霜。

电加热融霜是目前大多数陈列柜所采用的融霜方式，适用于中低温陈列柜。但是，用于融霜的热量仅有 15% 有效，其余 85% 用于加热蒸发器盘管，耗散在陈列柜内部，增加了制冷负荷。同时，由于加热时，空气与蒸发器盘管上的霜层进行的是对流换热，由外到内，换热较慢，融霜时间较长，柜内温升快，影响了食品的品质。然而这种融霜方式简单可行，融霜可靠，控制回路简单，因而得到大量应用。

热气融霜方式多应用于两台以上陈列柜的集中供冷系统。融霜时，将部分压缩机排出的高温制冷剂蒸汽引入需要融霜的蒸发器。与电加热融霜不同，热气融霜没有引入额外的热源，而是利用压缩机高温排气融霜，高温气体与蒸发器盘管进行对流换热，盘管再与管外霜层进行传导换热，由内及外，换热效果好，融霜时间短，柜内温升小，能耗相对较小。研究表明，热气融霜的热效率比电加热融霜的热效率高 3. 8～4. 5 倍。

环境空气的相对湿度对陈列柜性能的影响较大。R. H. Howwell 研究了相对湿度对陈列柜性能的影响，研究表明，当环境空气的相对湿度从 55% 下降到 35% 时，对大多数不同类型的陈列柜而言，可以节能 5%～29% 。

为了降低蒸发器的结霜速度，提高陈列柜的性能，使用减湿预冷器承担对风幕空气

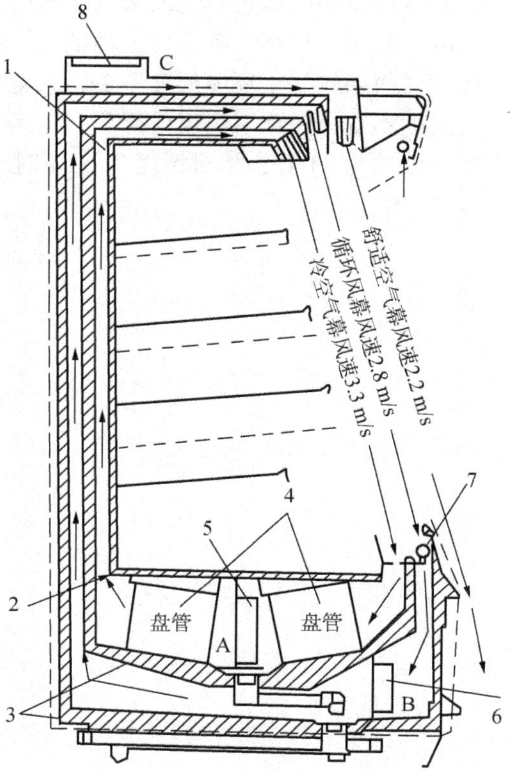

图 7－18　立式陈列柜三层风幕结构示意图

1—搁板；2—支架；3—保温层；4—蒸发器；5—内层风幕风机；
6—中间层风幕风机；7—外层风幕风机；8—照明灯

的预冷任务，即利用蒸发器的回气对空气进行预冷，使得空气中的部分水蒸气凝结，然后空气进入蒸发器中冷却降温，其工作原理如图 7－19 所示。采用这种方法可实现小温差传热，使能量可梯级利用。减湿预冷器对风幕空气预冷并使得部分水蒸气凝结为液体

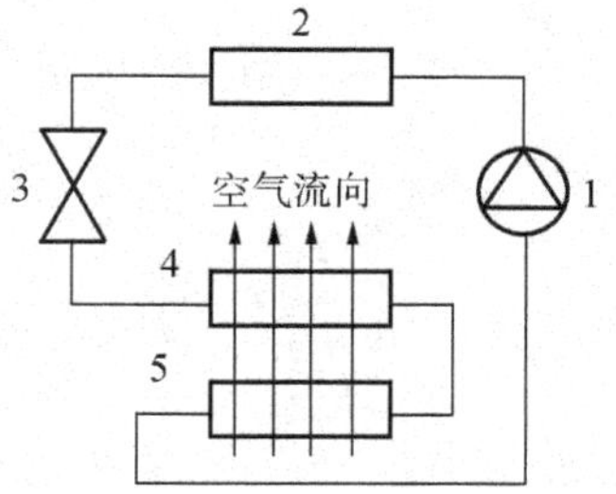

图 7－19　有减湿预冷器的陈列柜的制冷系统示意图

1—压缩机；2—冷凝器；3—节流装置；4—蒸发器；5—减湿预冷器

水排出，从而减少一定时间内蒸发器的结霜量，进而减少系统的融霜次数以及不必要的融霜加热量，在达到节能目的的同时，提高了陈列柜的性能。研究表明，减湿预冷器在环境温度较高、相对湿度较大时效果较好；环境温度不变，减湿预冷器的凝结水量随相对湿度的降低而减少；相对湿度不变，随环境温度的降低，减湿预冷器的凝结水量随环境温度的变化不明显。在环境温度为 25 ℃、相对湿度为 60% 时，使用减湿预冷器可使融霜水量减少 5. 9% 。

参考文献

[1] 吴业正，韩宝琦. 制冷原理与设备［M］. 西安：西安交通大学出版社，1997.
[2] 张祉祐. 气调贮藏与气调库［M］. 北京：机械工业出版社，1994.
[3] 袁秀玲，田怀璋. 制冷与空调装置［M］. 西安：西安交通大学出版社，2001.
[4] 张祉祐. 制冷原理与设备［M］. 北京：机械工业出版社，1987.
[5] 吴业正. 制冷与低温技术原理［M］. 北京：高等教育出版社，2004.
[6] 余善鸣. 食品冷冻理论及应用［M］. 哈尔滨：黑龙江科学技术出版社，1989.
[7] 华泽钊，李云飞，刘宝林. 食品冷冻冷藏原理与设备［M］. 北京：机械工业出版社，1999.
[8] 谢晶. 食品冷冻冷藏原理与技术［M］. 北京：化学工业出版社，2005.
[9] 康景隆. 食品冷藏链技术［M］. 北京：中国商业出版社，2005.
[10] 缪道平，吴业正主编. 制冷压缩机［M］. 北京：机械工业出版社，2001.
[11] 岳孝方，陈汝东. 制冷技术与应用［M］. 上海：同济大学出版社，1995.
[12] 陆亚俊，马最良，庞志庆. 制冷技术与应用［M］. 北京：中国建筑工业出版社，1992.
[13] 徐成海. 真空低温技术与设备［M］. 北京：冶金工业出版社，1995.
[14] 张国治. 速冻及冻干食品加工技术［M］. 北京：化学工业出版社，2007.
[15] 隋继学. 食品冷藏与速冻技术［M］. 北京：化学工业出版社，2007.
[16] 赵家禄，黄清华，李彩琴. 小型果蔬气调库［M］. 北京：科学出版社，2000.
[17] 余明华. 冷库及冷藏技术［M］. 北京：人民邮电出版社，2007.
[18] 闫师杰，董吉林. 制冷技术与食品冷冻冷藏设施设计［M］. 北京：中国轻工业出版社，2007.
[19] 李建华，王春主编. 冷库设计［M］. 北京：机械工业出版社，2004.
[20] 庄友明. 制冷装置设计［M］. 厦门：厦门大学出版社，2006.
[21] 李明忠，孙兆礼. 中小型冷库技术［M］. 上海：上海交通大学出版社，1995.
[22] 冯志哲. 食品冷藏学［M］. 北京：中国轻工业出版社，2001.
[23] 曾庆孝. 食品加工与保藏原理［M］. 北京：化学工业出版社，2002.
[24] 刘建学，丛伟. 食品保藏原理［M］. 南京：东南大学出版社，2006.
[25] 曾名湧. 食品保藏原理与技术［M］. 北京：化学工业出版社，2007
[26] 李勇. 食品冷冻加工技术［M］. 北京：化学工业出版社，2005.
[27] 夏文水. 食品工艺学［M］. 北京：中国轻工业出版社，2009.
[28] 陈仪男. 龙眼真空冷冻干燥工艺优化［J］. 农业工程学报，2008（24）9：244

-248.
[29] 徐成海，彭润玲，刘军．冷冻真空干燥设备的选型技术［J］．干燥技术与设备，2008（6）3：142-152.
[30] 袁仲．我国食品冷藏链的现状与发展对策［J］．粮食与食品工业，2009（16）2：25-27.
[31] 谢锋，李保国．我国食品冷藏链的发展与对策［J］．制冷技术，2006，1：44-46.
[32] 韩厚禄，邓楚南．我国冷藏汽车发展现状浅析［J］．城市车辆，2008，9：33-35.
[33] 孟帆．冷藏、保温汽车车厢结构特点［J］．专用汽车，2001，2：35.
[34] 韩林．冷藏保温车：专用厢板市场及技术分析［J］．专用汽车，2008，1：100-101.
[35] 韩厚禄，邓楚南．我国冷藏汽车技术发展现状［J］．天津汽车，2008，7：14-16.
[36] 严嘉，童明伟，李夔宁．浅析液体 CO_2 冷藏车的运行经济性［J］．制冷学报，2004，1：31-34.
[37] 关慎谦．LJ-20 型冷藏集装箱［J］．制冷学报，1996，4：45-50.
[38] 卢士勋．我国冷藏集装箱技术发展和应用概况［J］．制冷技术，2004，3：6-7.
[39] 刘东岭．我国冷藏集装箱的箱型、制冷方式和管理模式［J］．制冷学报，1994，1：47-51.
[40] 杨卫卫，何雅玲．敞开式食品陈列柜的节能研究［J］．制冷与空调，2004，4（1）：29-32.
[41] 孙钟皓．我国商用冷冻冷藏陈列柜的现状与发展［J］．制冷技术，2005，1：14-17.
[42] 魏玲，姚秀．敞开式陈列柜冷风幕发展现状与分析［J］．保鲜与加工，2007，40（3）：1-3.
[43] 曾祥才，李学波，汪南，朱冬生．低温敞开式陈列柜节能研究进展［J］．化工进展，2007，26（8）：1100-1103.
[44] 张文慧，龚毅，吕彦力．环境温度对冷藏陈列柜空气预冷器性能的影响［J］．制冷学报，2008，29（6）：57-60.
[45] 余克志，丁国良，陈天及．陈列柜研究现状及分析［J］．制冷空调与电力机械，2004，95（25）：8-11.
[46] 李云飞．食品高压冷冻技术研究进展［J］．吉林农业大学学报，2008，30（4）：590-595.
[47] 李志义，夏远景，刘学武．高压冷冻食品的机理及应用［J］．食品研究与开发，2006，27（5）：145-148.

[48] 周国燕，李红卫，胡琦玮，冉姝．食品的高压冷冻冷藏原理及应用进展［J］．食品工业科技，2009，3：334－336.
[49] 杨洲，黄燕娟，赵春娥．果蔬通风预冷技术研究进展［J］．农业工程科学，2006，22（9）：471－474.
[50] 高丽朴，郑淑芳，李武，江亿，等．果蔬差压预冷设备及预冷技术研究［J］．农业工程学报，2003，19（6）：185－187.
[51] 马征，杨洲，赵春娥，朱宝琦．果蔬差压式预冷设备研究进展［J］．食品与机械，2007，23（2）：114－117.
[52] 郑淑芳，高丽朴，李武，张立新．蔬菜差压预冷失水控制方法研究［J］．山东蔬菜，2006，3：46.
[53] 盛国华．不产生冰结晶的超高速冷冻技术及装置［J］．中外食品，2007，7：59.
[54] 李杰，谢晶．我国鼓风冻结技术及连续式鼓风冻结装置的发展现状［J］．渔业现代化，2007，34（4）：61－65.
[55] 刘贵庆，陶乐仁，郑志皋．液氮喷雾流态化速冻机的研制［J］．冷饮与速冻食品工业，2004，10（3）：28－30.
[56] 郭旭峰，陶乐仁．液氮喷淋流态化速冻系统及冷冻性能的研究［J］．工程热物理学报，2003，24（3）：475－477.
[57] 徐言生．食品真空冷冻干燥设备制冷系统的设计［J］．制冷，1997，4：43－46.
[58] 谢晶，徐倩，方恒和．多温区冷藏车热负荷计算的研究［J］．食品与机械，2007，7：98－101.
[59] 徐成海，赫璐，熊富仓．冻干机捕水器的结构与特性［J］．真空与低温，2002，9：162－164.
[60] 张彦民，徐光，童建民．食品真空冷冻干燥工艺参数分析［J］．真空与低温，1999，9：180－185.
[61] 郑晓．食品冻结时间简化计算方法的研究进展［J］．冷冻与速冻食品工业：2000（4），4－9.
[62] 张中秀，赵兰萍．简单形状食品冻结时间计算方法的分析研究［J］．冷冻与速冻食品工业：2006（2），9－12.
[63] 李杰，谢晶，张珍．食品冻结时间预测方法的研究分析［J］．安徽农业科学，2008，36（23）：10178－10181.